中东欧国家
能源安全问题研究

邱强◎著

RESEARCH ON
ENERGY SECURITY IN CENTRAL
AND EASTERN EUROPEAN
COUNTRIES

中国经济出版社
CHINA ECONOMIC PUBLISHING HOUSE
北京

图书在版编目（CIP）数据

中东欧国家能源安全问题研究/邱强著 . --北京：
中国经济出版社，2021.9
ISBN 978-7-5136-6611-4

Ⅰ.①中… Ⅱ.①邱… Ⅲ.①能源-国家安全-研究
-中欧 ②能源-国家安全-研究-东欧 Ⅳ.①TK01

中国版本图书馆 CIP 数据核字（2021）第 177750 号

责任编辑　丁　楠
责任印制　马小宾
封面设计　久品轩

出版发行　中国经济出版社
印 刷 者　北京建宏印刷有限公司
经 销 者　各地新华书店
开　　本　710mm×1000mm　1/16
印　　张　17.5
字　　数　300 千字
版　　次　2021 年 9 月第 1 版
印　　次　2021 年 9 月第 1 次
定　　价　88.00 元

广告经营许可证　京西工商广字第 8179 号

中国经济出版社 网址 www.economyph.com 社址 北京市东城区安定门外大街 58 号 邮编 100011
本版图书如存在印装质量问题，请与本社销售中心联系调换（联系电话：010-57512564）

前 言

本书是关于中东欧国家能源安全问题的研究,之所以选这样的题目,一是中东欧国家能源安全问题在世界能源发展史中比较突出,影响到地区安全,经常形成国际性事件,受到世界的广泛关注;二是中东欧国家能源结构单一,以煤炭资源为主,水电资源相对丰富,能源消费对外依存度高,这些特点和我国比较相似,因此中东欧国家能源安全问题的经验和教训对于我国能源安全问题具有借鉴作用;三是中东欧作为"一带一路"沿线地区,在能源方面与我国存在很大的合作空间,研究其能源多元化,对我国与其进行能源产能合作意义重大;四是中东欧国家作为新兴的区域发展主体,在国际舞台上逐渐形成一股力量,我国可以其能源作为桥梁和纽带,加强与欧盟和俄罗斯的能源合作,从而提高我国的国际话语权。

本书共分为五章:第一章为中东欧国家能源安全现状及历史沿革,是全书研究的起点。主要从能源安全的定义、中东欧国家能源安全的现状、苏联时期中东欧国家能源安全问题及其表现、入盟后中东欧国家能源安全问题及其表现四个方面加以说明。第二章为不同时期中东欧国家能源安全的主要特征,分苏联和入盟后两个时期,从中东欧国家的共同特征和国别特征两个维度来归纳总结其各自的能源安全问题,这样形成一个立体丰富的中东欧能源面貌。第三章为中东欧国家能源安全问题的实质及形成原因,从实质、地缘政治、地理环境和自然条件、民族民主因素、经济制度和社会转型六个方面进行分析和探讨。第四章为中东欧国家能源安全问题的影响,主要从苏联解体、欧盟东扩、各国社会稳定和各国人民生活等四个方面进行阐述。第五章为中东欧国家能源问题的启示和构建能源安全的战略建议,从启示和建议两个层面递进分析,先总结启示,然后再根据启示提出对应的建议。启示有三个方面,一是中东欧国家单一能源结构脆弱性的启示，二是中东欧国家能源对外高依存度的不稳定性的启示，三是中东欧国家能源生产和消费低效率的启示。根据启示提出三个方面的解决建议，分别为通过自主开发、国际贸易和能源储备等方式改变单一能源结构；通过国际合作和外交途径改变能源对外的高依存度，尤其是对单一国家的高依存度；通过外国直接投资（FDI）引进新的高效能源生产和消费设备，引导新能源的开发和消费。

本书是关于中东欧国家能源安全问题研究的成果，该成果前期受到上海对外经贸大学中东欧研究中心和国际经贸高原高峰项目资助，在此表示感谢。本书成稿得益于我的研究生查找资料和撰写部分初稿，在此进行说明和表示感谢：第一章顾尤莉、第二章徐成玲、第三章许书彦、第四章盖兆众、第五章王越。在书稿修改的过程中于利蓉和郭盼盼同学也贡献了力量。在本书成稿的过程中也得到中东欧研究相关专家学者的帮助，在此一并表示感谢，就不一一说明。由于资料有限和本人水平有限，本书很多地方没有完全拓展开，在今后研究中会加强和弥补。

邱 强

2021 年 2 月

目 录

CONTENTS

第一章

中东欧国家能源安全现状及历史沿革

第一节　能源安全的定义

能源是推动经济发展的重要物质基础，是推动社会不断进步的强大动力，人们的生产与生活都离不开能源。随着工业技术的普及与发展，人类对能源的依赖程度越来越高。经济学家西奥多·W. 舒尔茨就指出："能源是无可替代的，现代生活完全构架于能源之上，虽然能源可以像任何其他货物一样买卖，但它并不只是一种货物，而是一切货物的先决条件，是和空气、水、土同等重要的要素。"

能源是工业的血液，缺少能源，工业生产就会停顿。能源又是重要的战略资源，是人类宝贵的财富，能够给所在国家带来巨大的财富。但是，在能源的开采和使用过程中又会带来污染和环境破坏。因此，能源在不同国家、不同时代体现出不同的问题，这些问题就构成了能源安全问题。一般来说，能源安全分为供给安全、需求安全和环境安全三种类型。

一、能源供给安全

（一）能源供给安全的含义

1974 年成立的国际能源机构（IEA）正式提出了以稳定石油供应和价格为中心的能源安全概念。俄罗斯学者斯日兹宁认为，能源安全是指公民、社会和国家对一次能源与电力的可靠和连续供应免受内外威胁的一种保障状态，它反映了保持国家安全和经济安全的必要程度。贝尔格雷夫等在《2000 年的能源安全》一书中指出，能源安全是指这样一种情况，即消费者及其政府有理由相信在能源方面有足够的储备、生产和销售渠道来满足他们在可预见的将来对能源的需求，其价格不至于使他们在竞争中处于劣势从而危及生活。

当国民的福利或政府追求其他正常目标的能力由于能源供应中断或重大价格变化而受到威胁时，不安全就出现了。

（二）能源供给安全的表现

美国剑桥能源研究会主席丹尼尔·耶金指出了能源供给安全存在以下三种表现。第一，国家的进口能源供应必须数量充足，不能危及国家安全；第二，进口能源供应必须持续，能源进口中断和暂时性短缺会严重影响工业国的经济和政治稳定，资源丰富的国家有影响能源进口国的实力；第三，进口能源必须价格合理。

以合理价格保证数量充足的能源持续供应成为能源安全问题缺一不可的三个方面，任何一方面的缺失都会对消费国的经济福祉、政治稳定和国家安全构成威胁。

（三）能源供给安全的影响

第二次世界大战后，西方经济的快速发展大大增加了其对石油供应的依赖，同时也显示其脆弱性。1973 年 10 月，第一次石油危机爆发。当时的石油输出国组织（OPEC）阿拉伯成员国不满西方国家对石油价格的打压，决定减少石油生产，并对西方发达国家实行石油禁运。当时，包括西欧和日本的石油大部分来自中东，美国的石油也大部分来自中东。石油提价和禁运立即使西方经济呈现一片混乱的局面。提价前，石油价格每桶只有 3.010 美元，到 1973 年底，石油价格达到每桶 11.651 美元，提价近 4 倍。石油提价加大了西方大国国际收支赤字，最终引发了 1973—1975 年的经济危机。1973 年石油危机前后石油价格和美元指数的波动情况见图 1-1，由图可知，美元指数在石油价格暴涨至最高点时迅速下降。

（四）能源供给安全的形成和发展

虽然能源的重要性自第二次工业革命以来就得到国际社会的普遍认可，但是能源安全问题到 20 世纪 50 年代以后才真正受到广泛关注。这主要是由于早期各国的能源消费量不大，主要依靠的是分布广、储量大的煤炭资源，其能够满足当时生活和生产的需要。进入 20 世纪 50 年代以后，生产机器的普及和升级加快了工业化和城市化进程，世界能源消费总需求迅速增加，而内燃机的大量使用使得石油与天然气的使用量大幅提升，煤炭消费需求随之减少，石油和天然气逐渐代替煤炭成为一次能源中的主要消费品种，世界能

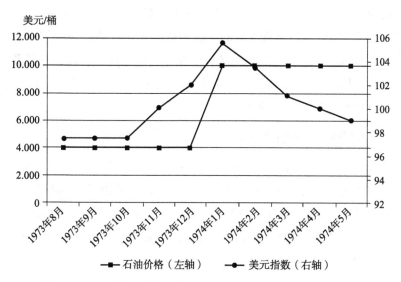

图 1-1　1973 年石油危机前后石油价格和美元指数的波动情况

源结构发生重大改变。不同于煤炭的分布广，石油和天然气资源分布比较零散，中东地区和俄罗斯油气资源比较丰富，而欧洲大部分地区油气资源十分匮乏，以油气为主导的国际争端随之爆发。20 世纪 70 年代爆发的两次世界范围内的石油危机使得严重依赖石油的西方发达工业化国家的经济陷入危机状态，国际社会逐渐开始将能源安全与国家安全和经济安全紧密联系在一起，能源安全的概念得以形成。第一次石油危机之后，美国于 1974 年倡导成立了 IEA。这是发达国家保障能源安全的组织，其宗旨是：成员国共同采取措施，控制石油需求，在紧急情况下分配石油，并规定成员国有义务储备相当于 90 天净进口量的石油。这一阶段是能源安全概念的初步形成阶段，该阶段的能源安全主要是指能源供给安全。

二、能源需求安全

（一）能源需求安全的定义

　　能源供给安全是从能源进口国出发的，供给安全是维持其生活和生产的保障，而对能源出口国来说，能源需求安全对其经济稳定发展有着极其重要的作用。梅森·威尔里奇等著的《能源与世界政治》中提出，根据主体的不同，能源安全可分为进口能源国安全和出口能源国安全。对出口国来说，能源安全意味着其对自然资源的主权，确保需求安全即获得国外市场，保障出口能源所得的金融安全。丹尼尔·耶金认为，能源消费国和能源生产国都希望保障"能源安全"，但对其含义的理解却迥然不同。消费国的"能源安全"指的是"供应安全"，即以合理价格获得充足可靠的能源；而对生产国来说，"能源安全"指的是"需求安全"，即有充足的市场和客户保证，确保未来投资的正当合理性并保护国家收入。

（二）能源需求安全的表现

与能源供给安全相对应，能源需求安全的表现主要分为三个方面：第一，能源的出口不能影响本国对能源的需求；第二，能源需求必须持续，能源出口的中断会严重影响本国的经济发展；第三，出口能源的价格必须合理、稳定。为了维持能源出口的稳定性，能源出口国的能源基础设施和贸易路线必须得到有效保证。

（三）能源需求安全的影响

能源需求安全对经济的影响主要表现在以下两个方面。一方面，能源需求安全与经济增长呈正相关；另一方面，能源价格的波动特别是能源价格的下降，直接影响能源出口国的经济安全。第三次石油危机发生后，全球经济皆出现了衰退，并导致了经济危机。在前两次石油危机中，石油价格的暴涨给石油出口带来了大量的经济效益，第三次石油危机导致的石油价格暴跌又使其蒙受了巨大的经济损失，而且由于产油国在国际金融中的重要地位，对国际金融体系也造成猛烈冲击。

（四）能源需求安全的形成和发展

受经济危机的影响，20世纪80年代全球经济增长疲弱，各国对石油的需求持续下降，石油价格也因此持续下滑。为了改变石油需求不足的局面，沙特阿拉伯决定充当"浮动石油生产国"的角色进行减产保价。非OPEC产油国想抓住这次机会夺取市场，不断增加产油量，并以低价销售。到1984年底，OPEC内部和非OPEC国家都未能达成减产的合作。"减产保价"政策导致沙特阿拉伯承担了巨大的压力和损失，严重的经济困难迫使其最终放弃了该政策。1985年7月，沙特阿拉伯宣布不再发挥调节全球产油量的作用。两个月后其开始增加产量，导致油价继续下跌。同年12月，OPEC成员国决定，将政策重心从油价转移到市场份额上，"减价保产"这一转变等于允许油价下跌。从"减产保价"到"减价保产"的这一政策性战略转变使国际石油价格从 1985 年的每桶 27.52 美元下降到 1986 年的每桶 12.97 美元，一年之内下跌幅度超过 100%。中东阿拉伯国家的石油权力完全丧失，西方国家在石油权力争夺战中重新获得主动权。

20 世纪 80 年代初至 90 年代末，是能源安全概念发展的第二个阶段，能源安全已不仅是供给层面的安全，还有需求层面的安全，更重要的是保证能源供给与能源需求的长期稳定性和持续性。

三、能源环境安全

（一）能源环境安全的定义

20 世纪 90 年代以来，随着全球气候不断变暖和大气环境质量的急剧下降，各国逐渐意识到能源使用带来的环境污染等问题日益严重，环境保护已成为世界各国关注的主要问题之一。这也促使以供需安全为主的传统能源安全观向着综合能源安全的方向发展，能源安全被赋予越来越多过去不为人们所重视的新内涵。约瑟夫·欧姆在 1993 年为能源安全增加了环境保护的内涵："90 年代能源安全的目标是通过增加经济竞争力和减少环境恶化，确保充足可靠的能源服务。"国内学者也对能源环境安全进行了研究和讨论。刘爱军在《生态文明与中国环境立法》中指出："世界各国能源安全观的重心逐步转向以生态化为价值取向和评价标准，强调人类与自然和谐的生态伦理，既体现能源对人的有用性，也尊重自然价值。重视经济增长的同时，尽量体现公平与效率的统一，严格计算环境成本，力求以最小的环境代价换取最大的经济效益，即使是最小的环境代价，也不能以牺牲子孙后代的生态利益来换取今天的经济增长。"赵娜娜在《欧盟能源安全及战略选择》中给出了能源环境安全的定义，即"以合理的价格满足经济发展需要的能源供给稳定性，以及对人类生存与发展不构成威胁的能源使用安全性"。

（二）能源环境安全的表现

如果说能源的供需安全是一个量的概念，那么能源环境安全就是一个质的概念，要求提高能源使用效率，开发清洁可再生能源，减少污染物的排放，避免对生态环境造成超负荷的威胁，使人类赖以生存的生态环境处于和谐、可持续发展的良好永续状态。能源安全可以被视为一个循环的过程，即在生产—运输—消费—废弃物的处理环节上的安全性，这既包括在能源提取、生产、运输、储存和分配过程中可能产生的环境污染，也包括在能源消费过程中对环境的影响。

（三）能源环境安全的影响

在传统发展观中，能源消费与环境保护是完全对立、相互排斥，甚至是不可调和的。在现实中不仅存在着将两者分割开来对待的情况，而且很难想象为了保护环境而牺牲能源利益的选择，使环境保护与能源安全被割裂和倒置。然而，能源的开发和利用对生态环境造成破坏，使环境安全面临越来越严峻的考验已成为不争的事实。能源的过度开发造成生态失衡，与能源相关的烟尘气体的排放造成全球气候变暖，海平面上升，环境的安全系数持续降低。同时，保护生态环境势必造成在开发和利用能源的过程中畏首畏尾、顾此失彼，使能源不能得到最大效率的利用，而造成严重浪费，再重新开发，再破坏环境，从而陷入恶性循环，使环境保护与能源安全问题的可持续发展都成为空谈。

虽然环境保护与能源安全问题之间存在着尖锐的矛盾，但这一矛盾不是不可调和的，二者可以兼顾并协调发展。从人类长远利益来看，环境安全与能源安全紧密地联系在一起，是一个相互统一、不可分割的整体。能源的消费与环境保护实质上是一种眼前利益与长远利益的关系。我们开发、利用能源是为了眼前的经济发展，而保护环境是从长远出发，为了人类的子孙后代着想。因此，我们要把环境保护纳入能源经济发展范围，最终促成环境与能源双赢的可持续发展。

（四）能源环境安全的形成和发展

早在 1972 年，在斯德哥尔摩召开的联合国人类环境大会上就通过了《人类环境宣言》，它呼吁人们重视环境安全，主张应把经济增长与生态环境协调发展统一起来，人类开始把环境问题作为一个单独的问题重视起来。

1992 年 6 月，联合国环境与发展大会在巴西里约热内卢召开。会议讨论并通过了《里约环境与发展宣言》（又称《地球宪章》，规定国际环境与发展的 27 项基本原则）、《21 世纪议程》（确定 21 世纪 39 项战略计划）和《关于森林问题的原则声明》，并签署了联合国《气候变化框架公约》（防治地球变暖）和《生物多样化公约》（制止动植物濒危和灭绝）两个公约。从此，兼顾经济发展和环境保护的可持续发展战略成为世界各国广泛采用的战略。

1997 年，为促进各国完成温室气体减排目标而签署的《京都议定书》，把环保因素纳入能源安全的范围，赋予了能源安全的环境保护新内容，引起了国际社会的强烈反响。《京都议定书》第二条明确指出，"研究、促进、开发和增加使用新能源和可再生的能源、二氧化碳固碳技术和有益于环境的先进的创新技术""通过废物管理加强能源的生产、运输和分配中的回收和利用限制或减少甲烷排放"。《京都议定书》的签订标志着世界各国重新界定了能源安全的概念，在国家能源发展战略中，增加了"能源的使用不应对人类自身生存与发展的生态环境构成大的威胁"的要求。

2006 年 7 月，胡锦涛同志出席八国峰会并首次提出"为保障全球能源安全，我们应该树立和落实互助合作、多元发展、协调保障的新能源安全观"。赋予能源安全更为丰富的内容，得到了与会各国的积极回应。2009 年 12 月召开的哥本哈根联合国气候变化大会更进一步突出了清洁的环境在能源中的重要地位。会议文件指出，"从科学角度出发，必须大幅度减少全球碳排放，其中滥伐森林和森林退化引起的碳排放是至关重要的问题，我们需要提高森林对温室气体的清除量"。至此，能源安全包含环境保护的内容已成为国际社会的共识。

四、能源安全外延

能源安全的内涵主要包括供给安全、需求安全和环境安全，但外延辐射具有多元性，辐射领域包括政治性、经济性、军事性、外交性和社会性等，辐射的范围包括一个国家和整个世界。

（一）政治性

能源安全不仅影响着经济发展和自然环境，它还具有一定的政治性。对于高度依赖国外石油资源的国家来说，必然别无选择地要卷入与石油有关的国际事务中；对外依赖程度越高，对于威胁的感觉就会越强烈，其对外安全战略中对石油的保障也就越重要。

能源战是国家间政治竞争的重要手段，在国际政治竞争中，能源不仅是各方争夺的焦点，而且常常被当作一国对其他国施加政治、经济影响，达到一定战略目标的重要手段。第一次石油危机以后，以产油国为代表的发展中国家和以美国为代表的发达国家围绕石油问题展开了激烈的斗争。一方面，以美国为首的石油消费国积极组成石油消费国集团，美国还鼓动召开石油生产国和消费国共同参加的国际会议；另一方面，一些发展中国家受到产油国在第一次石油危机中取得的胜利的鼓舞，想借此改变旧的国际政治经济秩序。

1974 年 4 月 9 日联合国召开以原料和发展为中心议题的联合国大会第六次特别会议，会议通过了由七十七国集团起草的《建立新的国际经济秩序宣言》《建立新的国际经济秩序行动纲领》。以上两个文件的通过，证明产油国以石油为武器对发达国家的斗争取得了部分胜利，一定程度上打破了发达国家制定国际政治经济秩序的局面，为发展中国家改变旧的国际政治经济秩序提供了基础。

（二）经济性

"谁占有石油，谁就占有了世界，因为他可以用柴油统治海洋，用高度精练的石油统治天空，用汽油和煤油来统治陆地。除此之外，他还能在经济上统治他的同胞，因为从石油中他可以取得意想不到的财富。"美国学者埃德温·奥康诺的论断尽管有夸大之嫌，但是却代表了一种普遍的权力政治观。

能源直接促进了国家和世界的经济增长，增强了国家的经济实力，奠定了国家经济安全的基础。具体来说，能源在经济增长中的作用主要体现在以下五个方面：第一，能源推动生产的发展和经济规模的扩大；第二，能源促进新产业的诞生和发展；第三，能源推动技术进步；第四，能源的利用促进劳动生产率的提高；第五，能源是提高人民生活水平的主要物质基础之一。

（三）军事性

纵观历史，很多战争都是能源战，而取得战争胜利的国家往往是因为在能源上占据了优势。第一次世界大战期间，英国海军第一大臣温斯顿·丘吉尔决定将战舰从燃煤改为燃油。这一举措使得英国舰队比德国燃煤舰队有了更大的航程、更快的速度和更方便的燃料添加。为了保证舰队的石油供给，丘吉尔采取了收购英波石油公司等多渠道的供应措施，并留下了名言："石油供应安全的关键在于多元化，且仅在于多元化。"

石油供应安全也在很大程度上决定了第二次世界大战的胜败。由于本国石油资源匮乏，德国企图以控制苏联和中东的石油供应来达到征服世界的目的，同样缺乏石油资源的日本则将目标锁定在了东南亚。为了保障石油供应，希特勒大力发展基于本国煤炭资源的合成燃料工业。然而，斯大林格勒战役的惨败和联军对合成燃料工厂的轰炸瓦解了德国的石油战略，战争机器的主要部分趋于瘫痪。在亚洲，漫长曲折的石油供应线无法满足其战争机器对于燃料的庞大且持续的需求，日本的油轮成了美国军舰在太平洋上的活靶子，而盟军对其石油供应链的切断则加速了日本的战败。

（四）外交性

在现实世界中，能源供应国和需求国的关系更多是相互制约而不是由某一方占据主导地位。就拿欧盟和俄罗斯来说，油气匮乏的欧盟国家需要从俄罗斯进口油气来满足内部的大量需求；而在俄罗斯看来，能源是为数不多的令西方有求于自己的领域，可以通过大力开展能源外交，用好自己的资源，重振大国地位。

能源也是阿拉伯产油国制定外交战略、执行外交政策的重要依据和手段。一方面，阿拉伯产油国以石油为武器打击敌人、维护民族利益。比如，在第四次中东战争中，阿拉伯产油国为迫使以色列从被占领土地上撤军，宣布逐日减少石油产量，并对美国、荷兰等坚决支持以色列的国家实行石油禁运。欧共体国家为了保证石油供应，立即于 1973 年 11 月 6 日发表声明，提出"以色列必须结束 1967 年冲突以来的领土占领"。另一方面，石油输出带来的大量石油美元是阿拉伯产油国大规模对外援助的基础。在历次中东战争中，未直接参战的阿拉伯国家给予埃及、叙利亚等前线国家大量的物资和资金援助。和平时期，阿拉伯产油国给予巴基斯坦、阿富汗等发展中国家大量援助，这极大地促进了发展中国家之间的合作，加快了南南合作的步伐。

（五）社会性

2008 年 5 月，受到国际投机资本炒作，国际原油价格持续攀高，一度达到135 美元/桶的历史高位，对世界各国的经济发展与稳定造成不利影响。为了抗议政府对日益高涨的石油价格控制不力，法国渔民从 5 月中旬开始罢工，封锁港口、海上钻井平台，阻碍海上交通；西班牙、葡萄牙和意大利的渔民也于 5月 30 日开展了空前规模的大罢工；5 月 27 日，英国炼油工人举行了 48 小时大罢工行动，致使英国炼化厂 70 年来首次因罢工关闭；美国人也举行了声势浩大的罢工行动，将加不起油的车丢在路边堵塞交通。由此可见，石油价格的波动不仅会影响消费国的国家经济安全，也会影响其社会稳定。

（六）世界性

1978 年伊朗发生推翻巴列维王朝的革命，社会和经济出现剧烈动荡。从1978 年底至 1979 年 3 月初，伊朗停止输出石油 60 天，使石油市场每天短缺石油 500 万桶，约占世界总消费量的 1/10，致使油价动荡和供应紧张。世界石油市场原油供应的突然减少，引起了抢购原油的风潮，油价急剧上升。这一潮头刚要过去，1980 年 9 月 20 日伊拉克空军轰炸伊朗，两伊战争爆发。两国石油生产完全停止，世界石油产量骤减，全球市场上每天都有 560 万桶的缺口，打破了当时全球原油市场脆弱的供求平衡关系。供应再度紧张，引起油价上扬。在此期间，OPEC 内部发生分裂。多数成员国主张随行就市，提高油价，沙特阿拉伯则主张冻结油价，甚至单独大幅度增加产量来压价。结果 OPEC 失去市场调控能力，各主要出口国轮番提高油价，火上浇油。油价上涨使生产成本增加，市场需求萎缩，从而触发了经济危机。

1986 年之后，国际原油价格基本稳定在 15~20 美元/桶。1990 年 8 月初，海湾战争爆发，伊拉克攻占科威特以后，遭受到国际经济制裁，其国内原油供应中断，国际油价因而急升至 42 美元/桶的高点，第三次石油危机爆发。美国、英国经济加速陷入衰退，全球 GDP 增长率在 1991 年跌破 2%。国际能源机构启动了紧急计划，每天将 250 万桶的储备原油投放市场，以沙特阿拉伯为首的 OPEC 也迅速增加产量，很快稳定了国际石油价格。但在 20 世纪 90 年代后期，由于亚洲金融危机，国际石油价格又戏剧性地大幅度下跌，一度跌落至 9 美元/桶，一些能源输出国的经济因此受到较大影响。图 1-2 为 1970—2000 年国际石油价格走势，上文中所提到的几次世界石油价格的大幅波动在图 1-2 中均有所体现。

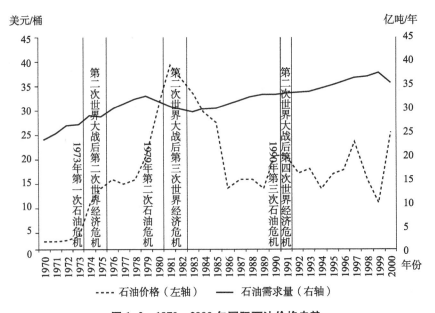

图 1-2　1970—2000 年国际石油价格走势

由图 1-2 可知，三次石油危机之后都发生了不同程度的经济危机，特别是第二次石油危机之后，石油需求量迅速减少，石油价格也随之下跌。

在全球化时代，各国的能源安全日益成为一个相互依存、相互促进的互保体系，任何一个国家都不能脱离其他国家和地区的能源安全而保证自身安全。"世界的能源安全是一个整体，只有当各国政府意识到它们不但应该采取措施改善自己的能源安全状况，同时也必须为其他国家的能源安全贡献力量的时候，国家和国际在能源方面才能真正安全。"西方能源学者梅森·威尔里奇这一观点的合理性被无数历史事实证明。

综上所述，能源安全是一个多元概念。它既是一个经济概念，也是一个政治概念；既是一个社会概念，也是一个环保概念；既是一个国家概念，也是一个世界概念。

第二节　中东欧国家能源安全的现状

中东欧地区是一个地缘政治概念，从地理角度来看，中欧包括波兰、捷克、斯洛伐克、匈牙利、德国、奥地利、瑞士、列支敦士登；东欧包括爱沙尼亚、拉脱维亚、立陶宛、俄罗斯欧洲部分、白俄罗斯、乌克兰、摩尔多瓦。但从国际政治的角度来看，德国、奥地利、瑞士、列支敦士登被视为西欧国家，而俄罗斯、白俄罗斯、乌克兰、摩尔多瓦又属于独联体国家。因此，上述的中东欧国家只剩下波兰、捷克、斯洛伐克、匈牙利、爱沙尼亚、拉脱维亚、立陶宛 7 国。目前习惯上也将南欧国家中的罗马尼亚、保加利亚、阿尔巴尼亚、塞尔维亚、波黑、克罗地亚、马其顿、黑山、斯洛文尼亚纳入中东欧范畴，由此组成现在熟知的中东欧 16 国。

一、中东欧 16 国能源资源的分布状况

总的来看，中东欧国家能源资源以煤炭为主，天然气和石油资源普遍匮乏，并且分布不均。其中，波兰和捷克的硬煤储量较为丰富；保加利亚、匈牙利、波兰及罗马尼亚的褐煤储量比较可观。中东欧地区的原油和天然气储量较低，只有罗马尼亚的原油和天然气储量较为丰富，其他国家，特别是波罗的海三国油气资源严重匮乏，高度依赖俄罗斯的油气资源。另外，中东欧国家的水利资源也比较少，只有罗马尼亚、斯洛伐克和斯洛文尼亚具备较强

的水电生产能力。

2019 年中东欧部分国家的煤炭探明总量、储产比、产量及消费量见表 1-1。

表 1-1　2019 年中东欧部分国家的煤炭探明总量、储产比、产量及消费量

国家	煤炭探明总量/（百万吨）	储产比/（年）	产量/（百万吨）	消费量/（百万吨）
保加利亚	2 366	153	0.20	6.50
捷克	2 927	71	0.57	0.60
匈牙利	2 909	368	0.06	0.08
波兰	26 932	240	1.87	1.91
罗马尼亚	291	13	0.16	0.19
立陶宛	—	—	—	0.20
斯洛伐克	—	—	—	3.40

注：煤炭探明储量通常指通过地质与工程信息以合理的确定性表明，在现有的经济与作业条件下，将来可从已知储层采出的煤炭储量。储量/产量（R/P）比率指用任何一年年底所剩余的储量除以该年度的产量，所得出的计算结果即表明如果产量继续保持在该年度的水平，则这些剩余储量可供开采的年限。

资料来源：《BP 世界能源统计年鉴》（2020 年 6 月）。

由表 1-1 可知，波兰的煤炭储量最大，消费量也是最大的，并且能够自给自足；保加利亚、匈牙利、罗马尼亚的煤炭有一小部分需要依赖进口；立陶宛和斯洛伐克的煤炭完全依赖进口。

中东欧国家只有罗马尼亚一国有一定的石油资源，2019 年其石油探明总量为 6 亿桶，可供开采 22.2 年，其石油产量为 174 千桶/日，消费量为 450 千桶/日，近 2/3 的石油消费依赖于进口。其他国家的石油消费则完全依赖于进口，2019 年，波兰、捷克、匈牙利的石油消费量分别为 1 340 千桶/日、430 千桶/日、370 千桶/日。

天然气方面，中东欧国家的储存量也十分匮乏，只有罗马尼亚和波兰两国有一定的天然气资源。2018 年，罗马尼亚天然气探明总量为 0.1 万亿立方米，储产比为 10.6 年，产量为 97.0 亿立方米，消费量为 109.0 亿立方米；波兰 2019 年的天然气探明总量和罗马尼亚相当，但由于本国开采力度不强，产量只有 40 亿立方米，如果按照该水平继续开采，可供开采 16 年。但是波兰 2014 年的天然气消费量要大于罗马尼亚，为 197 亿立方米，近 4/5 的天然气消费依赖于进口。匈牙利、捷克为天然气净进口国，2019 年的消费量分别为 98 亿立方米、83 亿立方米。

二、中东欧 16 国能源生产和消费

由于能源资源的限制，中东欧国家生产的能源主要为煤炭，近年来由于欧盟推行减排和开发新能源政策，各国纷纷减少煤炭消费，开发核能、太阳能、风能、水电等清洁能源，这也使得能源消费呈现多元化。2004—2018 年中东欧国家各种能源的消费情况见表 1-2 和图 1-3。

表 1-2　2004—2018 年中东欧国家各种能源消费情况

单位：千吨油当量

年份	煤炭	石油	天然气	核能	可再生能源
2004	116 563.8	74 062.9	63 502.0	25 484.6	21 100.4
2005	113 284.0	76 471.8	64 596.5	25 104.8	22 114.2
2006	118 085.7	79 830.9	64 098.1	25 137.7	22 278.8
2007	115 191.3	81 185.1	62 083.4	24 415.8	22 080.8
2008	111 970.7	81 959.7	60 803.6	26 263.4	24 177.2
2009	101 020.1	76 764.0	53 821.7	26 035.7	26 668.3
2010	106 593.2	76 641.5	58 759.4	23 557.9	29 983.1
2011	108 836.1	75 502.5	57 216.6	24 267.6	28 691.8
2012	99 918.2	72 610.4	55 777.3	24 457.5	30 537.6
2013	99 699.1	68 917.8	54 283.9	24 073.8	32 269.9
2014	96 393.8	71 350.8	50 176.2	24 299.1	36 431.4
2015	97 578.1	74 576.6	51 509.5	23 200.2	37 375.6
2016	97 744.8	78 252.9	53 828.8	22 416.7	37 953.0
2017	97 835.1	81 800.4	52 782.2	23 421.6	37 552.3
2018	96 048.6	83 983.6	56 798.3	23 624.9	39 991.8

注：2013 年及之前由于波黑数据缺失，图表中只有除去波黑外 15 个国家的总体数据。2014 年为包含波黑数据的 16 个国家的总体数据。

资料来源：欧盟统计局。

中东欧国家 2004—2014 年煤炭、石油和天然气的消费量呈下降趋势，2014 年以后又呈现反弹趋势，而可再生能源消费一直呈现上升的趋势。

2004—2017 年中东欧国家一次能源消费和生产总量情况见表 1-3 和图 1-4。

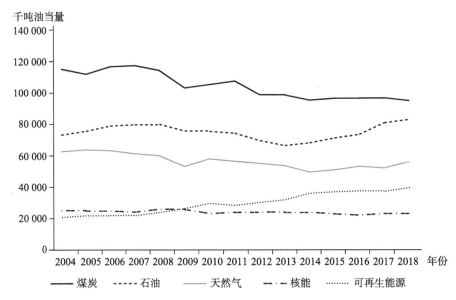

图 1-3　2004—2018 年中东欧国家各种能源消费情况

表 1-3　2004—2017 年中东欧国家一次能源消费和生产总量

单位：千吨油当量

年份	一次能源消费总量	一次能源生产总量	差值
2004	283 849.00	198 983.3	84 865.70
2005	284 939.20	193 508.7	91 430.50
2006	292 634.20	195 611.9	97 022.30
2007	291 436.00	189 384.9	102 051.10
2008	291 147.30	190 350.0	100 797.30
2009	271 802.70	184 632.7	87 170.00
2010	283 804.00	184 234.2	99 569.80
2011	283 408.30	187 605.7	95 802.60
2012	274 293.40	189 121.1	85 172.30
2013	270 426.60	185 501.3	84 925.30
2014	267 231.00	188 800.0	78 431.00
2015	272 720.80	184 900.0	87 820.80
2016	280 072.61	183 100.0	96 972.61
2017	289 840.60	182 400.0	107 440.60

注：由于波黑数据缺失，图表中只有除去波黑外 15 个国家的总体数据。一次能源生产指从自然资源中获取的能量，如煤矿、原油领域，水电厂或制造生物燃料。能量从一种形式转换到另一种形式，如火力发电厂的电力或热力发电厂的电力或焦炉生产的焦炭不在其中。

资料来源：欧盟统计局。

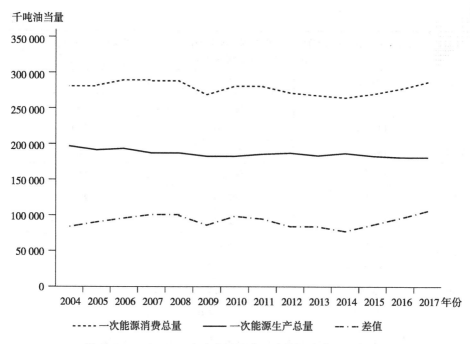

千吨油当量

图 1-4　2004—2017 年中东欧国家一次能源消费和生产总量

　　由图 1-4 可知，2004—2017 年中东欧国家的一次能源消费和生产总量一直分别维持在 3×10^8 吨油当量和 2×10^8 吨油当量上下，有一个 1×10^8 吨油当量的缺口，这一部分的能源消费需要依赖进口。2009 年能源消费量明显下降，这是由于受到 2008 年金融危机的影响，各行业的能源消费均有所减少。

　　2004 年之后中东欧国家开始纷纷加入欧盟以谋求发展，其中，波兰、匈牙利、捷克、斯洛伐克、斯洛文尼亚、爱沙尼亚、立陶宛、拉脱维亚 8 国于 2004 年加入欧盟；罗马尼亚和保加利亚于 2007 年加入欧盟；2013 年，克罗地亚也正式加入欧盟。2004—2017 年中东欧国家一次能源生产在欧盟 28 国中所占的比重见表 1-4、图 1-5。

表 1-4　2004—2017 年中东欧国家一次能源生产在欧盟 28 国中所占比重

年份	中东欧 16 国一次能源生产总量（千吨油当量）	欧盟 28 国一次能源生产总量（千吨油当量）	中东欧国家占欧盟比重（%）
2004	198 983.3	929 764.8	21.4
2005	193 508.7	900 287.6	21.5
2006	195 611.9	881 532.1	22.2

年份	中东欧16国一次能源生产总量（千吨油当量）	欧盟28国一次能源生产总量（千吨油当量）	中东欧国家占欧盟比重（%）
2007	189 384. 9	856 611. 1	22. 1
2008	190 350. 0	850 780. 4	22. 4
2009	184 632. 7	816 064. 0	22. 6
2010	184 234. 2	831 517. 3	22. 2
2011	187 605. 7	806 572. 0	23. 3
2012	189 121. 1	797 857. 0	23. 7
2013	185 501. 3	792 777. 0	23. 4
2014	188 800. 0	776 491. 0	24. 3
2015	184 900. 0	772 015. 0	24. 0
2016	183 100. 0	758 613. 0	24. 1
2017	182 400. 0	758 209. 0	24. 1

注：由于波黑数据缺失，图表中只有除去波黑外15个国家的总体数据。欧盟28国包括奥地利、比利时、保加利亚、塞浦路斯、克罗地亚、捷克、丹麦、爱沙尼亚、芬兰、法国、德国、希腊、匈牙利、爱尔兰、意大利、拉脱维亚、立陶宛、卢森堡、马耳他、荷兰、波兰、葡萄牙、罗马尼亚、斯洛伐克、斯洛文尼亚、西班牙、瑞典、英国。

资料来源：欧盟统计局。

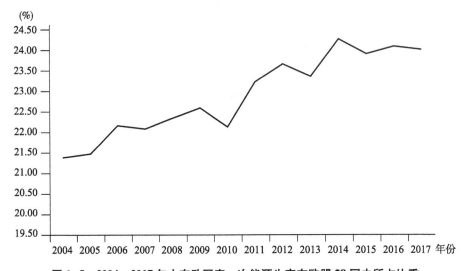

图1-5　2004—2017年中东欧国家一次能源生产在欧盟28国中所占比重

　　除了2005年和2007年由于新成员加入导致占比增加外，中东欧国家的能源消费占欧盟的比重呈明显上升趋势，这可能是欧盟中其他发达国家能源利用率提高而自身能源消费较少导致的。

三、中东欧 16 国能源消费结构

为了减少对外国能源的依赖，改变能源结构单一的现状，中东欧国家纷纷致力能源多元化，大力发展风能、水能等清洁能源。2004—2018 年中东欧国家能源消费结构的变化情况见表 1-5 和图 1-6。

表 1-5　2004—2018 年中东欧国家能源消费结构　　　　（%）

年份	固体燃料	石油	天然气	核能	可再生能源
2004	38.8	24.6	21.1	8.5	7.0
2005	37.6	25.4	21.4	8.3	7.3
2006	38.2	25.8	20.7	8.1	7.2
2007	37.8	26.6	20.4	8.0	7.2
2008	36.7	26.9	19.9	8.6	7.9
2009	35.5	27.0	18.9	9.2	9.4
2010	36.1	25.9	19.9	8.0	10.1
2011	37.0	25.6	19.4	8.2	9.8
2012	35.3	25.6	19.7	8.6	10.8
2013	35.7	24.7	19.4	8.6	11.6
2014	34.6	25.6	18.0	8.7	13.1
2015	34.3	26.2	18.1	8.2	13.2
2016	33.7	27.0	18.5	7.7	13.1
2017	33.3	27.9	18.0	8.0	12.8
2018	32.0	27.9	18.9	7.9	13.3

资料来源：欧盟统计局。

中东欧国家近 40% 的能源消费来自煤炭等固体燃料，这一比例呈逐年减少的趋势；石油占比一直维持在 25% 左右，2004—2009 年呈上升趋势，达到 27%，之后开始下降，从 2015 年起又开始上涨，呈波动状态；而可再生能源的比重自 2004 年以来逐渐增加，和 2004 年相比，2018 年增加了 6.3%，可见中东欧国家在可再生能源的发展上取得了一定成果。

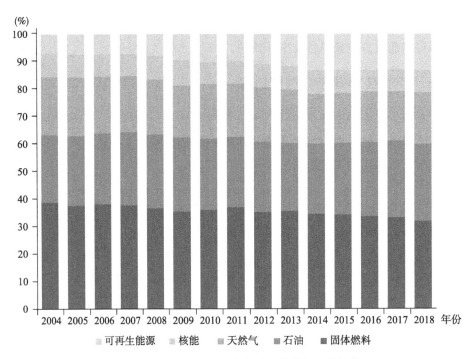

图 1-6　2004—2018 年中东欧国家能源消费结构

四、中东欧 16 国能源依赖度

中东欧国家和欧盟其他国家一样，普遍缺乏能源资源，能源消费主要依赖进口。能源依赖度可以反映一个经济体在多大程度上依赖进口以满足其能源需求。表 1-6 和图 1-7 对 2014—2018 年中东欧 16 国和欧盟 28 国的能源依赖度进行了比较。

表 1-6　2004—2018 年中东欧 16 国和欧盟 28 国的能源依赖度比较　　（％）

年份	中东欧 16 国能源依赖度	欧盟 28 国能源依赖度
2004	44.30	50.30
2005	44.84	52.25
2006	45.18	53.70
2007	46.90	52.79
2008	46.61	54.52
2009	43.02	53.60
2010	40.59	52.57

续表

年份	中东欧16国能源依赖度	欧盟28国能源依赖度
2011	42.36	54.11
2012	40.66	53.53
2013	38.76	53.18
2014	38.50	53.50
2015	38.77	53.86
2016	40.19	53.79
2017	43.32	55.10
2018	41.05	55.68

注：2013年及之前由于波黑数据缺失，图表中只有除去波黑外15个国家的总体数据。2014年及以后为包含波黑数据的16国数据。

资料来源：欧盟统计局。

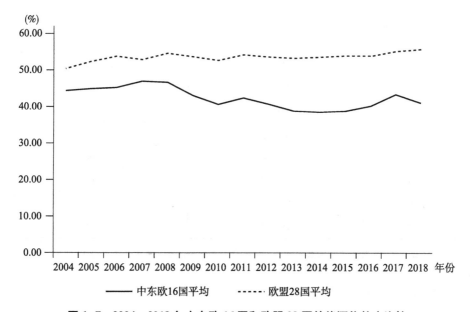

图1-7　2004—2018年中东欧16国和欧盟28国的能源依赖度比较

由图1-7可知，中东欧国家的能源依赖度小于欧盟28国，并在2008年之后呈下降态势，这离不开中东欧国家近年来对新能源的开发与利用，而欧盟总体的能源依赖度却一直保持增长的态势。

五、中东欧 16 国能源强度

能源强度是由国内能源消费总值除以国内生产总值得到的，它反映了一个经济体的能源消费情况和能源利用效率。指标越低说明为了生产一单位 GDP 所消耗的能源越少，能源利用效率越高。2004—2018 年中东欧 16 国和欧盟 28 国的能源强度变化情况见表 1-7 和图 1-8。

表 1-7 2004—2018 年中东欧 16 国和欧盟 28 国能源强度的比较

单位：1 公斤石油/1000 欧元

年份	中东欧 16 国能源强度	欧盟 28 国能源强度
2004	388.67	156.13
2005	366.55	153.67
2006	349.98	149.74
2007	334.18	143.35
2008	322.83	142.18
2009	311.17	139.41
2010	318.02	141.85
2011	312.48	134.71
2012	300.19	133.86
2013	288.89	131.89
2014	273.95	124.87
2015	271.04	123.68
2016	267.88	122.02
2017	265.61	120.95
2018	259.11	117.76

注：由于波黑、阿尔巴尼亚数据缺失，图表中只有除去波黑、阿尔巴尼亚外 14 个国家的总体数据。

资料来源：欧盟统计局。

迫于欧盟实现碳减排目标的压力，中东欧国家在入盟之后，加大力度发展本国能源，力求提高能源利用率。从图 1-8 来看，虽然中东欧国家的能源强度呈明显的下降趋势，但是其能源强度远远高于欧盟其他发达国家，而欧盟国家的能源强度一直维持在一个很低的水平。提高能源利用率对中东欧国家来说依然是一个难题。

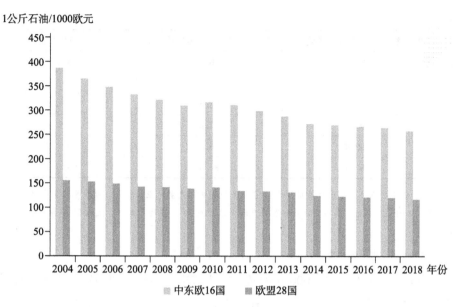

图1-8　2004—2018年中东欧16国和欧盟28国能源强度的比较

六、中东欧16国能源消费的温室气体排放强度

能源消费的温室气体排放强度是能源消费产生的温室气体排放量（二氧化碳、甲烷和一氧化氮）和本国能源消费量的比率，它可以反映出能源消费和温室气体排放的关系。2004—2017年中东欧16国、欧盟28国和瑞典能源消费的温室气体排放强度比较见表1-8。

表1-8　2004—2017年中东欧16国、欧盟28国和瑞典能源消费的温室气体排放强度比较

（%）

年份	中东欧16国温室气体排放强度	欧盟28国温室气体排放强度	瑞典温室气体排放强度
2004	97.2	97.5	93.1
2005	96.9	96.6	90.3
2006	96.4	96.0	92.4
2007	98.0	96.1	91.0
2008	96.3	94.6	87.9
2009	95.4	93.6	93.1
2010	97.9	92.3	90.3
2011	97.2	91.8	82.7
2012	94.7	91.5	78.3

年份	中东欧 16 国温室气体排放强度	欧盟 28 国温室气体排放强度	瑞典温室气体排放强度
2013	92.7	90.2	76.6
2014	91.5	88.9	74.7
2015	90.8	88.6	78.1
2016	90.6	87.6	72.9
2017	89.4	86.5	70.7
2018	87.4	84.9	69.6

注：以上数据中，中东欧国家的平均值为保加利亚、克罗地亚、捷克、爱沙尼亚、匈牙利、拉脱维亚、立陶宛、波兰、罗马尼亚、斯洛伐克和斯洛文尼亚 11 国的平均值，且以 2000 年的数据 100 为基准。

资料来源：欧盟统计局。

由表 1-8 可知，以 2000 年的数 100 为基准，各国能源消费的温室气体排放强度均呈下降趋势，但中东欧国家的下降程度明显小于欧盟和瑞典的下降程度。与 2004 年相比，2018 年瑞典下降了 23.5%，欧盟下降了 12.6%，而中东欧国家只下降了 9.8%。

第三节　苏联时期中东欧国家能源安全问题及其表现

苏联时期，中东欧 16 国还没有形成，除了波兰、保加利亚、匈牙利、罗马尼亚和阿尔巴尼亚，其他 11 个国家都是各自从联邦国家独立出来的。1990 年，立陶宛率先退出苏联宣布独立，1991 年，爱沙尼亚和拉脱维亚也从苏联独立出来。1991—1992 年，南斯拉夫解体，斯洛文尼亚、克罗地亚、马其顿、波黑四国宣布独立。2006 年，塞尔维亚和黑山这两个前南斯拉夫国家也分别独立出来。另外，捷克斯洛伐克联邦共和国在 1993 年解体，成为捷克和斯洛伐克两个独立的国家。由于早期数据的缺乏，本节以波兰、保加利亚、匈牙利、罗马尼亚和捷克斯洛伐克这五个经互会成员国为主要研究对象。

一、能源自给率低，供给安全问题突出

随着经济的增长，中东欧国家对于能源的需求逐步提高，而本国能源的匮乏使得这些国家的能源生产跟不上能源消费的步伐，能源缺口不断扩大。20 世纪 70 年代经互会集团的能源生产速度平均每年增长 1.8%，但能源消费的增长

速度却远远超过生产的增长速度。1970 年经互会 6 国共消费 3.82 亿吨标准燃料，1980 年消耗 6.00 亿吨左右，平均每年增长 4.2%~4.3%。由于早期数据的缺乏，只给出 1980—1992 年部分中东欧国家能源生产和消费的情况，具体见表 1-9 和图 1-9。

表 1-9　1980—1992 年部分中东欧国家能源生产和消费情况　　单位：兆焦耳

年份	一次能源消费总量	一次能源生产总量	差值
1980	15 740 621	11 483 573	4 257 048
1981	15 277 226	10 919 983	4 357 243
1982	15 489 914	11 834 893	3 655 021
1983	15 673 246	12 177 319	3 495 927
1984	16 133 634	12 366 120	3 767 514
1985	16 532 598	12 443 124	4 089 474
1986	16 783 344	12 711 541	4 071 803
1987	17 142 006	12 842 649	4 299 357
1988	16 877 864	12 819 755	4 058 109
1989	16 704 549	12 119 057	4 585 492
1990	15 056 812	10 486 436	4 570 376
1991	13 379 792	9 712 490	3 667 302
1992	10 858 285	8 011 731	2 846 554

注：以上数据包括保加利亚、捷克斯洛伐克、波兰、罗马尼亚、匈牙利、阿尔巴尼亚和南斯拉夫。

资料来源：http://knoema.com.

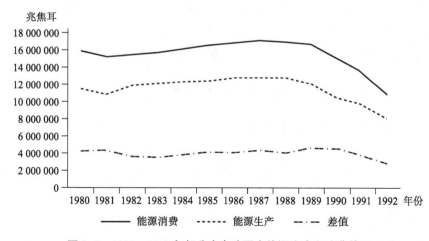

图 1-9　1980—1992 年部分中东欧国家能源生产和消费情况

由图 1-9 可知，1980—1992 年，中东欧国家的能源缺口一直维持在 $4×10^6$ 兆焦耳上下。而能源生产和消费自 1989 年开始呈下降趋势。

1964 年，苏联、波兰、捷克斯洛伐克、匈牙利和民主德国共同兴建的"友谊"输油管道一期工程完成。之后，经互会国家从苏联进口大量石油，能源依赖度随之增加。但是，由于煤炭开采困难，除波兰和捷克斯洛伐克两国以外，其他各国逐渐减少本国煤炭消费，导致能源自给率大幅下降。1960 年和 1978 年部分中东欧国家能源自给率见表 1-10。

表 1-10　1960 年和 1978 年部分中东欧国家能源自给率　　（%）

国家	1960 年自给率	1978 年自给率
保加利亚	55	26
匈牙利	77	51
波兰	124	109
罗马尼亚	128	85
捷克斯洛伐克	95	66

资料来源：经互会国家对外贸易统计。

由表 1-10 可知，相较于 1960 年，1978 年以上 5 国的能源自给率迅速下降，其中罗马尼亚下降最多，由能源出口国变为能源进口国，只有波兰一国实现了能源的自给自足。虽然罗马尼亚相比其他经互会国家有丰富的油气资源，但毕竟有限，为了保证一定的油气存储量，罗马尼亚的原油产量从 1968 年到 1980 年一直保持在 1 300 万~1 400 万吨，而生产和消费之间的缺口则通过能源进口来满足，这使得罗马尼亚的能源进口逐年增加，从能源出口国变为能源进口国。如上文所述，由于波兰本国煤炭开采量逐年增加，能满足部分能源需求的增长，所以能源自给率变化较小。

二、能源结构单一，加剧供给的安全问题

由前文可知，中东欧国家只有煤炭的储量稍多，油气资源极为匮乏。20 世纪 60 年代以前，中东欧国家的主要动力来源是煤炭，燃料动力工业几乎全部使用国产煤。60 年代以后，由于煤炭开采条件恶劣、成本高，加之苏联在"经济一体化"的口号下实行所谓的"国际分工"，使得中东欧国家的煤炭工业发展被扼杀，早期以煤炭为主的能源消耗方针转变为以石油、天然气为主。各国大量进口石油，影响了本国能源结构多样化发展，因此能源工业的物质

技术基础相对薄弱。本来，波兰和罗马尼亚还有比较丰富的煤炭资源，但在经济一体化的要求下，放弃了本国有相对优势的能源，而使用本国相对短缺的石油和天然气资源，这就使得各国能源单一，而单一的能源结构使得中东欧国家在能源上更依附于苏联，70 年代石油价格的暴涨也对其产生了巨大的冲击。1970—1992 年中东欧国家能源消费结构见表 1-11 和图 1-10。

表 1-11　1970—1992 年中东欧国家能源消费结构　　　　　　（%）

年份	煤炭占比	石油和天然气占比
1970	—	40.2
1973	—	46.6
1975	—	49.8
1980	35.7	56.8
1981	37.0	55.2
1982	37.7	54.1
1983	38.5	53.0
1984	38.9	52.1
1985	39.0	51.4
1986	38.6	51.3
1987	38.2	50.5
1988	38.2	49.9
1989	37.6	50.1
1990	36.9	50.5
1991	36.8	48.7
1992	33.7	51.5

注：由于数据缺失，1970 年、1973 年和 1975 年的数据包括保加利亚、捷克斯洛伐克、波兰、罗马尼亚和匈牙利 5 国，1980—1992 年的数据包括以上 5 国和阿尔巴尼亚、南斯拉夫。

资料来源：经互会国家对外贸易统计。

1970 年中东欧国家的石油和天然气消费比重只有 40.2%，而随着新的能源政策的实施，到 1980 年石油和天然气消费比重达到最高值，为 56.8%。由于 20 世纪 70 年代石油危机对经济的巨大打击，中东欧各国纷纷调整能源政策，减少对进口石油和天然气的依赖，最大限度地利用本国煤炭等自有能源。

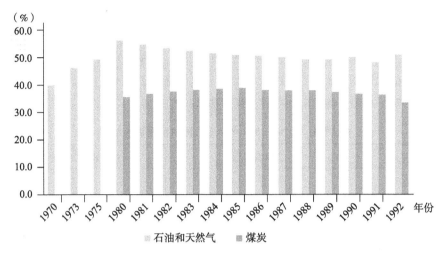

图 1-10　1970—1992 年中东欧国家能源消费结构

三、严重依赖苏联能源进口，高企的石油进口价格对本国经济影响严重

在中东欧国家与苏联的经济贸易中，中东欧国家因缺乏能源资源而处于被动地位。这些国家除罗马尼亚外，没有一个国家具有实际意义的石油储量。保加利亚、捷克斯洛伐克、波兰、匈牙利 80% 以上的石油消费依靠苏联供应，而且这些国家也都没有能力获得足够的硬通货。1976—1980 年，经互会国家从苏联进口了 3.78 亿吨石油、900 多亿立方米天然气。经互会 6 国（罗马尼亚、保加利亚、捷克斯洛伐克、波兰、匈牙利和民主德国）91% 的煤、92% 的石油、79% 的天然气也是由苏联提供的。1973—1982 年中东欧部分国家能源进口中苏联所占比重见表 1-12 和图 1-11。

表 1-12　1973—1982 年中东欧部分国家能源进口中苏联所占比重　　　（%）

年份	保加利亚	捷克斯洛伐克	匈牙利	波兰	罗马尼亚	5 国平均
1973	81.6	82.3	73.5	88.3	15.3	68.2
1975	94.1	85.9	74.2	83.5	11.1	69.8
1980	92.4	92.1	84.4	81.6	16.6	73.4
1981	96.7	92.8	87.1	92.8	26.2	79.1
1982	96.0	90.0	80.0	93.0	13.9	74.6

资料来源：经互会国家对外贸易统计。

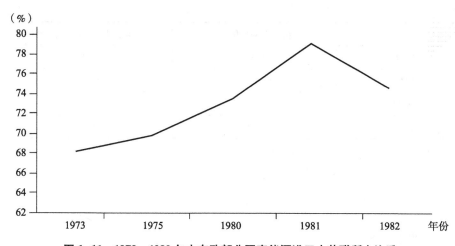

图 1-11　1973—1982 年中东欧部分国家能源进口中苏联所占比重

注：以上数据包括保加利亚、捷克斯洛伐克、波兰、罗马尼亚和匈牙利 5 国。

由图 1-11 可知，1973—1981 年中东欧部分国家能源进口中苏联所占比重呈增加趋势，1981 年达到 79.1%，接近 80.0%，在此之后逐渐下降。

对苏联能源依赖程度的加深使得中东欧国家在 1973 年石油危机之后油价大幅上涨中蒙受了巨大的经济损失。由于"五年计划"规定经互会集团内部的贸易价格只能每五年重新制定一次，所以初期的能源提价对以上五国的影响很小。然而，在 1975 年 1 月召开的经互会执委会第七十次会议上，苏联为了自身利益撕毁了"五年调整一次价格"的协议，提出按国际市场每年确定一次价格的办法向经互会成员国出售石油，至此，经互会成员国进口石油的价格迅速翻倍。1971—1980 年国际石油价格和经互会集团内部石油价格见表 1-13 和图 1-12。

表 1-13　1971—1980 年国际石油价格和经互会集团内部石油价格

单位：转账卢布/吨

年份	国际石油价格	经互会集团内部石油价格
1971	14.67	13.60
1972	15.18	15.60
1973	18.28	16.00
1974	64.86	18.10
1975	56.90	32.80
1976	63.60	34.00

续表

年份	国际石油价格	经互会集团内部石油价格
1977	70.00	43.80
1978	77.00	54.70
1979	84.00	66.50
1980	93.20	70.40

资料来源：经互会国家对外贸易统计。

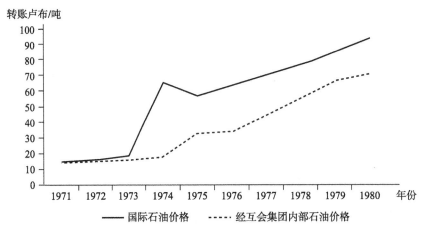

图1-12　1971—1980年国际石油价格和经互会集团内部石油价格

　　由图1-12可知，1973年第一次石油危机爆发后，国际石油价格迅速攀升，而经互会内部石油价格则在1975年重新定价之后迅速上升。1974年苏联卖给经互会的油价平均每吨为18.10卢布，到1979年已上升到66.50卢布（上涨2.7倍），而同期经互会国家向苏联出口的机器设备和其他工业品一般只提价50%~60%。由于进口能源价格猛涨，1970年保加利亚用于进口燃料和动力费用占其出口商品总额的11.5%，1978年增加到25.1%；同期匈牙利从9.6%增加到17.0%；波兰从6.8%增加到14.6%；捷克斯洛伐克从9.0%增加到16.4%。1976—1980年，捷克斯洛伐克需要用掉国民收入增长额的1/3~1/2来弥补石油和原料涨价的损失。另外，在20世纪80年代初期，南斯拉夫每年石油进口量在1000万吨以上，耗资高达40多亿美元，几乎占其出口赚取外汇的一半。进口石油花费的增加导致经互会国家外贸赤字的增加。1971—1974年，经互会6国对苏联贸易有16亿卢布的顺差，而1975—1979年，尽管各国要拿出比以前更多的工农业产品向苏联出口，但对苏贸易仍产生了 40 多亿卢布的逆差。

贸易条件的恶化使得经济增长放缓。1971—1975 年，经互会国家经济发展速度较快，平均每年增长率为 8.0%，1976—1978 年增长率下降到 5.1%，1979 年以后下降的更多。同时，燃料价格的提高使一系列工业品和食品价格上涨，人民生活水平下降。

四、环境安全日渐突出

能源强度是用于对比不同国家和地区能源综合利用效率的最常用指标之一，体现了能源利用的经济效益，指数越低说明能源利用效率越高。苏联时期，由于经济条件和科学技术的落后，中东欧国家的能源强度远远高于世界平均水平。表 1-14 列出了 1980 年和 1990 年中东欧部分国家的能源强度与世界其他国家的对比情况。

表 1-14 1980 年和 1990 年世界部分国家能源强度 单位：koe/ $ 05p

国家/地区	1980 年	1990 年
世界	0.19	0.16
欧洲	0.13	0.11
美国	0.207	0.146
保加利亚	0.37	0.24
罗马尼亚	0.35	0.24
捷克斯洛伐克	0.25	0.21
波兰	0.25	0.20
阿尔巴尼亚	0.22	0.17
匈牙利	0.17	0.15

资料来源：经互会国家对外贸易统计。

由表 1-14 可知，中东欧国家中只有匈牙利一国的能源强度低于世界平均水平，其他国家都高于世界平均水平，特别是保加利亚和罗马尼亚两国在 1980 年高于世界水平近一倍，之后随着两国工业的进步和发展，能源利用率逐渐提高，到 1990 年这两个国家的能源强度与世界平均水平的差距明显缩小。

二氧化碳排放量是指在生产、运输、使用及回收产品时所产生的平均温室气体排放量。它能够反映出一国在能源消费过程中对环境产生的影响。

1980—1991 年中东欧国家和其他国家由能源消耗造成的二氧化碳排放量情况见表 1-15。

表 1-15 1980—1991 年世界部分国家二氧化碳排放量 　　单位：百万吨

国家	1980 年	1983 年	1986 年	1989 年	1991 年
保加利亚	88.0	90.0	96.0	85.0	57.0
阿尔巴尼亚	8.9	9.1	9.3	8.3	4.4
捷克斯洛伐克	209.0	208.0	207.0	202.0	172.0
波兰	429.0	391.0	428.0	413.0	330.0
罗马尼亚	171.0	186.0	188.0	197.0	136.0
匈牙利	85.0	82.0	77.0	71.0	66.0
美国	4776.0	4 389.0	4 614.0	5 072.0	4 997.0
英国	613.0	577.0	596.0	612.0	609.0
西班牙	195.0	226.0	199.0	221.0	237.0

资料来源：knoema.com.

由表 1-15 可知，中东欧国家中，波兰的二氧化碳排放量最多，捷克斯洛伐克其次，而阿尔巴尼亚的碳排放量最少。为了更好地衡量各国二氧化碳排放量，我们计算了 1980—1991 年世界部分国家人均二氧化碳排放量，具体见表 1-16。

表 1-16 1980—1991 年世界部分国家人均二氧化碳排放量

单位：百万吨

国家	1980 年	1983 年	1986 年	1989 年	1991 年
保加利亚	10.0	10.0	11.0	9.4	6.5
阿尔巴尼亚	3.3	3.2	3.1	2.6	1.4
捷克斯洛伐克	14.0	14.0	13.0	13.0	11.0
波兰	12.0	11.0	11.0	11.0	8.6
罗马尼亚	7.7	8.3	8.3	8.6	5.9
匈牙利	7.8	7.6	7.3	6.9	6.3
美国	21.0	19.0	19.0	21.0	20.0
英国	11.0	10.0	10.0	11.0	11.0
欧盟 27 国	1.0	9.0	9.3	9.2	9.0
世界	1.0	3.9	4.0	4.1	4.0

资料来源：knoema.com.

由表 1-16 可知，中东欧绝大多数国家的人均二氧化碳排放量呈下降趋势，除阿尔巴尼亚外，均高于世界平均水平，而美国、英国等发达国家由于当时处在经济高度发展时期，能源消耗量大，人均碳排放量也比较大。

第四节　入盟后中东欧国家能源安全问题及其表现

1991 年末的政局剧变之后，中东欧国家先后退出了以苏联为首的经互会和华沙条约组织，成为真正意义上的主权独立国家，开始自主选择社会制度和发展道路。2004 年，波兰、匈牙利、捷克、斯洛伐克、斯洛文尼亚、爱沙尼亚、立陶宛、拉脱维亚等 8 个中东欧国家与塞浦路斯、马耳他一起加入欧盟；2007 年，罗马尼亚、保加利亚两国加入欧盟；2013 年，克罗地亚也正式加入欧盟。这使欧盟的规模空前扩大，成员国数从 15 个骤增至 28 个。这些中东欧国家加入欧盟之后，其外交从面向西方逐渐向多元化发展。在保持和巩固欧洲大西洋关系的同时，逐步恢复与俄罗斯的经济和政治关系。不同于苏联时期只受苏联单方面控制的状况，入盟后的中东欧国家一方面仍然依赖俄罗斯的能源资源，另一方面又需要欧盟给予经济上的帮助和支持，当欧俄发生摩擦时，夹在其中的中东欧国家左右为难，这也使得其能源安全问题更加复杂。

一、对俄罗斯的依赖进一步加深，能源供给安全问题未能彻底改善

中东欧国家在"冷战"时期就是苏联能源的传统消费国。"冷战"结束后，中东欧国家即使加入了欧盟，但其对俄罗斯能源的高度依赖不仅没有改善，反而进一步加深。原因在于，首先，欧盟和中东欧国家一样属于能源匮乏的国家。中东欧国家虽然经济上加入了欧盟，但欧盟在能源政策上不仅不能帮助中东欧国家，反而与其在俄罗斯能源供给方面存在竞争关系。其次，俄罗斯在失去超级大国地位后，开始利用自身能源优势积极推行能源外交，对中东欧地区国家采取不同的政策进行分化瓦解。如近年来俄罗斯利用手中能源武器对乌克兰和白俄罗斯等国家采取打击的办法，而对于其他中东欧国家则采取拉拢的办法。此种策略，使中东欧国家更加意识到"能源依赖症"背后所隐藏的巨大危机，同时也进一步凸显了欧俄在能源领域的严峻竞争形势。近年来，俄罗斯的能源战略日渐成熟，不仅将中东欧国家视为长期的能

源消费国，还将其视为通往欧洲油气管线的重要过境国，俄罗斯试图用能源把欧洲地区紧紧黏合在一起。基于此，能源领域也成为俄罗斯对中东欧国家的外交着力点。

二、供给与需求交织，能源安全问题变得错综复杂

由于中东欧国家大部分能源来自俄罗斯，因此面对中东欧国家的离心倾向，俄罗斯经常对其施以"颜色"，从而让中东欧国家感觉到能源安全问题日益严重。如 2006 年俄罗斯借口其境内石油管道泄漏切断对立陶宛的石油输送，在经常与俄罗斯闹别扭的波罗的海三国身上小试牛刀。随后，俄罗斯又以按国际市场价格交易为由调整能源供应政策，引发了与乌克兰、格鲁吉亚间的天然气争端，并以"断气"向两国政府施压，既敲打了"颜色革命"后明显倒向西方的乌克兰、格鲁吉亚、摩尔多瓦等独联体国家，也强烈震撼了中东欧国家。另外，由于欧盟国家大部分能源也来自俄罗斯，在来源地上与中东欧国家存在竞争关系，这进一步加剧了中东欧国家的能源供给安全问题。

由于俄罗斯和中东欧部分国家通过过境等方式开展全面的能源合作，所以俄罗斯与中东欧国家经济关系中最主要的部分是油气领域的合作。俄罗斯与中东欧国家油气合作主要有三种方式：投资中东欧国家的油气领域，参与中东欧油气企业的私有化，选择中东欧国家充当油气过境运输国。俄罗斯希望通过与中东欧国家的油气合作保持其在世界能源市场的优势地位进而利用"管道经济"对中东欧国家施加政治影响，而中东欧国家则希望从俄罗斯获得稳定的油气供应，并从油气过境运输中获利。2002 年 1 月，俄罗斯尤科斯公司获得了斯洛伐克石油运输公司 49% 的股份，从而获得了对该公司很大的管理权和对欧洲输送管线的控制权。比如 2002 年 3 月，俄罗斯天然气工业公司同几家西方公司一道，购买了斯洛伐克天然气管线运输公司 49% 的股份。斯洛伐克的天然气管线对俄罗斯来说十分重要，它是俄罗斯向欧洲输气的通道，因此，俄罗斯希望能够完全控制这条管线。又比如将俄罗斯西西伯利亚亚马尔半岛的天然气经白俄罗斯和波兰运送到德国和其他欧洲国家的亚马尔—欧洲输气管道，该管道推动了俄罗斯与中东欧国家在天然气贸易领域的合作，带来了丰厚的经济、政治和外交收益。该管道经过白俄罗斯有利于巩固俄白联盟，也加强了波兰、斯洛伐克等过境国在欧洲乃至国际天然气市场上的分工地位。同时，该管道优化了俄罗斯天然气工业股份公司的出口流向，有利于俄罗斯能源外交多元化战略的实施。1999 年明斯克至波德边界段投入使用，

部分天然气从乌克兰转向波兰，从两个地点独立向捷克天然气管道供气，优化了捷克天然气运输公司的过境输气系统，提高了向欧洲供气的灵活性和主动性。另外，该管道的修建促进了能源经济活动在欧洲共同经济空间的形成，推动了欧俄能源的合作。欧盟把这项天然气管道工程作为跨欧洲运输系统中的优先项目。

欧盟国家为了绕开俄罗斯从其他国家获得天然气资源，2004 年 6 月 24 日，在欧盟支持下，各国财团成立了纳布科天然气管道国际财团。纳布科天然气管道走向是：在已建成的巴库—第比利斯—埃尔祖鲁姆天然气管道的基础上，经过阿塞拜疆、格鲁吉亚、土耳其把中亚和里海国家（土库曼斯坦、哈萨克斯坦、阿塞拜疆及俄罗斯）的天然气输往中东欧的保加利亚、匈牙利、罗马尼亚和奥地利的鲍姆加登。由于建设费用不断增加，2013 年，财团宣布选择跨亚得里亚海天然气管道将其天然气从里海输送到欧洲，而不选择与其竞争的纳布科管道，也就是说，天然气不再经过土耳其、保加利亚、罗马尼亚、匈牙利到达奥地利，而是从土耳其边境，通过希腊北部、阿尔巴尼亚，再通过亚得里亚海输送到意大利。这样以俄罗斯为主导的天然气供给和以欧盟为主导的天然气供给又形成需求竞争，形成新的能源需求安全问题。

此外，中东欧部分国家在欧盟政策的指引和帮助下，清洁能源得到比较快速的发展，由于有些国家市场容量有限，所以开始向周边其他国家供给，这样也形成中东欧国家之间的能源需求安全问题。出于经济与环保的考虑，许多中东欧国家希望扩大和升级现有核电站，或建设新的核电站。面对中东欧国家的核能"扩张"蓝图，世界诸多核能公司跃跃欲试。这当中有美国的西屋电气公司、法国的阿海珠集团、日本的三菱集团、意大利的希尔公司、法国的电力集团、德国的电力和燃气公司以及莱茵集团。然而，除了罗马尼亚使用欧洲唯一的、由加拿大设计的重水反应堆之外，其他中东欧国家使用的都是苏联和俄罗斯设计的水—水高能反应堆。这就使得俄罗斯在中东欧国家核电站改造、升级或新建核电站具有技术和核燃料方面的双重优势。

三、欧盟的清洁能源标准实施，中东欧环境安全问题日渐突出

（一）欧盟的清洁能源标准和门槛

欧洲由于能源资源相对贫乏，能源内部供应存在巨大缺口、消费严重

依赖进口，且欧洲一贯重视环境保护，这些因素都促使欧洲各国十分重视新能源的研发和利用，欧洲各国在能源税、能源技术研发、投资补贴等方面制定了大量的激励政策。作为一个区域一体化组织，欧盟基于整体情况和利益，总体以保障能源供应安全、提高欧盟竞争力和实现经济与社会的可持续发展为目标，自1997年以来制定了一系列支持能源发展的计划与政策。如1997年发布的《可再生能源战略和行动白皮书》，确定了欧盟在2010年要达到的可再生能源消费总量和可再生能源电力比例等目标。另外，欧盟也发布了具体到促进不同类型新能源发展的细化政策，如电力方面的《促进可再生能源电力生产指导政策》（2001年）、生物液体燃料方面的《欧盟交通部门替代汽车燃料使用指导政策》（2003年）等，又将不同新能源品种的发展目标加以细化。随着气候变化形势愈加严峻，2009年欧盟发布了《气候行动和可再生能源一揽子计划》，将新能源发展目标与温室气体排放挂钩，提出"20—20—20"计划：承诺到2020年将欧盟温室气体排放量在1990年基础上减少20%，若能达成新的国际气候协议（发达国家承担大部分节能减排的义务，发展中国家承担部分相应义务），欧盟则承诺减少30%；生物能源消费量占总能源消费量的比重达到20%，能源使用效率提高20%。2014年的欧盟秋季峰会确定了欧盟2030年的减排目标，即到2030年将温室气体排放量在1990年的基础上减少40%（具有约束力），可再生能源在能源使用总量中的比例提高至27%（具有约束力），能源使用效率至少提高27%。起初，这一方案遭到了中东欧成员国的强烈反对，它们认为，新方案提出的减排目标过高，遥不可及。中东欧成员国目前主要靠煤炭等传统能源发电，煤炭工业创造了大量就业机会。中东欧成员国如在短期内放弃煤炭转向太阳能、风能等清洁能源，必然会抬高国内电价，影响经济发展，损害国家的竞争力，使本来就不景气的经济更加低迷。最终，中东欧成员国还是在节能减排目标上选择了妥协让步。作为安抚和补偿，欧盟承诺将向相关成员国提供资金补贴，以帮助这些成员国实现减排目标。

在欧盟整体的新能源发展政策框架下，新能源发展目标依据各成员国实际情况进行分解，各国也依据各自的目标与要求，制定并实施鼓励新能源发展的各项政策，具体包括价格激励、投资补贴、税收政策和配额制度等方面。表1-17对四种政策进行了具体分析。

表 1-17　欧盟新能源发展政策

配额制度	内容	代表国家	作用
价格激励	依据不同新能源电力的技术特点，制定合理的新能源电力固定上网电价，然后通过立法的方式强制电网企业要按照固定上网电价全额收购新能源电力	德国、西班牙	强制电网企业将可再生能源发电站接入其网，使可再生能源电力迅速增长
投资补贴	通过法律法规方式确定了对新能源的投资补贴比例，补贴覆盖风力发电、太阳能光伏发电和生物质能利用等领域	德国、瑞典	使得新能源的利用更加广泛，增强了新能源企业的竞争力，较早地形成了成熟的新能源产业，占据世界领先地位
税收政策	对化石能源消费征收重税和对可再生能源利用免税	德国、丹麦	降低了化石能源的消费，优化了能源消费结构，提高了新能源电力的竞争力，鼓励了新能源的发展；对控制温室气体排放，保护生态环境也有重要意义
配额制度	首先，通过法律强制规定发电企业和电网企业在其生产或输送的电力中必须有一定比例的电量来自新能源发电； 其次，发电企业和电网企业每向市场生产或输送一定量的新能源电力，则可以获得一份"绿色电力证书"； 最后，建立"绿色电力证书"交易市场，使其可以在市场流通，对于没有完成法定配额的发电企业和电网企业则可以通过购买其余企业多余的"绿色电力证书"来完成配额	瑞典	用法律规定和市场自由交易的力量，不仅能促进新能源的发展，也可优化新能源电力生产的配置，提高效率；销售"绿色电力证书"又可以为新能源电力企业带来额外的收益

（二）中东欧清洁能源的发展情况

中东欧国家清洁能源发展总体趋势向好，但发展速度参差不齐。2004—2018 年中东欧国家可再生能源消费占能源总消费的比重见表 1-18。

表 1-18　2004—2018 年中东欧国家可再生能源消费占能源总消费的比重　（%）

国家	2004 年	2006 年	2009 年	2012 年	2015 年	2018 年
保加利亚	9.23	9.42	12.01	15.84	18.26	20.53
捷克	6.77	7.36	9.98	12.82	15.07	15.15

国家	2004 年	2006 年	2009 年	2012 年	2015 年	2018 年
爱沙尼亚	18.38	15.97	22.93	25.52	28.23	30.00
克罗地亚	23.40	22.67	23.60	26.76	28.97	28.02
拉脱维亚	32.79	31.14	34.32	35.71	37.54	40.29
立陶宛	17.22	16.89	19.80	21.44	25.75	24.45
匈牙利	4.36	7.43	11.67	15.53	14.50	12.50
波兰	6.91	6.89	8.66	10.90	11.74	11.28
罗马尼亚	16.81	17.10	22.16	22.83	24.79	23.88
斯洛文尼亚	16.13	15.59	20.15	20.82	21.89	21.15
斯洛伐克	6.39	6.58	9.37	10.45	12.88	11.90
黑山	—	35.00	39.46	41.53	43.09	38.81
马其顿	15.70	16.53	17.24	18.13	19.53	18.12
阿尔巴尼亚	29.62	32.07	31.44	35.15	34.39	34.87
塞尔维亚	12.72	14.54	21.02	20.79	21.99	20.32

注：表中未列出的国家其风能生产占能源总生产的比重可以忽略不计。

资料来源：《欧盟能源统计年鉴》。

由表 1-18 可知，在中东欧国家中，拉脱维亚、黑山、阿尔巴尼亚和爱沙尼亚的可再生能源消费比重较大，2018 年比重均不少于 30.00%，尤其是拉脱维亚达到了 40.29%，而捷克、匈牙利、波兰、斯洛伐克、马其顿比重较小，不到 20.00%。另外，15 个国家中，爱沙尼亚可再生能源消费比重增长最快，相比 2004 年，2018 年增加了近 12.00%。

中东欧国家风能、水能、太阳能和生物质能生产占能源总生产的比重见表 1-19 至表 1-22。

表 1-19　2005—2017 年中东欧国家风能生产占能源总生产的比重　　（%）

国家	2005 年	2010 年	2015 年	2017 年
保加利亚	0	0.56	1.04	1.11
捷克	0	0.09	0.17	0.19
爱沙尼亚	0.12	0.49	1.10	1.07
克罗地亚	0.02	0.24	1.56	2.46
拉脱维亚	0.21	0.21	0.55	0.50
立陶宛	0	1.48	4.36	6.52

续表

国家	2005 年	2010 年	2015 年	2017 年
匈牙利	0	0.39	0.53	0.59
波兰	0.01	0.21	1.38	2
罗马尼亚	0	0.09	2.27	2.50
斯洛文尼亚	0	0	0.01	0.01
斯洛伐克	0	0	0	0.01
黑山	0	0	0	1.38
马其顿	0	0	0	0.79

注：表中未列出的国家其风能生产占能源总生产的比重可以忽略不计。

资料来源：《欧盟能源统计年鉴》。

由表1-19可知，2005年中东欧国家风能生产占比几乎为0，近年来才开始有生产，其中，立陶宛的增速最快，相比2005年0的比重，2017年达到了6.52%。

表1-20　2005—2017年中东欧国家水能生产占能源总生产的比重　　（%）

国家	2005 年	2010 年	2015 年	2017 年
保加利亚	3.52	4.14	4.06	2.08
捷克	0.62	0.75	0.54	0.59
爱沙尼亚	0.05	0.05	0.04	0.04
克罗地亚	12.60	15.39	12.49	10.87
拉脱维亚	15.05	15.14	6.96	14.49
立陶宛	0.99	3.57	1.88	2.88
匈牙利	0.17	0.14	0.18	0.17
波兰	0.24	0.38	0.23	0.34
罗马尼亚	6.16	6.15	5.36	4.89
斯洛文尼亚	8.50	10.22	9.63	9.50
斯洛伐克	6.33	7.53	5.28	5.81
黑山	26.73	29.56	18.31	14.67
马其顿	8.02	13.07	12.34	7.96
阿尔巴尼亚	42.00	40.66	24.14	24.32
塞尔维亚	9.62	9.74	8.10	7.50
波黑	0	0	9.55	7.08

资料来源：《欧盟能源统计年鉴》。

相比风能，中东欧国家的水能生产占比高得多，2017 年占比最高的分别为阿尔巴尼亚、黑山和拉脱维亚，而占比最低的为爱沙尼亚，比重不到 0.10%。

表 1-21　2005—2017 年中东欧国家太阳能生产占能源总生产的比重　　　（%）

国家	2005 年	2010 年	2015 年	2017 年
保加利亚	0	0.11	1.17	1.23
捷克	0	0.19	0.74	0.76
爱沙尼亚	0	0	0	0
克罗地亚	0.05	0.10	0.35	0.47
拉脱维亚	0	0	0	0
立陶宛	0	0	0.39	0.32
匈牙利	0.02	0.05	0.20	0.38
波兰	0	0.01	0.07	0.11
罗马尼亚	0	0	0.64	0.63
斯洛文尼亚	0	0.24	1.01	1.01
斯洛伐克	0	0.10	0.78	0.78
黑山	0	0	0.03	0.03
马其顿	0	0	0.15	0.17
阿尔巴尼亚	0.21	0.42	0.59	0.83
塞尔维亚	0	0	0	0.01
波黑	0	0	0	0.04

资料来源：《欧盟能源统计年鉴》。

中东欧国家的太阳能资源普遍缺乏，太阳能生产占比也比较低，太阳能占比增长最快的国家是保加利亚，保加利亚和斯洛文尼亚是仅有的两个占比超过 1.00%的国家。

表 1-22　2005—2017 年中东欧国家生物质能生产占能源总生产的比重　　　（%）

国家	2005 年	2010 年	2015 年	2017 年
保加利亚	6.78	8.98	9.67	9.60
捷克	5.55	7.67	10.26	10.98
爱沙尼亚	17.49	19.54	21.59	25.64
克罗地亚	25.91	26.25	34.82	36.73

国家	2005 年	2010 年	2015 年	2017 年
拉脱维亚	81.77	79.8	87.36	78.44
立陶宛	21.67	19.89	75.29	72.56
匈牙利	14.95	8.79	22.44	21.26
波兰	5.35	14.03	9.80	9.63
罗马尼亚	11.45	10.71	13.19	13.98
斯洛文尼亚	13.41	16.29	17.36	16.90
斯洛伐克	6.31	12.34	14.12	13.14
黑山	24.27	20.36	28.30	34.92
马其顿	12.80	11.93	15.92	15.98
阿尔巴尼亚	20.91	12.81	10.19	10.50
塞尔维亚	8.85	9.87	10.32	10.34
波黑	0	0	14.50	14.85

资料来源：《欧盟能源统计年鉴》。

相比其他可再生能源，中东欧国家的生物质能生产占比都比较高，拉脱维亚 2017 年达到了 78.44%，而立陶宛 2017 年相比 2005 年增加了 50.00% 左右。

以上是中东欧国家清洁能源发展的总体情况，下文对每一个国家进行具体分析。

作为欧洲最大的煤炭消费国之一，波兰电力行业对煤炭依赖度一度高达 90%，相较于许多欧洲国家来说，似乎一直缺乏低碳减排的决心和行动。2012 年 6 月 13 日，英国《金融时报》刊文称，波兰 10.4% 的电力来自可再生能源，但绝大部分可再生能源来自燃烧木头和秸秆的热电厂。事实上，波兰只开发了国内 0.2% 的太阳能和风能资源。该报道还指出，过去 6 年该国风力涡轮机装机量增长了 20 倍，迄今为止波兰可再生能源部门的发展已经创造了 2.5 万个就业岗位。为了摆脱对俄罗斯的能源依赖，改变能源单一的现状，波兰政府一直在稳步推进能源多样化战略。2005 年，波兰提出要发展核电，建设自己的核电站。此后，波兰议会又通过相关法案，为建设核电站扫除障碍。虽然国内环保主义者对于核电计划的质疑之声一直存在，而且由于选址问题，波兰的核电计划也一直遭到邻国尤其是德国的批评和抗议，但是波兰建设核电站的决心却一直没有动摇。2014 年 1 月底波兰政府通过了面向 2035 年的核电发展计划。根据这项计划，波兰将在此时间点之前建设完成两座核电站，其中第一座核电站的首个反应堆将于 2024 年投入使用。除了核电计划之外，波兰在能源自给道路上的另外一个希望是页岩气。波兰拥有非常丰富的页岩气资源。数据显示，波兰页岩气储量达 5.3 万亿立方米，居欧洲各国之首，可以满足波兰 300 年的天然气供应。如此巨大的储量使波兰在发展页岩气方面雄心勃勃。波兰石油天然气公司已经获得 15 个油页岩开采资格，来自美国、荷兰、英国等国的石油公司也获得了超过 100 个油页岩开采资格。2015 年 2 月 20 日，经过三年的努力，波兰《可再生能源法案》终于出台。波兰政府认为，新法的附加价值包括：一是改变了可再生能源的支持体系，促进发电企业采用低成本发电技术；二是引入以竞价系统为基础的新措施；三是新措施向经过验证的成熟、价格低廉的技术倾斜；四是 2015—2020 年，新法案将为政府节省 115 亿~265 亿兹罗提；五是新法案刺激就业，2020 年前为波兰增加 5.6 万个就业机会；六是新法案将带动生产—消费式能源模式的发展，即鼓励电力生产自用与向电网供应剩余电能相结合的可再生能源发展方式。

近年来，罗马尼亚的可再生能源产业一直保持快速增长的态势，在欧盟成员国中颇受好评，在其可再生能源产业中，风电和太阳能的表现十分抢眼。目前，罗马尼亚拥有欧洲最大的陆上风场，2012 年，该国风电装机容量激增至 1 794.0 兆瓦，总投资达 15 亿欧元，在欧盟成员国中位列第五；而在 2009 年，该国的风电装机容量只有 13.1 兆瓦，但罗马尼亚对可再生能源项目的补贴过于慷慨，吸引了数亿欧元的投资，造成国内通货膨胀率不断增加，增大了国内电力费用的支出。为此，罗马尼亚政府于 2013 年宣布减少对风能、太阳能和小水电等可再生能源项目的扶持，以避免过度补贴投资者，减轻国内消费者的负担。突然地转变可再生能源发展政策，不仅打击了投资者的积极性，也使得欧盟委员会要求的可再生能源发展目标前途晦暗不明。

保加利亚也发生了同样的情况，2013 年，保加利亚能源部报告指出，保加利亚的电网正在遭遇电力负荷过重的危险，而造成这一危险的原因是风电和光伏发电快速增长的装机量以及受经济疲软影响日益下降的国内电力消费。为此，保加利亚政府宣布将暂停 40% 的风电和光伏发电装机项目，以缓解该国的产能过剩并稳定电力生产。

捷克政府在 2002 年 1 月通过可再生能源优惠条例，分别制定《可再生能源保护价格制度》和《绿色补贴》来鼓励民间投入可再生能源发展。除此之外，政府环保基金提供 30%～80% 不等的资金，协助非营利单位发展可再生能源。2012 年，捷克政府小幅上调太阳能光伏补贴。2013 年，捷克议会正式批准终止可再生能源补贴法案，即 2013 年 12 月 31 日后的可再生能源电力将不再享有优惠的上网电价补贴。该法案还将设定每兆瓦时 25.27 美元的最高限价。捷克前总理称："过去三年，捷克对可再生能源补贴，特别是对太阳能的补贴大幅上涨，这些增加的成本继而转嫁给了消费者，严重威胁了光伏业的公平竞争。"

爱沙尼亚得天独厚的地理条件决定了其风能资源的丰富，具有发展风力发电的良好条件，风力发电已成为在太阳能、水力、生物质发电之前的优先发展方向。到 2102 年底，爱沙尼亚已建成 17 个陆上风电场，共安装风力发电机 126 座，生产的电力占 2012 年全部电力消费的 5.5%。爱沙尼亚统计局数据显示，2015 年第一季度，爱沙尼亚可再生能源在所有能源中占比 17.3%，同比增长 3.8%，已非常接近 2020 年可再生能源在总能源中占比 17.6% 的目标。在可再生能源中，增速最明显的是风力发电，2015 年比上年同期增长了 43%；生物能源、太阳能也有较大幅度的增长，涨幅分别为 12% 和 11%。爱沙尼亚可再生能源的高速增长得益于大量的政府补贴。2015 年第一季度，爱沙尼亚政府对新能源的补贴约为 1970 万欧元，同比增长了 20.2%，其中绝大部分来源于欧盟发展基金。

可再生能源发电是拉脱维亚电力最主要的来源，拉脱维亚每年消费的电力中约有一半来自可再生能源。欧盟《可再生能源电力指令》为成员国设定了 2010 年可再生能源电力发展指标，提出 2010 年可再生能源发电量应占电力消费总量的 49.3%。当时只有德国等少数国家可以完成指标，多数成员国无法完成。而 2009 年拉脱维亚可再生能源发电量为 35.6 亿千瓦时，占电力消费总量的 50.4%，已超过欧盟设定的指标。水电是拉脱维亚最主要的电力资源。2009 年拉脱维亚水电站发电量为 34.6 亿千瓦时，占全国发电总量的 62.3%，占可再生能源发电总量的 97.2%。拉脱维亚目前有 3 个大型水电站和 150 个小型地方水电站，总装机容量达 1 536 兆瓦，其中道加瓦河上的 "Plavi-nas" 水电站拥有 10 个水轮发电机组，其装机容量为 868.5 兆瓦，是波罗的海地区最大、欧盟第二大的水电站。

立陶宛的能源消费有很大一部分来自核能，2009 年，立陶宛的核能消费占总能源消费的 33.5%。2009 年底，立陶宛彻底关闭承担主要发电任务的伊格纳利纳核电站，然而新核电站还未开始建设，同时与北欧、西欧电网桥项目还在建设中。因此，国家能源安全形势变得不容乐观。为促进可再生能源产业的发展，立陶宛政府根据欧盟对成员国提出的整体要求，相应制定了一系列鼓励措施，主要分为三大类，即财政补贴类、政策调节类、信息服务类，共计68条。主要有从2002年起，政府提高可再生能源发电厂的电力收购价格，并承担收购义务，旨在促进其增产；从2004年起，政府对可再生能源发电厂入网给予40%的补贴，旨在提高其竞争力；从2002年起，政府将环境污染税的部分收益（通过"立陶宛环境投资基金"）用于补贴使用生物燃料的用户，旨在扩大可再生能源在能源消费中的比例等。

生物质能在匈牙利可再生能源消费中占有最大份额。地质条件使得地热能成为匈牙利最大的可再生能源。匈牙利风力发展潜力很小，也不适宜发展以太阳能光伏为主的太阳能。匈牙利是中欧少山的国家之一，因此水电发展潜力较小，全国仅有3个小型水力发电站，水力发电仅占1%。

相比其他国家，斯洛伐克的可再生能源发展较为缓慢。2015年3月18日，新欧洲网报道，斯洛伐克可再生能源需求量日益降低，有专家将此归咎于政府信息封闭，对个人用户的可再生能源利用支持度不够。据悉，斯洛伐克民众对可再生能源利用的重视度仍然较低。致力发展可再生能源的组织甚至经常遭到歧视，因为民众将这些组织与电费价格升高联系到一起。但事实上，电价升高并不是可再生能源的责任，而是与补贴有关。在斯洛伐克只有几千家可再生能源发电商，而捷克有2万家。

（三）中东欧清洁能源与欧盟的差距

2018年，欧盟成员国对可再生能源的消费量共计15 960万吨油当量，较上年增长4.8%，占世界可再生能源消费总量的28.4%，是世界第一大可再生能源消费经济体。从能源消费结构来看，2018年欧盟的可再生能源占能源消费比重升至17.98%，较2020年20%的目标还差2.02%，较2004年的8.50%已经翻番。欧盟成员国中可再生能源消费占比最高的分别为瑞典（54.6%）、芬兰（41.2%）、拉脱维亚（40.3%）、奥地利（33.4%）以及丹麦（35.7%）；占比最低的分别为卢森堡（9.1%）、马耳他（8.0%）和荷兰（7.4%）。根据欧盟的可再生能源发展目标，到2020年将可再生能源使用比例提高至20%。欧盟成员国根据该指令，制定了本国的发展目标。欧盟部分国家可再生能源消费占能源总消费的比重变化以及各个阶段的目标见表1-23。

表 1-23　欧盟部分国家可再生能源消费占能源总消费的比重　　　　（%）

国家	2008 年	2012 年	2011—2012 年目标	2013 年	2013—2014 年目标	2015—2016 年目标	2017—2018 年目标	2020 年目标
保加利亚	10.5	16.0	10.7	19.0	11.4	12.4	13.7	16
捷克	7.6	11.4	7.5	12.4	8.2	9.2	10.6	13
爱沙尼亚	18.9	25.8	19.4	25.6	20.1	21.2	22.6	25
克罗地亚	12.1	16.8	14.1	18.0	14.8	15.9	17.4	20
拉脱维亚	29.8	35.8	34.1	37.1	34.8	35.9	37.4	40
立陶宛	18.0	21.7	16.6	23.0	17.4	18.6	20.2	23
匈牙利	6.5	9.5	6.0	9.8	6.9	8.2	10.0	13
波兰	7.7	10.9	8.8	11.3	9.5	10.7	12.3	15
罗马尼亚	20.5	22.8	19.0	23.9	19.7	20.6	21.8	24
斯洛文尼亚	15.0	20.2	17.8	21.5	18.7	20.1	21.9	25
斯洛伐克	7.7	10.4	8.2	9.8	8.9	10.0	11.4	14
德国	8.5	12.1	8.2	12.4	9.5	11.3	13.7	18
西班牙	10.8	14.3	11.0	15.4	12.1	13.8	16.0	20
法国	11.2	13.6	12.8	14.2	14.1	16.0	18.6	23
瑞典	45.2	51.1	41.6	52.1	42.6	43.9	45.8	49

资料来源：《欧盟能源统计年鉴》。

由表 1-23 可知，在中东欧国家中，保加利亚、捷克、匈牙利、波兰和斯洛伐克 5 国定下的 2020 年可再生能源占能源总消费的比重没有达到 20% 的平均水平，而拉脱维亚的目标最高，为 40%；在老牌成员国中，德国的目标比重为 18%，比平均水平低 2%，瑞典目标比重最高，为 49%。另外，2011—2012 年和 2013—2014 年的中期目标，所有国家都超额完成，预计 2020 年的目标比重也能顺利完成。

从品种来看，欧洲在风电、太阳能、生物质能的发展上都居世界领先地位。德国、西班牙是风电、光伏发电的老牌强国，生物质能则在丹麦、瑞典、芬兰应用较为广泛。2017 年欧盟部分国家可再生能源生产占总能源生产的比重见表 1-24。

表1-24 2017年欧盟部分国家可再生能源生产占总能源生产的比重 （%）

国家	2017年风能占总能源生产比	2017年太阳能占总能源生产比	2017年水能占总能源生产比	2017年生物质能占总能源生产比
阿尔巴尼亚	0	0.83	24.32	10.50
保加利亚	1.11	1.23	2.08	9.60
克罗地亚	2.46	0.47	10.87	36.73
捷克	0.19	0.76	0.59	10.98
爱沙尼亚	1.07	0	0.04	25.64
匈牙利	0.59	0.38	0.17	21.26
拉脱维亚	0.50	0	14.49	78.44
立陶宛	6.52	0.32	2.88	72.56
马其顿	0.79	0.17	7.96	15.98
黑山	1.38	0.03	14.67	34.92
波兰	2.00	0.11	0.34	9.63
罗马尼亚	2.50	0.63	4.89	13.98
塞尔维亚	0	0.01	7.50	10.34
斯洛伐克	0.01	0.78	5.81	13.14
斯洛文尼亚	0.01	1.01	9.50	16.90
德国	7.85	3.51	1.50	10.37
西班牙	12.35	9.80	4.72	16.00
法国	1.61	0.75	3.25	8.17
英国	3.64	0.88	0.43	3.60
瑞典	4.14	0.08	15.30	25.95
欧盟28国	0.02	1.90	3.41	12.56

资料来源：《欧盟能源统计年鉴》。

由表1-24可知，相比风能、太阳能等可再生能源，生物质能在各国的可再生能源生产中都占有一定比例，其中，拉脱维亚和立陶宛相比其他国家具有明显优势，分别为78.44%和72.56%，而克罗地亚（36.73%）和黑山（34.92%）排在其后。在风能方面，中东欧国家中只有立陶宛占有一定比例，为6.52%，和西欧的德国差距不大，但西班牙的风能占比有12.35%。中东欧国家的太阳能生产普遍匮乏，而西欧的西班牙和德国均超过1.90%的平均水平，分别为9.80%和3.51%。在水能方面，阿尔巴尼亚相比其他国家具有明显优势，占比接近 25.00%，比 3.41% 的平均水平高出近 21 个百分点。

（四）清洁能源计划对中东欧国家的影响

清洁能源计划使得中东欧各国纷纷加大对可再生能源发展的支持，而可再生能源份额不断增加将提高能源的利用效率，有助于发展的可持续性，同时还可以减少对天然气、石油等进口能源的依赖，能源的安全性得到提高。另外，各种新建的能源项目吸引了大量国内外的投资者，促进了本国的经济发展，也为本国人民提供了更多的就业岗位。

但清洁能源计划的展开，也不可避免地带来了一些问题。一方面，政府对可再生能源项目慷慨的补贴，吸引了过多的投资资金，造成了一定程度的通货膨胀；另一方面，补贴以电费上涨的形式转嫁给消费者，增加了本国国民的经济负担。而在金融危机和欧债危机后，欧洲整体的经济环境变差，加上之前制定的新能源优惠政策执行期限将至，不少国家开始削减对新能源产业的补贴。这对一直受到重度保护的新能源行业造成重大打击，其发展面临巨大的资金压力。

（五）中东欧清洁能源的安全表现

首先，中东欧各国由于自身资金不足，在发展清洁能源的过程中必然要依赖于欧盟的清洁能源基金，因此受到欧盟清洁能源技术标准的制约，包括清洁能源的结构要求，以及清洁能源的技术要求，可能会出现清洁能源供给困难，形成所谓的供给安全；其次，在欧盟统一的政策指导下，各国都共同发展清洁能源，会造成清洁能源过剩问题，消化过剩的清洁能源也会造成需求安全问题；最后，为了发展清洁能源而发展，会人为造成新的环境安全问题，如波兰最初燃烧木材和秸秆发电形成新的污染，后来发展油页岩，由于技术不过关又形成新的水污染。

综上所述，中东欧国家的能源安全问题错综复杂。从内部来看，能源资源的匮乏使得其过于依赖进口能源，能源安全的脆弱性显而易见；由于科学技术的落后，其能源效率低下，不利于经济的可持续发展，也给本国生态环境造成负面影响。加入欧盟之后，中东欧国家的能源安全问题除了之前遗留下来的内部问题之外，还表现出了外部性和政治性。身处欧洲腹地的中东欧国家是一个"边缘一中心"矛盾体，其在大国"夹缝"中求生存和发展的特性一直没有改变。中东欧国家在夹缝中左右为难，同时也能左右逢源。在美俄争夺中，弃俄投美，以求安全保障。对美国和欧盟各有所图，即"军事安全上靠美国，经济上靠欧盟"，并在美欧争执时，往往因支持美国而得罪欧盟。在欧俄关系发展相对平稳时期，双方的摩擦大多与中东欧有关，当欧俄不和时中东欧国家则倚重欧盟。还有一种观点则期望中东欧在俄欧关系中扮演"桥梁"角色，认为这将是其最佳选择，不是缓冲区、震荡带，也不充当大国力量平衡的枢纽。一波三折的俄波关系至少在一个侧面反映了入盟后的中东欧国家加剧了俄欧关系的复杂性。在利益格局多极化的今天，中东欧国家加入欧盟到底是发展的助推器，还是绊脚石，仍需进一步深入分析和研究。

中东欧各国正处于经济快速发展的时期，对能源的需求量巨大，其能源安全面临严峻形势。必须以市场机制为基础，以国家综合实力的运用为后盾，采取综合性的保障手段，大力发展新能源，以维护能源安全为切入点促进整体经济发展方式的转变。

| 第 二 章 |

不同时期中东欧国家能源安全的主要特征

第一节　苏联时期中东欧国家能源安全问题的共同特征

一、第二次世界大战后中东欧国家的权力阵营

苏联地跨欧亚两大洲，位于欧洲东部和中亚、北亚，东西最远距离达 10 000多公里，南北约5 000公里，总国土面积达到224 022万平方米，濒临黑海、波罗的海、北冰洋和太平洋，隔海与美国的阿拉斯加州、日本的北海道岛相望，陆上分别与挪威、芬兰、波兰、捷克斯洛伐克、匈牙利、罗马尼亚、土耳其、伊朗、阿富汗、中国以及朝鲜相邻，其中同中国的新疆、内蒙古、黑龙江和吉林等地区有7 300多公里的边界线。苏联包括东斯拉夫三国（俄罗斯联邦、乌克兰、白俄罗斯）、中亚五国（乌兹别克斯坦、哈萨克斯坦、吉尔吉斯斯坦、塔吉克斯坦、土库曼斯坦）、外高加索三国（阿塞拜疆、亚美尼亚、格鲁吉亚）、波罗的海三国（立陶宛、爱沙尼亚、拉脱维亚）、摩尔达维亚15个加盟共和国，巴什基尔、布里亚特等20个自治共和国，8个自治州，10个自治区和129个边疆区或州。

第二次世界大战后，有关国际秩序的安排与此前有所不同，其"缔造和平"的过程不仅体现在大国权力与意志上，而且还带有强烈的意识形态色彩和强制行为。正因为如此，欧洲迅速分裂为两大对立阵营，即以美国为首的西方阵营和以苏联为首的东方阵营，东欧国家的命运再次被操控在大国手中。随着苏联军队的入境驻扎，东欧国家均被纳入苏联的势力范围。更确切地说，东欧国家已被深深地嵌入苏联影响的轨道里。苏联在东欧国家通过扶植亲苏政党、掌控国家权力、运用组织工具等方式，保证东欧国家成为苏联最可靠的盟友。东欧国家与苏联由此形成了长达40多年的捆绑式的同盟关系。东欧国家在政治、经济和军事上全面纳入苏联轨道，成为苏联的卫星国。华沙条

约组织（成立于 1955 年 5 月 14 日，简称"华约组织"）的成立，虽具有东西方对抗的背景，但这一政治军事组织在其以后的发展中无疑成为苏联协调东欧国家外交活动的中心，成为苏联监控东欧盟国的工具。

二、第二次世界大战后中东欧国家能源安全的共同特征

（一）各国普遍缺乏能源，能源供给安全问题天然存在

中东欧国家的自然资源主要是煤炭。在当时的技术水平下，这些国家的煤炭经济可采量约 466 亿吨标准煤当量，约占世界储量的 6%。中东欧国家普遍缺乏石油和天然气资源，两者仅占世界储量的 0.3%～0.4%，而且分布不均，仅罗马尼亚的石油储量就占了该地区总储量的 73%。① 东欧经互会国家除波兰能源自给有余，罗马尼亚能源自给率稍高，只需要进口焦炭和部分石油外，其他国家的能源自给率都较低，需大量进口能源来满足日益增长的需求。

（二）工业化发展刺激了对油气资源的需求

20 世纪 50 年代东欧国家的工业还不发达，煤炭是工业中的主要动力，在能源消费中，煤炭所占比重高达 80.6%。随着工业的发展，特别是钢铁工业和机械工业、交通运输业的迅速发展，石油和天然气的消费量激增。当时苏联的能源在国际市场上还未打开销路，西方国家对接受苏联能源尚存戒心，因而中东欧国家的能源需求能从苏联方面得到基本保证。到了 80 年代，中东欧国家的煤炭在能源总消费量中所占的比重下降到 36.7%，而石油则由 50 年代的 15.0% 左右上升到 80 年代的 35.0%，天然气在能源消费量中的比重也迅速增加。与此同时，中东欧国家的能源自给率迅速下降。保加利亚 1960 年为55%，1978 年下降到 26%，同时期匈牙利从 77% 下降到 51%，波兰从 124% 下降到 109%，罗马尼亚从 128% 下降到 85%，捷克从 95% 下降到 66%。

（三）社会主义能源开采的国际分工和合作加剧了供给安全问题

第二次世界大战后，中东欧国家逐步进入社会主义阵营，同时，俄罗斯出于"冷战"的需要，为了巩固社会主义阵营，从 20 世纪 60 年代开始，铺设了向东欧国家波兰、捷克斯洛伐克、匈牙利和民主德国出口原油的"友谊"石油管道系统，以记账的方式向经互会国家提供石油，目的在于以优惠的价格向东欧国家提供石油以满足苏联和华约组织成员国军队对能源的需求，防范帝国主

---

① ［联邦德国］保罗·扬森. 第一次石油危机以来经互会国家能源经济的发展［J］. 世界经济与政治论坛，1987（10）.

义的侵略。60 年代以后，苏联在"经济一体化"的口号下，实行所谓的"国际分工"，扼杀了东欧国家煤炭工业的发展，把这些国家的能源消耗以煤炭为主转变为以石油、天然气为主，从而迫使它们在能源供应上一直严重依附于苏联。

长期以来，苏联对东欧国家所需能源采取"包下来"的政策，苏联每年供应的石油从 1950 年的 70 万吨增加到 1980 年的 8 000 多万吨。

苏联对经互会东欧国家的石油供应不仅数量大，而且价格也比国际市场价格低 30%~40%。由于能源和原料的需要得到了保证，东欧国家发展的速度是较快的，并且解决了充分就业这一难题。苏联给予东欧成员国这些优惠待遇是有其政治、经济考虑的。它要求东欧成员国在政治、军事、内政和外交上与苏联保持一致，具体表现为：军事上的一体化（参加华沙条约组织），经济上的一体化（参加经济互助委员会），意识形态上的一体化（承认以苏联为首的社会主义大家庭）。本来能源资源就贫乏的经互会国家，煤炭资源开发成本又高，再加上片面强调液体燃料和气体燃料的利用，削弱了本国传统燃料的生产，减少了对煤矿工业的投资，造成了后天的失调，致使能源自给率下降，而石油需求量大幅度增加，所以东欧国家对苏联的依赖程度日益加深。

1973—1982 年经互会国家从苏联进口能源占能源进口总量的比重见表 2-1。

表 2-1 1973—1982 年经互会国家从苏联进口能源占能源进口总量的比重 （%）

国家	1973 年	1975 年	1980 年	1981 年	1982 年
保加利亚	81.6	94.1	92.4	96.7	96.0
捷克斯洛伐克	82.3	85.9	92.1	92.8	90.0
波兰	88.3	83.5	81.6	92.8	93.0
匈牙利	73.5	74.2	84.4	87.1	80.0
罗马尼亚	15.3	11.1	16.6	26.2	13.9

资料来源：[联邦德国] 保罗·扬森. 第一次石油危机以来经互会国家能源经济的发展 [J]. 东欧经济，1986 (1)：13.

（四）苏联对石油提价和限供，能源供给安全问题达到极限

1973 年以后石油价格一再上涨，苏联为了自身的利益，紧跟世界石油市场的供求变动，大幅度提高油价。不同于西方工业国家从 1973 年后石油消费径直减少的情况，经互会国家在这以后的石油消费仍继续增加。最主要的原因在于，经互会的石油进口国没有直接受油价倍增的冲击。这些小国的石油绝大部分从苏联进口，但是按照当时通用的"五年一定，基本不变"的经互会价格惯例支

付的。1975 年 1 月召开的经互会执委会第七十次会议上强行改变过去"五年调整一次价格"的规定，提出按市场每年确定一次价格的办法向经互会成员国出售石油。1973 年苏联给东欧国家的油价为平均每吨 15.0 卢布，到 1979 年已经上升到 64.1 卢布，1980 年为 70.3 卢布，1981 年为 87.0 卢布，1982 年为 107.0 卢布，具体见表 2-2。1975—1978 年，世界价格与经互会价格的差额在缩小，经互会国家进口苏联石油的优势逐渐减小，而当时各国已经将能源重心由传统的煤炭资源转向依赖进口的石油资源，东欧国家为此在经济上蒙受重大损失。

表 2-2　1970—1982 年石油价格　　　　　单位：转账卢布/吨

	1970 年	1973 年	1974 年	1975 年	1976 年	1977 年	1978 年	1979 年	1980 年	1981 年	1982 年
苏联出口经互会石油价格	15.3	15.0	18.1	33.9	34.4	45.3	55.7	64.1	70.3	87.0	107.0
世界石油价格	—	—	—	61.3	68.4	66.8	64.8	88.1	143.0	170.0	180.0

20 世纪 70 年代末，苏联出于自身利益的考虑，把石油产量的一半抛售到西方市场上赚取外汇，并且表示，之后只在"可能限度内"向东欧供应能源。东欧各国的能源形势变得更加紧张。1973—1982 年东欧国家能源进口中苏联所占比重见图 2-1。

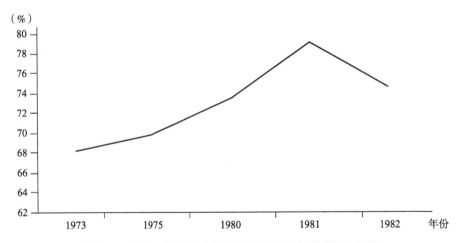

图 2-1　1973—1982 年东欧国家能源进口中苏联所占比重

注：以上数据包括保加利亚、捷克斯洛伐克、波兰、罗马尼亚和匈牙利 5 国。

资料来源：经互会国家对外贸易统计。

由图 2-1 可知，1981 年东欧五国从苏联进口的能源平均达到近 80%，在此之后逐渐下降。

三、中东欧国家能源供给安全加剧的影响和各国应对策略

（一）改变现有能源消费结构，减少石油消费

在经过挫折和失误以后，东欧国家认识到提高能源自给率的重要性，再度启用煤炭。各国根据本国褐煤资源相对丰富的特点，充分挖掘本国煤炭资源潜力，加强对本国煤炭资源的开发和利用，纷纷提出了以煤炭代替石油的方针。波兰的煤炭产量从 1979 年的 235 000 千短吨增加到 1988 年的 293 440 千短吨（见表 2-5）；罗马尼亚的煤炭产量从 1979 年的 29 000 千短吨增加到 1990 年的 42 090 千短吨（见表 2-6）；匈牙利的煤炭产量从 1979 年的 26 000 千短吨增加到 1982 年的 29 144 千短吨（见表 2-7）；保加利亚的煤炭产量从 1979 年的25 000 千短吨增加到 1984 年的 37 099 千短吨（见表 2-8）；捷克斯洛伐克的煤炭产量从 1979 年的 124 000 千短吨增加到 1984 年的 144 636 千短吨（见表 2-9）。

（二）大力发展核电

东欧多数国家铀资源丰富，20 世纪 70 年代末，各国都强调利用本国生产的铀大力发展核电站，以满足电能消费的增长部分。1979 年 6 月的经互会会议上，通过了到 1990 年前经互会国家生产原子电站的计划，规定正在苏联兴建的伏尔加顿斯克大型原子能机械厂（计划年产 8 座各为 100 万千瓦的反应堆）与捷克斯洛伐克的原子能机械厂协作，到 1990 年生产出装机容量为 15 000 万千瓦的核电站设备，以满足苏联和其他经互会国家发展核电站的需要。罗马尼亚还得到加拿大援助，建造了 4 座反应堆。截至 1985 年 4 月，已投产的核电能力状况表现为：保加利亚为 1 760 兆瓦（4 座），捷克斯洛伐克为 1 760 兆瓦（4 座），匈牙利为 880 兆瓦（2 座），具体见表 2-3。但在国际比较中，核能占发电总量比重较高的只有保加利亚，自 1982 年以来一直占年发电量的 1/4，其他国家最高占 14%。

表 2-3　1985 年各国核电情况

国家	核电能力（兆瓦）	核电站数（座）
保加利亚	1760	4
捷克斯洛伐克	1760	4
匈牙利	880	2

（三）大力开发水资源

东欧国家中罗马尼亚、保加利亚、匈牙利水资源较为丰富，各国都很重视充分利用水资源发电。其中，水能资源利用较好的国家是罗马尼亚和保加利亚，1988年水能净发电量分别占总发电量的18.3%和6.2%，具体见表2-4。

表2-4　1980—1990年各国水能发电　　　　　　　　　单位：百万千瓦时

国家	发电量	1980年	1982年	1984年	1986年	1988年	1990年
罗马尼亚	水能净发电量	13.0	12.0	11.0	11.0	13.0	11.0
	总发电量	64.0	65.0	68.0	71.0	71.0	61.0
保加利亚	水能净发电量	3.7	3.0	3.2	2.3	2.6	1.9
	总发电量	33.0	38.0	42.0	39.0	42.0	39.0
波兰	水能净发电量	2.3	1.5	1.4	1.5	1.8	1.4
	总发电量	113.0	109.0	125.0	130.0	133.0	126.0
匈牙利	水能净发电量	0.1	0.2	0.2	0.2	0.2	0.2
	总发电量	22.0	23.0	25.0	26.0	28.0	27.0

（四）积极向第三世界国家寻求能源，加强与西方国家的能源合作

为了弥补石油不足，东欧各国纷纷向利比亚、伊拉克、叙利亚、伊朗、阿尔及利亚和墨西哥等国家寻求油源。为此，捷克斯洛伐克、匈牙利与南斯拉夫合作修建亚得里亚输油管，波兰和东德也修建石油码头，扩大中东石油进口量。同时，大力发展同这些国家的经济合作关系，以签订合同、派遣专家、提供技术设备、帮助勘探石油等形式换取石油。

第二节　苏联时期中东欧国家能源安全问题的特征

一、波兰能源安全问题的特征

波兰盛产煤炭，能够实现国内自给。1980年煤炭产量为253 517千短吨，消耗量为221 123千短吨，自给率为114.6%（见表2-5）。煤炭自给有余，并且大量出口。当年进口1 150千短吨，出口37 934千短吨，净出口为36 784千短吨。1986年煤炭产量为285 871千短吨，消耗量为247 267千短吨，自给率为115.6%。1990年煤炭产量为287 082千短吨，消耗量为202 177千短吨，

自给率为 142.0%。但是，波兰大部分硬煤蕴藏在上西里西亚地区，该地工业集中，劳动力不足，而且国家财力缺乏，开采困难。

石油资源匮乏，产量仅及所需的 2% 左右。1980 年石油供给量为 8.0 千桶/天，消耗量为 387 千桶/天，自给率仅为 2.1%。1990 年的自给率仅有 1.6%。天然气资源也比较稀缺，一半以上依赖进口。而且，干燥天然气产量呈现下降趋势，对外依赖程度逐年增大。1980 年的干燥天然气产量为 2 370.34 亿立方英尺，消耗量为 4 180.24 亿立方英尺，自给率为 56.7%，1986 年的干燥天然气自给率下降到 47.0%，到 1990 年自给率仅为 34.0%。波兰的石油和天然气产量远远不能满足国内需要，主要依靠苏联的供应。1989 年以后，苏联由于经济形势恶化以及石油生产出现严重困难，大幅度削减了对波兰石油和天然气的供应，波兰只好从资本主义国家增加石油进口，在 1991 年多花十几亿美元向其他石油输出国购买了 800 万吨左右的石油，但这也只能满足最低能源需求。

20 世纪八九十年代，波兰的可再生能源发展还比较落后，生物发电和水力发电有一定的发展，但所起的作用并不是很大。

为了摆脱对苏联能源的过分依赖，实现能源多元化，波兰在意大利的帮助下，建成了便于进口西方石油的北方港口；在法国的帮助下进行了卢布林油田的开发；同西德签订了协议，由西德提供设备，研究解决煤的综合气化问题；同美国也签订了协议，由美国帮助其进行石油和天然气的勘探、开采。

表 2-5　1979—1991 年波兰能源状况

	1979 年	1980 年	1982 年	1984 年	1986 年	1988 年	1990 年	1991 年
石油供给（千桶/天）	7.0	8.0	5.5	5.8	6.4	5.7	4.5	5.1
石油消耗（千桶/天）	389	387	318	314	331	340	280	271
干燥天然气产量（十亿立方英尺）	255.000	237.034	206.911	226.864	217.929	212.173	145.000	154.000
干燥天然气进口（十亿立方英尺）	—	—	—	—	—	—	292	246
干燥天然气消耗量（十亿立方英尺）	401.000	418.024	401.743	432.538	463.898	469.407	427.000	399.000
煤炭产量（千短吨）	235 000	253 517	250 184	266 726	285 871	293 440	287 082	230 860
煤炭消耗（千短吨）	190 000	221 123	208 032	226 960	247 267	253 080	202 177	201 677

	1979 年	1980 年	1982 年	1984 年	1986 年	1988 年	1990 年	1991 年
煤炭进口（千短吨）	—	1 150	1 071	1 136	1 268	1 196	617	60
煤炭出口（千短吨）	—	37 934	34 307	49 287	40 215	38 788	35 186	26 760
核电净发电量（百万千瓦时）	—	0	0	0	0	0	0	0
水力净发电量（百万千瓦时）	—	2.3	1.5	1.4	1.5	1.8	1.4	1.4
风电净发电量（百万千瓦时）	—	—	—	—	—	—	—	—
生物净发电量（百万千瓦时）	—	0.4	0.4	0.5	0.5	0.3	0.3	0.4

资料来源：http：//cn.knoema.com/.

二、罗马尼亚能源安全问题的特征

在中东欧，罗马尼亚是一个能源丰富的国家，素有"石油国"之称。但它的能源优势正在逐渐减弱。20 世纪 50 年代罗马尼亚有石油出口，60 年代可以自给，70 年代开始进口石油。从表 2-6 可以看出，1980 年石油供给量为 252 千桶/天，消耗量为 374 千桶/天，自给率仅为 67.4%。1990 年的石油供给量为 167 千桶/天，消耗量为 382 千桶/天，自给率仅有 43.7%。1980—1990 年石油的自给率就下降了 23.7%。

同其他东欧国家一样，罗马尼亚有丰富的煤炭资源，能够满足国内 80% 左右的煤炭需求。1980 年煤炭产量为 38 761 千短吨，消耗量为 44 974 千短吨，自给率为 86.2%。1986 年煤炭产量为 52 380 千短吨，消耗量为 62 070 千短吨，自给率为 84.4%。1990 年煤炭产量为 42 090 千短吨，消耗量为 51 972 千短吨，自给率为 81.0%。从数据可以看出，罗马尼亚的煤炭自给能力也在逐年降低。

罗马尼亚是中东欧为数不多的天然气资源丰富的国家之一，天然气自给率达到了 90% 以上。1980 年的干燥天然气产量为 12 000 亿立方英尺，消耗量为 12 510 亿立方英尺，自给率高达 95.9%，1986 年的干燥天然气自给率为 95.0%，到 1990 年干燥天然气自给率下降到 79.4%，下降幅度比较大。

罗马尼亚的水力资源较为丰富，1980 年水力发电 1 300 万千瓦时，水力资源利用率达到 30%，之后又修建了一批大、中、小型水电站，1990 年水力资源利用率达到65%。

与各经互会小国高度依赖苏联不同，罗马尼亚一直致力基本上不依赖苏联的能源消费政策。罗马尼亚曾经想使能源供应多国化，自20世纪60年代后期开始，从西方引进技术、购置设备、借贷资金，与西方联合开发能源资源。但由于外汇不足，能源价格上涨，造成了经济困难。所以，罗马尼亚并没有完全脱离经互会，并几次向苏联提出"加强经互会内部的合作"。

表2-6　1979—1991年罗马尼亚能源状况

	1979年	1980年	1982年	1984年	1986年	1988年	1990年	1991年
石油供给（千桶/天）	259	252	256	252	233	203	167	146
石油消耗（千桶/天）	409	374	340	307	322	330	382	277
干燥天然气产量（十亿立方英尺）	1 131	1 200	1 350	1 338	1 340	1 280	1 001	876
干燥天然气进口（十亿立方英尺）	—	—	—	—	—	—	260	164
干燥天然气消耗量（十亿立方英尺）	1 168	1 251	1 411	1 395	1 410	1 305	1 261	1 041
煤炭产量（千短吨）	29 000	38 761	41 731	48 797	52 380	64 806	42 090	35 722
煤炭消耗（千短吨）	29 000	44 974	48 615	57 805	62 070	76 169	51 972	43 322
煤炭进口（千短吨）	—	6 214	6 884	8 023	9 382	9 733	10 541	6 657
核电净发电量（百万千瓦时）	—	0	0	0	0	0	0	0
水力净发电量（百万千瓦时）	—	13	12	11	11	13	11	14
风电净发电量（百万千瓦时）	—	—	—	—	—	—	—	—
生物净发电量（百万千瓦时）	—	—	—	—	—	—	—	—

资料来源：http：//cn.knoema.com/.

三、匈牙利能源安全问题的特征

匈牙利也是一个煤炭资源丰富的国家。1980年煤炭产量为28 688千短吨，消耗量为31 760千短吨，自给率为90.3%。1986年煤炭产量为25 751千短吨，消耗量为29 312千短吨，自给率为87.9%。1990年煤炭产量为19 654千短吨，消耗量为22 946千短吨，自给率为85.7%。煤炭是匈牙利主要的能源资源，但其产量相对于储藏量来说却极低，煤炭并没有得到很好的开发利用，匈牙利意识到了过去对煤炭工业的忽视，20世纪80年代末特别注意开发褐煤，致力以国内煤炭代替进口石油。可以说褐煤资源开发利用的好坏直接关系到匈牙利煤炭工业的振兴，而煤炭工业的振兴就是匈牙利能源的希望所在。

匈牙利天然气资源稀少，一半左右依赖进口。1980年的干燥天然气产量为2 165.87亿立方英尺，消耗量为3 444.27亿立方英尺，自给率高达62.9%，1986年的干燥天然气产量为2 515.84亿立方英尺，消耗量为4 173.17亿立方英尺，自给率为60.3%，到1990年自给率下降到43.7%，下降幅度比较大。

匈牙利石油匮乏，自产能源远远不能满足国内需求。1980年石油供给量为58千桶/天，消耗量为244千桶/天，自给率仅有23.8%。1986年的石油供给量为64千桶/天，消耗量为195千桶/天，自给率为32.8%。1990年石油供给量为58千桶/天，消耗量为178千桶/天，自给率为32.6%。具体见表2-7。

表2-7　1979—1991年匈牙利能源状况

	1979年	1980年	1982年	1984年	1986年	1988年	1990年	1991年
石油供给（千桶/天）	41	58	62	63	64	65	58	49
原油出口（千桶/天）	—	—	—	—	—	—	—	—
石油消耗（千桶/天）	242	244	223	200	195	182	178	164
干燥天然气产量（十亿立方英尺）	219.000	216.587	231.525	242.296	251.584	221.319	172.000	176.000
干燥天然气进口（十亿立方英尺）	—	—	—	—	—	—	226	216
干燥天然气出口（十亿立方英尺）	—	—	—	—	—	—	1.00	0.28
干燥天然气消耗量（十亿立方英尺）	328.000	344.427	367.876	382.32	417.317	410.819	394.000	393.000
煤炭产量（千短吨）	26 000	28 688	29 144	27 927	25 751	23 306	19 654	18 888
煤炭消耗（千短吨）	26 000	31 760	32 642	31 548	29 312	26 978	22 946	22 318
煤炭进口（千短吨）	—	3 370	3 081	2 810	4 124	3 287	2 470	4 443
煤炭出口（千短吨）	—	49	37	19	28	17	1.1	0
核电净发电量（百万千瓦时）	—	—	—	3.5	7.0	13.0	13.0	13.0

	1979 年	1980 年	1982 年	1984 年	1986 年	1988 年	1990 年	1991 年
水力净发电量（百万千瓦时）	—	0.1	0.2	0.2	0.2	0.2	0.2	0.2
风电净发电量（百万千瓦时）	—	—	—	—	—	—	—	—
生物净发电量（百万千瓦时）	—	0	0	0	0	0	0	0

资料来源：http：//cn.knoema.com/.

四、保加利亚能源安全问题的特征

保加利亚的动力资源主要是煤炭，其中劣质褐煤占 80% 以上。1980 年煤炭产量为 33 304 千短吨，消耗量为 40 743 千短吨，自给率为 81.7%。1986 年煤炭产量为 38 827 千短吨，消耗量为 47 027 千短吨，自给率为 82.6%。1990 年煤炭产量为 34 916 千短吨，消耗量为 41 627 千短吨，自给率为 83.9%。

保加利亚只有极少量的石油和天然气，所需油气资源几乎全部依赖进口。

保加利亚非常重视利用水力资源。1978 年，保加利亚和罗马尼亚联合兴建多瑙河水力综合体，建成后水电站装机容量为 80 万千瓦。1980 年水力净发电量为 370 万千瓦时，水力资源利用率达到 64%，水力发电站约比 1975 年增加 50%。1980—1990 年，由于技术落后和政府不够重视，水电量呈现下降趋势，但从 1991 年起水电行业又步入正轨。

保加利亚也非常重视核能。1980 年的核电净发电量为 580 万千瓦时，1986 年为 1 100 万千瓦时，到 1990 年核能净发电量高达 1 400 万千瓦时，是水力净发电量的 7 倍多。具体见表 2-8。

在调整消费结构方面，保加利亚将部分以石油和天然气为燃料的动力设备改为烧煤，把煤炭作为主要能源物资，致力使新建的热动力设备都使用本国燃料。

表 2-8　1979—1991 年保加利亚能源状况

	1979 年	1980 年	1982 年	1984 年	1986 年	1988 年	1990 年	1991 年
石油供给（千桶/天）	3.0	3.0	3.0	4.0	—	—	3.5	—
原油出口（千桶/天）	—	—	—	—	—	—	—	—
石油消耗（千桶/天）	320	306	295	294	286	277	193	121

	1979 年	1980 年	1982 年	1984 年	1986 年	1988 年	1990 年	1991 年
干燥天然气产量（十亿立方英尺）	0	4.500	3.000	3.000	5.000	0.350	0.490	0.325
干燥天然气进口（十亿立方英尺）	—	—	—	—	—	—	241	200
干燥天然气消耗量（十亿立方英尺）	1 095.0	1 251.0	1 411.0	1 395.0	1 410.0	1 305.6	1 261.0	1 040.0
煤炭产量（千短吨）	25 000	33 304	35 510	37 099	38 827	37 641	34 916	27 906
煤炭消耗（千短吨）	25 000	40 743	43 737	45 319	47 027	44 873	41 627	33 121
煤炭进口（千短吨）	—	7 912	8 499	8 536	8 559	7 352	6 488	5 128
煤炭出口（千短吨）	—	—	272.0	316.0	359.0	104.0	79.0	7.7
核电净发电量（百万千瓦时）	—	5.8	10.0	12.0	11.0	15.0	14.0	12.0
水力净发电量（百万千瓦时）	—	3.7	3.0	3.2	2.3	2.6	1.9	2.4
风电净发电量（百万千瓦时）	—	—	—	—	—	—	—	—
生物净发电量（百万千瓦时）	—	—	—	—	—	—	—	—

资料来源：http://cn.knoema.com/.

五、捷克斯洛伐克能源安全问题的特征

捷克斯洛伐克煤炭资源丰富，不仅能够完全自给，还可以实现一定的出口。1980 年煤炭产量为 137 244 千短吨，消耗量为 134 052 千短吨，自给率为 102.4%。1986 年煤炭产量为 141 079 千短吨，消耗量为 140 849 千短吨，自给率为 100.2%。1990 年煤炭产量为 117 491 千短吨，消耗量为 119 482 千短吨，自给率为 98.3%。

捷克斯洛伐克与保加利亚十分相似，煤炭资源丰富，但是石油和天然气匮乏，几乎全部依赖进口。

捷克斯洛伐克水力资源利用率高，1980 年水力净发电量为 480 万千瓦时，1986 年为 400 万千瓦时，1990 年为 390 万千瓦时。

捷克斯洛伐克是核能起步早、发展成功的典范，1980 年核电净发电量仅为 450 万千瓦时，1980 年之后核能发展较快，到 1990 年就已经达到 2 300 万

千瓦时，是 1980 年的 5 倍多。

　　捷克斯洛伐克也积极减少石油消耗量，降低液体燃料在能源消费中的比重，提高优势资源煤炭的比重。在 1980—1985 年计划中，捷克斯洛伐克致力保持煤炭产量，使褐煤用作发电的比重增加到总发电量的一半。1970 年褐煤产量是 10 950 万吨，1981 年已达 12 400 万吨，1984 年达到了 13 100 万吨。为鼓励矿工完成采煤任务，国家从 1982 年起，每年拿出 15 亿克朗，优先提高矿工的社会福利，并把近十年来改用进口石油或天然气的锅炉一律重新改烧煤炭。具体见表 2-9。

表 2-9　1979—1991 年捷克斯洛伐克能源状况

	1979 年	1980 年	1982 年	1984 年	1986 年	1988 年	1990 年	1991 年
石油供给（千桶/天）	2.0	2.1	2.1	—	—	—	0.8	2.1
原油出口（千桶/天）	—	—	9.0	147.0	150.0	147.0	115.0	0.6
石油消耗（千桶/天）	387	355	327	301	295	281	291	242
干燥天然气产量（十亿立方英尺）	—	17.80	23.00	26.00	25.00	30.72	25.00	20.00
干燥天然气进口（十亿立方英尺）	—	—	—	—	—	—	532	484
干燥天然气出口（十亿立方英尺）	—	—	—	—	—	—	26	1
干燥天然气消耗量（十亿立方英尺）	401	325	341	364	427	416	532	504
煤炭产量（千短吨）	124 000	137 244	137 146	144 636	141 079	138 308	117 491	109 270
煤炭消耗（千短吨）	124 000	134 052	134 755	143 268	140 849	136 983	119 482	107 882
煤炭进口（千短吨）	—	5 660	5 441	5 000	5 282	5 176	9 484	6 892
煤炭出口（千短吨）	—	8 017	7 562	7 277	7 340	5 785	9 351	9 272
核电净发电量（百万千瓦时）	—	4.5	5.8	7.3	18.0	22.0	23.0	23.0
水力净发电量（百万千瓦时）	—	4.8	3.7	3.2	4.0	4.4	3.9	3.1
风电净发电量（百万千瓦时）	—	—	—	—	—	—	—	—
生物净发电量（百万千瓦时）	—	—	—	—	—	—	—	—

资料来源：http://cn.knoema.com/.

第三节　入盟后中东欧国家能源安全问题的共同特征

一、脱苏入盟的政治取向及"倚西向东"的能源诉求

随着"冷战"的结束、美苏两极格局的瓦解，国际和欧洲格局面临着重新组合。中东欧国家加入苏联的政治阵营有些被迫和无奈，苏联解体后这种约束便解除了。另外，在苏联的阵营中，中东欧国家得不到安全保障，而且形成了新的安全问题。不仅在政治、经济和军事方面，在能源方面也形成了供给安全问题，所以脱苏入盟的倾向非常明显，加之欧盟蓬勃发展的态势，以及同为欧洲国家的地缘政治关系，中东欧国家纷纷申请加入欧盟和北约，目的是得到政治和军事安全保证，以及获得经济发展的帮助和提携。

中东欧国家脱离苏联后，面临着来自苏联加盟共和国的俄罗斯、白俄罗斯、乌克兰等国家的军事威胁，出于军事安全的考虑，加入北大西洋公约组织就成了中东欧国家的首要努力方向，因此中东欧国家加入北约比入盟要更早一步。1999 年，波兰、捷克、匈牙利加入北约，是最早一批加入北约的国家；2004 年，斯洛伐克、罗马尼亚、保加利亚等七国相继加入北约；2009年，克罗地亚和阿尔巴尼亚成功加入北约。具体见表 2-10。

在中东欧国家加入欧盟之后的这段时间，由于欧洲经济的衰退，尤其是欧债危机使得欧盟自顾不暇，加之世界石油价格再次高涨，对中东欧国家打击很大，很多国家能源供给安全问题突出，而欧盟不仅不能帮助它们，反而由于能源供给缺乏，与中东欧国家在能源方面形成竞争，使得中东欧国家重新考虑靠近俄罗斯，而且俄罗斯也调整了对中东欧国家的外交政策，积极使用能源外交来争取和拉拢中东欧国家，这样中东欧国家又出现倚西向东的能源需求。同时，随着中东欧国家与俄罗斯关系的变化，中东欧国家的地缘政治版图经历了自"离东亲西"向"倚西向东"的转变。也就是说，中东欧国家是带着"回归欧洲"的夙愿来看待或处理与俄罗斯关系的。

表 2-10　中东欧国家加入欧盟和北约的进程

国家	签署《稳定与联系协议》时间	递交入盟申请时间	开始入盟谈判时间	正式加入欧盟时间
波兰	—	—	—	2004 年 5 月 1 日
捷克	—	—	—	2004 年 5 月 1 日
斯洛伐克	—	—	—	2004 年 5 月 1 日
匈牙利	—	—	—	2004 年 5 月 1 日
罗马尼亚	—	1995 年 6 月 22 日	2000 年 2 月 15 日	2007 年 1 月 1 日
保加利亚	—	1995 年 12 月 4 日	2000 年 2 月 15 日	2007 年 1 月 1 日
斯洛文尼亚	—	1996 年 6 月 10 日	1998 年 3 月 30 日	2004 年 5 月 1 日
克罗地亚	2001 年 10 月 29 日	2003 年 2 月 21 日	2005 年 10 月 3 日	2013 年 7 月 1 日
阿尔巴尼亚	2006 年 6 月 12 日	2009 年 4 月 28 日	—	—
塞尔维亚	2008 年 4 月 29 日	2009 年 12 月 22 日	—	—
马其顿	2001 年 4 月 9 日	2004 年 3 月 22 日	—	—
波黑	2008 年 6 月 26 日	—	—	—
黑山	2007 年 10 月 15 日	2008 年 12 月 15 日	2012 年 6 月 29 日入盟谈判	—
爱沙尼亚	—	—	—	2004 年 5 月 1 日
立陶宛	—	—	—	2004 年 5 月 1 日
拉脱维亚	—	—	—	2004 年 5 月 1 日
国家	签订"和平伙伴关系计划"时间	加入"成员国行动计划"时间	接到北约邀请时间	正式加入北约时间
波兰	—	—	—	1999 年 3 月 12 日
捷克	—	—	—	1999 年 3 月 12 日
斯洛伐克	—	—	—	2004 年 3 月 29 日
匈牙利	—	—	—	1999 年 3 月 12 日
罗马尼亚	1994 年 1 月 26 日	1994 年 4 月 24 日	2002 年 11 月 21 日	2004 年 3 月 29 日
保加利亚	1994 年 2 月 14 日	1994 年 4 月 24 日	2002 年 11 月 21 日	2004 年 3 月 29 日
斯洛文尼亚	1994 年 3 月 30 日	1994 年 4 月 24 日	2002 年 11 月 21 日	2004 年 3 月 29 日
克罗地亚	2000 年 5 月 25 日	2002 年 5 月 14 日	2008 年 4 月 3 日	2009 年 4 月 1 日
阿尔巴尼亚	1994 年 2 月 23 日	1999 年 4 月 24 日	2008 年 4 月 3 日	2009 年 4 月 1 日
塞尔维亚	2006 年 12 月 14 日	—	—	—
马其顿	1995 年 11 月 15 日	1999 年 4 月 24 日	—	—
波黑	2006 年 12 月 14 日	2010 年 4 月 22 日	—	—

国家	签订"和平伙伴关系计划"时间	加入"成员国行动计划"时间	接到北约邀请时间	正式加入北约时间
黑山	2006年12月14日	2009年12月4日	—	—
爱沙尼亚	—	—	—	2004年3月29日
立陶宛	—	—	—	2004年3月29日
拉脱维亚	—	—	—	2004年3月29日

注：塞尔维亚和马其顿分别于2012年3月1日和2005年12月17日获得欧盟候选国资格。

资料来源：王一诺.冷战后中东欧国家与俄罗斯关系研究［D］.北京：中国社会科学院研究生院，2012.

二、中东欧国家能源安全问题的共同特征

（一）化石能源的消费结构，形成化石能源供应安全问题

因为中东欧国家能源匮乏且单一，相比较而言煤炭资源较为丰富，受限于此，中东欧国家的传统能源消耗主要集中于煤炭。很多国家也因为俄罗斯天然气过境的便利，以天然气消费为主。中东欧国家的一次能源生产总量远远低于其消费总量，约有30%需要进口。中东欧国家能源的对外依存度高，供给安全的隐患早就存在。重要的是，中东欧国家对俄罗斯的高度能源依赖至今仍在延续。2008年中东欧部分国家从俄罗斯进口能源的比重见表2-11。

表2-11　2008年中东欧部分国家从俄罗斯进口能源的比重　（%）

国家	从俄罗斯进口石油比重	从俄罗斯进口天然气比重
斯洛伐克	100.0	100.0
匈牙利	99.0	98.0
保加利亚	71.0	100.0
捷克	67.0	78.0
波兰	93.0	89.6
罗马尼亚	36.0	100.0
斯洛文尼亚	0	48.0
立陶宛	97.6	100.0
爱沙尼亚	0	100.0
拉脱维亚	0	100.0

资料来源：王一诺.冷战后中东欧国家与俄罗斯关系研究［D］.北京：中国社会科学院研究生院，2012.

结合表 2-11 可知，俄罗斯在石油和天然气市场上笼络了大部分中东欧国家。斯洛伐克、匈牙利、立陶宛、波兰等国对俄罗斯石油的依赖性较强，保加利亚次之。对俄罗斯天然气依赖程度较高的国家有匈牙利、捷克、波兰、斯洛文尼亚，而斯洛伐克、保加利亚、罗马尼亚、立陶宛、爱沙尼亚、拉脱维亚的天然气需求完全依赖从俄罗斯进口。由于石油供应来源相对灵活，各国也可以建立战略储备，所以中东欧国家对石油需求的紧迫性稍低于天然气，但是这并不能改变中东欧国家对俄罗斯能源依赖的现实。

中东欧国家的核燃料供应也严重依赖从俄罗斯进口。因中东欧国家的核电站几乎都是由苏联援建，现仍依靠从俄罗斯进口核燃料来维持运转。对俄罗斯而言，中东欧国家不仅是其长期的能源消费国，还是通向欧洲油气管线的重要过境国。而能源则像是黏合剂，能够把整个欧洲地区紧紧地黏合起来。基于此，俄罗斯把能源领域作为其对中东欧国家外交的着力点，并付诸实践。

（二）俄罗斯建设的"能源战略网"加剧了中东欧国家对俄罗斯石油天然气的依赖

对俄罗斯来说，欧盟是其传统而广阔的能源市场，又是其能源设备和技术的供应商。与欧盟的能源合作有利于增强欧盟对俄罗斯能源的依赖，同时还能通过油气管道换回"石油美元"，为俄罗斯的经济建设提供资金支持。俄罗斯要修建通往欧盟的能源网，就必然要依托中东欧国家作为管道过境国。中东欧国家对外能源依存度高，而大部分进口能源都是通过这些石油和天然气管道由俄罗斯供给的。同时，俄罗斯会给这些过境国支付大量的过境费。

目前，俄罗斯面向欧洲的输油管道主要有两条："友谊"管道和波罗的海管道。俄罗斯向欧洲出口天然气的管道主要有四条。第一条是"亚马尔—欧洲"管道。第二条是"兄弟"管道。第三条是"北溪"管道（2011 年 9 月 6 日竣工），这是首条从俄罗斯直接通往欧洲国家的天然气管道。在此之前，俄罗斯的天然气需要过境乌克兰或白俄罗斯向欧洲供应，其中经乌克兰的供气量占 2/3 以上。第四条是"南溪"管道，该管道的建成和运营不仅能使俄罗斯获得巨大的经济收益，而且还能进一步增强和扩大俄罗斯在中欧和巴尔干地区的影响力。但是在欧盟施压下，2014 年 6 月"南溪"管道修建工作陷入停顿。此外，还有贯穿黑海的"蓝溪"（俄罗斯—土耳其）管道，由俄、意、土共同修建，该管道可作为俄土间经乌克兰、摩尔多瓦、罗马尼亚和保加利亚天然气运输走廊的补充。具体见表 2-12。

表 2-12　俄罗斯输向欧洲的主要油气管道

石油输送管道	关注点
友谊管道 从俄罗斯经白俄罗斯向北输送至波兰和德国；向南再经乌克兰送往斯洛伐克、捷克和匈牙利支线；从俄罗斯经白俄罗斯通往立陶宛和拉脱维亚的	俄罗斯向欧洲出口原油的主要管道，也是世界最大的原油管道之一。管线跨越 2500 英里，日输送量可达 120 万~140 万桶。最初是由苏联和经互会国家捷克斯洛伐克、匈牙利、波兰、民主德国共同兴建
波罗的海管道 主要通过俄罗斯港口向欧洲出口石油，2006 年 4 月竣工管道系统于 2011 年底投入运行	旨在降低对过境国（爱沙尼亚、拉脱维亚、立陶宛）的依赖，节省过境费用，并实现石油出口渠道的多元化。运营商为俄罗斯国家石油管道运输公司
天然气输送管道	**关注点**
"亚马尔—欧洲"管道 通过白俄罗斯、波兰向德国等欧洲国家输送，起点是俄罗斯西西伯利亚的亚马尔半岛。波兰境内的长度为 683 公里	是目前世界上最长、规模最大的输气管道。拟建"亚马尔—欧洲"二期，其中波俄在天然气价格和过境路线等方面存有争议。2015 年 5 月，波兰对亚马尔—欧洲天然气管道公司取得控制权
"兄弟"管道	经乌克兰输往欧盟。其中，经乌克兰，向西通往斯洛伐克、捷克、德国和奥地利；向南通往罗马尼亚、保加利亚等
"北溪"管道 从俄罗斯经波罗的海海底至德国，全长 1200 多公里，其管道一期工程已正式向西欧用户供气，年运量为 275 亿立方米；二期管道于 2012 年 10 月开始商业供气，该管道系统总输气能力达 550 亿立方米/年，可满足欧洲 10% 的天然气需求	政治意义巨大，是首条从俄罗斯直通欧洲（北欧）国家的天然气管道，告别了从俄向欧输气需经第三国中转的历史。但在巩固欧俄伙伴关系的同时，也进一步加深了欧俄的能源依存关系。对白俄罗斯、波兰、乌克兰的过境作用也有直接影响
"南溪"管道 起自俄罗斯，穿越黑海海底，抵达保加利亚后分为两条支线：西南经希腊至意大利；西北穿过罗马尼亚、塞尔维亚、匈牙利、奥地利、德国等国。该管道建设于 2014 年 6 月陷入停顿	绕过乌克兰和白俄罗斯，进而保障向欧输气畅通。该项目与欧盟主导的"纳布科"输气管道项目（绕过俄罗斯）具有严重的利益冲突

资料来源：王一诺. 冷战后中东欧国家与俄罗斯关系研究［D］. 北京：中国社会科学院研究生院，2012.

（三）欧盟与俄罗斯能源供求的矛盾使中东欧国家入盟后能源安全形势错综复杂

欧盟能源资源匮乏、长期供需失衡、对外依赖严重，这是欧盟能源安全面临的最大困境。据英国石油公司 2008 年统计数据，欧盟 28 国是世界第二大能源消费体和第一大能源进口方。近年来，欧盟能源安全问题突出表现在天然气供应问题上。欧盟天然气进口渠道过度集中，地缘政治风险大。从进口来源地来看，俄罗斯、挪威和阿尔及利亚是欧盟天然气的主要供应国，欧盟天然气总进口量的84.4%来自这三个国家，其中俄罗斯的天然气供应对欧盟至关重要，它占了欧盟天然气进口的将近50.0%和欧盟天然气消费的25.0%。

为了改变对俄罗斯的过分依赖，保障能源供应安全，2009年3月欧盟峰会通过的《欧盟能源安全与团结行动计划》提出优先发展波罗的海地区电力、天然气的相互连接项目，增加液态天然气终端建设。欧盟和俄罗斯在天然气市场方面的竞争激烈，以"纳布科"天然气管道与"南溪"管线的较量最为明显。

欧盟一方面依赖俄罗斯，另一方面又极力摆脱对俄罗斯的依赖，合作与竞争不断，关系复杂，使得中东欧国家入盟后能源安全问题严重。2009年，俄罗斯与乌克兰的天然气争端使中东欧国家深受其苦，一些地区断气、断热长达一月之久。中东欧国家除了在传统能源方面严重依赖俄罗斯，许多国家在核能方面也与俄罗斯有密切合作，但是中东欧国家与俄罗斯签订合同时，没有太多的话语权，这也令中东欧国家深感无奈。同时，中东欧国家作为欧盟成员国，在清洁能源标准方面又面临很大的压力，这使得中东欧国家入盟后的能源安全更加错综复杂。

（四）中东欧国家破解能源依赖难题的行动引发新的环境安全问题

1. 开采传统的煤炭资源，碳排放污染严重

欧盟的能源安全战略经历了几个发展阶段，发展成为多重目标的综合性安全战略。其主要目标是维护能源供应安全，提高能源工业的竞争力和保持能源供应的可持续性。欧委会于2006年3月发布了《欧洲可持续、竞争和安全的能源战略绿皮书》，确立了欧盟新能源政策的可持续性、竞争性和供应安全三个目标。强大的减排力度，严格的减排标准，给新入盟国家在清洁能源方面施加了很大压力。但是中东欧绝大多数国家的优势资源是褐煤，加之资金不足，技术落后，所以在能源供应安全的严峻形势下，这些国家都在设法发展煤炭工业，自然安全环境问题严重。欧盟制定了到2010年在电力生产中可再生能源份额要提高到21%的目标，中东欧国家中只有匈牙利、拉脱维亚和立陶宛等少数几个国家实现了。捷克、斯洛伐克在2010年可再生能源分别只占到3.9%和7.2%。2012年欧盟制定了在2020年实现将能源消耗中可再生能

源的比例达到20%的目标，中东欧国家在清洁能源方面还有很长的路要走。

2. 开采页岩气，形成新的环境污染

近年来，波兰、捷克、斯洛伐克等国计划利用美国先进技术，大力勘探和开发本国境内页岩天然气（多蕴藏于地下深层岩石中，属于非传统天然气），以增加本国的天然气产量。但油页岩开采会形成环境污染，使得页岩气污水处理厂附近河流受到高放射性污染，且盐与金属含量严重超标，因此页岩气的开采遭到本国国民的反对。

第四节　入盟后中东欧国家能源安全问题的特征

一、波兰的能源安全特征

（一）地理位置

波兰位于中欧东北部，北临波罗的海，西邻德国，南接捷克、斯洛伐克，东部和东南部与白俄罗斯和乌克兰相连，东北部和立陶宛、俄罗斯相连。波兰地貌以平原为主，海拔200米以下的平原约占全国面积的72%。北部多冰碛湖，南部有低丘陵，地势北低南高，中部下凹。主要山脉有喀尔巴阡山脉和苏台德山脉，较大河流有维斯瓦河和奥得河。全境属于由海洋性向大陆性气候过渡的温带阔叶林气候。

波兰的重要地理位置和地形导致历史上连年的战争，几个世纪以来，波兰的版图一再更改，而近年无论在欧盟还是在国际舞台上波兰的地位都与日俱增。波兰是欧盟、北约、联合国、经济合作与发展组织和世贸组织的成员。

（二）政治主张

第二次世界大战期间，德国为了掠取波兰的资源，对其进行了大举进攻，波兰战败，华沙失陷，伤亡惨重，历史遗留了难以抹掉的波德过节。波兰和俄罗斯的恩怨更深，无论是17世纪激烈的对抗史，还是20世纪的悲惨事件，都烙印在波兰民族的记忆中。在波兰看来，自主选择盟友是主权独立的必然体现。出于自身安全的考虑，为摆脱处于俄罗斯与德国两大国之间的地缘政治困境，波兰选择加入北约，融入跨大西洋体系，并与美国进行军事合作。只有成为欧洲—大西洋体系中的成员，才是拥有完整主权的象征。这既可保障波兰的政治军事安全，也可为波兰实现国家现代化和顺利改革创造条件。波兰无时不向俄罗斯释放着这样一个信息：波兰已不再处于俄罗斯的控制下，不再是听命于俄罗斯的"卫星国"，而是一个独立的主权国家。

（三）能源安全的主要特征

1. 煤炭资源丰富

由表 2-13 可以看出，波兰的煤炭储量丰富，是欧洲最大、世界第九大煤炭生产国，同时也是世界第二大煤炭消费国。煤炭对于波兰的意义非凡，波兰 90% 的电力供应来自煤炭。在入盟初期波兰大量开采煤炭，为实现电力的高度自给提供了保障。20 世纪后期，欧洲环保意识增强，要求尽量降低能源发展对环境的破坏。迫于环保压力，波兰逐渐调整了自己的能源消耗结构。煤炭行业经历了重大转型，导致很多煤矿产业产量骤减或者提前关闭，相较于 1995 年，不论是煤炭产量还是消费量都在减少。

表 2-13　1995—2018 年波兰的能源概况　　　　单位：千吨油当量

		1995 年	2000 年	2005 年	2010 年	2015 年	2016 年	2017 年	2018 年
初级产量	煤炭	90 549	58 539	68 420	55 077	53 000	52 100	49 800	47 500
	石油	339	657	857	728	915	1 002	—	—
	天然气	3 169	3 313	3 884	3 693	3 700	3 600	3 500	3 400
	可再生能源	3 924	3 806	4 535	6 856	8 886	9 063	9 102	—
净进口	煤炭	−20 240	−21 810	−12 990	−2 741	−5 532	−5 789	−1 471	—
	石油	12 908	18 822	17 956	22 816	26 637	24 717	24 795	
	石油产品	1 749	1 280	−371	−1 153	−3 784	−3 418	−2 092	—
	天然气	6 773	6 607	8 531	8 874	11 000	12 100	13 000	13 600
国内消耗	煤炭	70 309	56 358	54 665	54 608	53 000	52 100	49 800	47 500
	石油	14 996	20 759	22 509	25 739	26 700	29 100	31 700	32 800
	天然气	9 001	9 960	12 235	12 807	14 700	15 700	16 500	17 000
	可再生能源	3 924	3 802	4 498	7 286	4 700	4 700	4 900	4 400

资料来源：欧盟统计局能源资产负债平衡表。

2. 油气替代煤炭，供给安全问题日益严重

石油和天然气作为煤炭资源的替代品，在能源消耗中所占的比重越来越大，这加重了波兰对俄罗斯的能源依赖，能源的供应安全问题日益严重。与丰富的煤炭资源相比，波兰的石油储量和开采量都比较小，几乎全部石油加

工工业都严重依赖进口原油，且绝大部分原油都进口于俄罗斯，只有较少部分从挪威进口。2018年波兰已经探明的天然气储量为1 000亿立方米，按现有水平可开采16年，目前天然气主要依靠进口。俄罗斯仍是波兰最大的天然气供应国，波兰每年从其进口150亿~160亿立方米天然气。为减少进口来源单一的风险，波兰逐步使天然气进口渠道多样化，现在也从乌克兰、挪威和德国进口较大量的天然气。

3. 开发可再生能源，但作用并不显著

波兰的可再生能源逐步开发，并且发展较快，2018年可再生能源的消耗接近1995年，尽管煤炭被替代量日益增加，但波兰政府的能源战略显示，到2030年煤炭都将是确保该国能源安全的主要元素。煤炭资源的使用会产生环境问题。同时，石油天然气的进口还是有增无减，对外依赖性仍然很高，供给安全问题依然存在。

4. 伴随可再生能源的开采衍生出新的环保安全问题

油页岩开采会形成环境污染，使得页岩气污水处理厂附近河流受到高放射性污染，且盐与金属含量严重超标。

（四）能源供给安全形成的原因

1. 波兰脱离俄罗斯控制的政治倾向和对俄罗斯能源依赖的反差

"冷战"结束后，波兰的对外战略目标是加入西方体系，回归欧洲、完全融入欧洲一体化，密切与美国的外交关系，以期获得安全保障，实现国家的顺利转型和经济发展。在这一过程中，波兰必然要摆脱旧有的同原来盟主俄罗斯的政治经济关系，避免再次受到俄罗斯的控制和来自俄罗斯的威胁，并谋求在新的基础上与俄罗斯建立新型关系。2004年5月波兰加入欧盟，从此波兰完成身份转换，从原来苏联的卫星国反向变为了西方的盟国，背后有北约和欧盟撑腰，波兰在对俄关系中变得底气十足，反俄情绪不断高涨，防俄、抑俄、弱俄成为波兰对俄政策的显著特征。波兰不仅坚定支持罗马尼亚、斯洛伐克和波罗的海三国等7国加入北约，而且主张北约进一步东扩，支持北约扩大到独联体国家。波兰在石油、天然气方面严重依赖俄罗斯，而又采取"脱俄、疏俄"的政治主张，这为其在能源供应安全方面埋下了隐患。因此不难理解为什么俄罗斯在部署和实施"能源战略网"时打击波兰，并且将通往欧洲的油气管线有意避开波兰。

2. 俄罗斯能源外交战略牢牢地控制着波兰的能源供应

近年，虽然波兰政府努力争取能源来源多元化，希望从挪威和里海、北非地区进口天然气，以摆脱对俄罗斯能源的依赖，但收效甚微。其原因一是俄罗斯是世界上排名第一的天然气大国，占世界已探明天然气储量的1/3左右；二是多年形成的俄罗斯油气输送管道便于波兰进口俄罗斯的能源。波兰在摆脱了苏联军事帝国的控制后，又深切地感到俄罗斯"石油和天然气帝国"的威胁。

3. 欧盟清洁能源压力

作为减少世界温室气体排放量的《京都议定书》的主要倡导者，欧盟限制对煤炭和石油的使用，大力推广天然气。欧盟计划将天然气在整个能源消费中的比重从2000年的近40%提升到2030年的60%以上。[①] 波兰作为欧盟成员当然不能例外，而波兰是欧洲第二大煤炭生产和消费国，其单一的能源生产和消费结构与欧盟的清洁能源要求相悖。波兰入盟后为了达到欧盟的环保标准，必将大幅度使用天然气取代煤炭，这进一步加大波兰对俄罗斯能源的依赖。

4. 夹心的地理位置形成尴尬的能源安全问题

波兰处在俄罗斯与德国的夹心位置。"冷战"后，波兰急于摆脱俄罗斯返回欧洲的怀抱，但是与德国的历史恩怨使得波兰无法全身心投入欧盟的怀抱，只是利用欧盟来平衡与俄罗斯的关系。这样的位置比较尴尬，因为俄罗斯将其划归到仇俄一派，波兰又没有得到欧盟完全的信任与支持。

5. 波兰国内政府更迭频繁，政局不稳定

波兰国内政府更迭频繁，对能源安全产生不利影响。波兰致力能源供应多元化已多年，但波兰内部的政党斗争，导致波兰能源战略重点摇摆不定，更使能源供应多元化成为波兰对俄罗斯能源政策中的一个重要难题。如2001年波兰和挪威达成重要协议，即挪威向波兰供应价值为110亿美元的天然气，还建议建设从挪威经波罗的海到波兰的天然气管道。波兰前总理布泽克曾表示："波兰为获得其他渠道的天然气来源，等了10年，而来自挪威的天然气将保障波兰能源供应的稳定和安全。"但该项协议的实施却被下一届政府拒绝。卡钦斯基执政时期，能源供应多元化的问题又被提上日程。政局的不稳定降低了能源安全实现的可能性。

---

① 孙晓青. 当前欧盟对俄关系中的能源因素 [J]. 现代国际关系，2006（2）.

6. 油页岩开采导致新的环境安全问题

波兰大力开发本国境内页岩天然气,以增加本国的天然气产量,减少对外依赖。但油页岩开采会形成环境污染,这是一个必须解决的问题,而且波兰页岩气的开采并不顺利,由于地质条件不理想,缺乏足够的专业设备和人员,加之波兰政府计划向石油公司征收"特别税",导致在波兰钻探一口井的费用是美国的 3 倍。

(五)能源安全供给对策及前景展望

从地理位置及其他基础条件来看,波兰和俄罗斯在能源领域应具有很大的互利合作空间。但从现实来看,波俄两国在这一领域却有着各自坚定的打算,如波兰一直致力摆脱对俄罗斯能源的过度依赖,而俄罗斯关心的则是怎样保住自己在能源供应上的垄断地位,并能最大限度地监控能源基础设施,即运输管道。波俄两国这种各自的执着必然会给能源合作增加一定的阻力。在能源供应方面,波兰仍同苏联时期一样,依赖于俄罗斯的进口。对此,波兰专家也早有结论,认为由于俄罗斯石油价格低廉及其现有的基础设施,波兰注定需要它。《中欧地区的俄罗斯石油与天然气报告》也对波兰加入欧盟后波俄能源关系的走向做了较为客观的分析,该报告认为波兰加入欧盟后,对俄罗斯石油的依赖仍将持续。石油供应多样化的可能性非常小。因为俄罗斯的石油和天然气将成为俄罗斯对外政策的组成部分,并作为实现俄罗斯战略目标的工具。由此可知,波兰对俄罗斯能源依赖的现状短期内很难改变,而报告中所流露出的谨慎、小心的处理态度也显示了波兰对自身能源现状的一种担忧。因此,历史记忆应该收藏,不能再左右波兰对波俄关系的处理。在波兰摆脱对俄罗斯的依赖之前,波兰应该亲欧而不应仇视俄罗斯,并妥善处理好与俄罗斯的关系。

随着波兰正式具有欧盟成员国身份,以及俄罗斯能源战略的改变和周边形势的发展,在很大程度上,波兰已把波俄间的能源关系及其相关争论转移到了欧洲层面,使其成为欧盟对俄罗斯政策的一部分。同时,欧盟的能源供应安全问题也日渐凸显。作为欧盟石油和天然气主要供应国的俄罗斯,恰恰是这个问题的核心。从这个角度来看,借助欧盟的力量来约束俄罗斯,解决俄罗斯石油、天然气供给不确定的安全性问题,可以为波俄关系中能源问题的解决铺平道路。

波兰基于对本国能源安全的清醒认识,目前正致力能源多样化。通过发展核电站，可以扩大核能供给以替代石油和天然气，进而解决石油和天然气供给问题，摆脱对外能源依赖。波兰政府2014年1月底通过了面向2035年的核电站发展计划。根据这项计划，波兰将在此时间点之前建设完成两座核电站，其中一座核电站的首个反应堆将于2024年投入使用。此项计划的通过意味着波兰在其发展核电计划上前进了一步。

除了发展核电计划之外，波兰在能源自给道路上有另一个希望——页岩气。波兰页岩气储量丰富，达5.3万亿立方米，高居欧洲第一。如果按照现在波兰每年140亿立方米天然气的消耗量来算，这一储量足够波兰使用300年。与其他国家相比波兰只能提供国内30%的能源需求，70%依靠进口。因此寻找非传统能源——页岩气的工作可以在未来使依赖进口的天然气进口量降到最低，彻底解决石油、天然气供应安全问题。2013年9月，波兰总理在"煤都"卡托维茨参加矿业博览会时表示，波兰能源的未来是煤炭和页岩气。页岩气的开采首先要攻克技术难题，当务之急是培养高科技人才，研制专业设备，政府应在这些方面加大财政扶持。

开发新型可再生能源，可以同时解决能源供给和环保安全问题。在其他非传统能源领域，如风能、太阳能等方面，波兰也都制订了相关发展计划。例如，波兰在2013年宣布将投资2800万兹罗提，在东北部的波德拉谢省建立波兰最大的太阳能发电厂集群波德拉谢太阳能园区。波兰采取的种种措施都取得了一定成效，由表2-13数据可以看出，可再生能源的产量与消费量都在连年攀升。虽然波兰在发展非传统能源领域仍然处于起步阶段，许多问题尚待完善和解决，但是按照波兰的能源战略，这些新型能源必将在波兰未来的能源结构中占有重要位置。

二、匈牙利的能源安全特征

（一）地理位置

匈牙利位于欧洲中部的喀而巴阡盆地，四周环绕着阿尔卑斯山脉、喀而巴阡山和安第斯山脉。该地区2/3属于平原地貌，1/3属于丘陵地貌。河流主要有多瑙河、蒂萨河、特拉发河。水域面积为690平方公里，陆地面积为92340平方公里。该国是欧洲内陆国，东接罗马尼亚，西靠奥地利，南与塞尔维亚、克罗地亚、斯洛文尼亚接壤，北邻斯洛伐克和乌克兰。

（二）政治主张

近年来，俄罗斯与西方许多国家冲突不断，如斗气冤家乌克兰，"冷战"宿敌美国，特别是经常因"断气"受到严重影响的欧盟，在欧盟28国组成的大家庭里，鲜少能有国家与俄罗斯融洽相处，匈牙利算是能与其称兄道弟的典范。

因为对能源的需求，匈牙利采取了亲俄政策。匈牙利总理欧尔班指出，应该尽快、合理地解决欧盟和俄罗斯的关系，排斥俄罗斯是不合理的、不明智的，没有与俄罗斯的伙伴关系和经济合作，就没有统一的欧洲，该地区的安全不能通过反俄来建立。欧尔班"匈牙利需要俄罗斯"的言论引发了欧盟的不满。匈牙利政治分析人士戴阿克指出，亲俄威胁到匈牙利与波兰、捷克和斯洛伐克等国的合作，同时也影响到其与德国、美国的关系。匈牙利可能会因为背离美欧而付出高昂的政治代价。

（三）能源安全的主要特征

2004—2018年匈牙利的能源概况见表2-14。

表2-14　2004—2018年匈牙利的能源概况　　单位：千吨油当量

		2004年	2007年	2010年	2013年	2016年	2017年	2018年
初级产量	煤炭	2 182	1 773	1 593	1 612	1 462	1 283	1 300
	石油	1 545	1 207	1 084	877	992	1 048	—
	天然气	2 367	2 005	2 235	1 544	1 369	1 329	—
	核能	3 074	3 788	3 963	3 870	4 071	4 084	—
	可再生能源	833	1 261	2 744	3 314	3 200	3 191	—
净进口	煤炭	1 186	1 688	1 132	601	711	986	
	石油	4 963	6 288	5 722	5 307	5 927	5 814	—
	天然气	9 278	8 715	7 726	5 557	6 332	8 221	
国内消耗	煤炭	3 523	3 138	2 730	2 300	2 200	2 200	2 200
	石油	6 613	7 608	6 699	6 700	7 800	8 300	8 800
	天然气	11 712	10 705	9 815	7 800	8 000	8 500	8 300
	核能	3 074	3 786	4 078	3 500	3 600	3 600	3 600
	可再生能源	920	1 342	1 954	600	700	700	800

资料来源：欧盟统计局能源资产负债平衡表。

1. 能源结构合理

匈牙利的能源结构比较合理，煤炭、石油、天然气、核能和可再生能源的消耗量占比比较均衡，2018 年占比分别为 9.28%、37.13%、35.02%、15.19%和3.38%。匈牙利的能源进口依赖度也比较高，2018 年高于欧盟平均水平的55.681%，在中东欧国家排名第4，仅次于立陶宛（74.248%）、斯洛伐克（63.619%）、马其顿（58.679%）。匈牙利的能源对外依赖度出现波动趋势：从2004 年的60.8%，到2013 年的最低点50.122%，再到2018 年的高点58.062%。

2. 化石燃料供应特征

天然气是匈牙利最重要的能源。虽然近年来天然气在匈牙利能源构成中的比重不断下降，2008 年它在国内能源消耗中占40%，2018 年则下降到35%，但匈牙利仍然是欧盟成员国能源构成中天然气比重较高的国家之一。匈牙利天然气资源高度依赖进口，2017 年，该国进口天然气占总需求的97%。

原油在匈牙利能源构成中的比重为26%左右，低于欧盟平均水平。2006 年以来，这个比重变化不大。2010 年，匈牙利石油进口占石油需求的85%，低于欧盟的平均水平，但是2017 年原油和原油加工产品的进口量超过了总需求的87%。除了极少量的石油从哈萨克斯坦进口外，其他全部来源于俄罗斯。

煤炭并不是匈牙利的主要能源，仅占国内能源消耗的9%左右。煤炭的自给率比较高，能满足国内一半以上的需求。近年，煤炭资源的产量、需求量和进口量都呈现不同程度的下降趋势。

3. 核能供给特征

核能是匈牙利的第三能源。2018 年，核能在能源构成中占15.19%。匈牙利在帕克什有一座核电站。该电站建成于1987 年，拥有4 座反应堆，发电能力为2 000 兆瓦。经过2008 年的发电机寿命延长改造，核电站的使用年限由最初的2017 年延期到2037 年。[①]

（四）能源供给安全形成的原因

1. 能源种类丰富

匈牙利并不是一个能源储备丰富的国家，但是该国能源种类相对比较丰富。煤炭、石油、天然气和核能都得到了比较充分的利用。能源消费结构多元化，大大降低了能源单一的风险。

---

① 朱晓中．近年来俄罗斯与中东欧国家的能源合作［J］．欧亚经济，2014（5）．

2. 对俄罗斯采取友好的外交政策

匈牙利入盟后，与俄罗斯的关系在努力缓和中，两国关系比较友好。2003 年，匈牙利石油天然气公司与俄罗斯尤科斯公司签署长期合同，每年向匈牙利供应 720 万吨石油，期限为 10 年。2005 年 1 月，俄罗斯卢克石油公司与匈牙利石油天然气公司签署了为期 5 年的石油供货合同，每年向匈牙利供应 500 万吨石油。匈俄两国签订的 20 年俄罗斯对匈牙利的长期供气合同即将到期，在合同期里，匈牙利 75% 的天然气来自俄罗斯。2015 年，两国拟签"灵活"天然气合同。匈牙利可以使用尚未用完的天然气，未来可按需进口气体，无须依照合同。在更为灵活的天然气合同构架下，匈牙利只需支付所消费的气体量，这将最大限度地削减开支。匈牙利在"南溪"管道终止后仍愿意作为俄罗斯天然气输送过境国，俄罗斯欲以"土耳其线"管道取代"蓝溪"管道，吸收保加利亚或希腊等国参加，并获得匈牙利与塞尔维亚的合资企业支持。匈牙利采取对俄罗斯友好的外交政策，从根本上解决了能源供给的后顾之忧。

3. 大力发展核能

匈牙利非常重视核能的利用，在核能方面，该国与俄罗斯也密切合作。1999 年，匈牙利与俄罗斯签署了为期 10 年的合同，按固定价格从俄罗斯进口核燃料。2009 年 4 月 3 日，匈牙利国会通过一项决议草案，原则上同意帕克什核电站安装新的发电机组。2014 年 1 月 14 日，匈牙利总理欧尔班在莫斯科与普京总统签署了政府间协议，在匈牙利的帕克什安装两个新的核电机组。合同价值约为 120 亿欧元，其中 100 亿欧元将来自俄罗斯提供的 30 年优惠贷款。第一个机组将在 2023 年投入使用，第二个机组将在 2028—2030 年投入使用。每个机组的装机容量为 1 200 兆瓦。[1] 大力发展核能，提高能源的自给率，降低了能源对外依赖程度。

4. 石油产品替代石油

匈牙利的石油对外依赖程度高，其中在石油进口中 20% 是石油产品。用石油产品替代石油，增加了需求弹性，减少了对进口的依赖性。

（五）能源供给对策及安全前景展望

虽然执行与俄罗斯友好的外交政策，不用担心能源供给的安全问题，但

---

① 朱晓中. 近年来俄罗斯与中东欧国家的能源合作 [J]. 欧亚经济，2014 (5).

是大力发展可再生能源，提高自给率，可从根本上解决能源供给的安全问题。

1. 大力发展生物质能

匈牙利将可再生能源作为能源发展战略的重要组成部分，目前该国的可再生能源主要是生物质能，占总可再生能源的 95% 以上。在生物质能方面，该国技术先进，经验丰富，应继续修建生物燃料发电站，作为该国可再生能源的领头羊。

2. 大力发展能源草

"能源草"是匈牙利盐碱地里生长的一种草种与中亚地区生长的一些草种杂交和改良培育出的新草种，这种草生长快、产量高，每公顷每年可产干草 15~23 吨，产草期长达 10~15 年。大力推行种植"能源草"项目，可以大大提高可再生能源的利用率。

3. 充分利用太阳能资源

相比于欧洲其他国家，匈牙利拥有丰富的太阳能资源，年平均光照为 1300 千瓦时/平方米，但是匈牙利现在对于太阳能的利用率还不高。匈牙利在 2010 年利用新型能源生产电能占总电能的比率提高到欧盟规定的 3.6% 的计划在 2007 年就已经实现。今后还应集中人力、物力和财力来开发利用本国的优势资源——太阳能。

三、捷克的能源安全特征

（一）地理位置

1992 年 12 月 31 日，捷克和斯洛伐克联邦共和国正式解体为捷克共和国和斯洛伐克共和国。捷克东面毗邻斯洛伐克，南面接壤奥地利，北面邻接波兰，西面与德国相邻。该国处在三面隆起的四边形盆地，土地肥沃。北部有克尔科诺谢山，南有舒玛瓦山，东部和东南部为平均海拔 500~600 米的捷克—摩拉维亚高原。盆地内大部分海拔在 500 米以下，有拉贝河平原、比尔森盆地、厄尔士山麓盆地和南捷克湖沼地带。

（二）政治主张

从 1993 年 1 月 1 日捷克共和国独立之日起，俄罗斯就与捷克建立了外交关系。20 世纪 90 年代中期，捷克政府要求加入北约，试图阻止北约东扩的俄罗斯开始与捷克走向对抗。

普京就任总统后，对于奉行实用主义外交政策和试图恢复强国地位的俄罗斯来说，恢复和加强与中东欧国家的关系被列入新欧洲战略；经历了 20 世纪 90 年代与俄罗斯关系冷淡期的中东欧国家也逐渐认识到发展与俄罗斯的关系对自身和欧洲安全都具有重要意义。随着俄罗斯政局稳定、经济状况好转和俄罗斯外交政策的积极调整，俄捷关系进入了新时期。

进入 2007 年，俄捷关系再度出现波折。2007 年 1 月，美国就建立反导雷达基地与捷克进行谈判。在谈判中，捷克希望参与基地建设和服务，与美国共同进行军事技术的研发工作。2008 年，捷美谈判取得突破性进展。同年 7 月 8 日，捷克时任外交部长施瓦岑贝格和美国时任国务卿赖斯签署了关于美国在捷克布尔迪地区兴建反导雷达预警基地的总协定，这直接损害了俄捷两国关系。

（三）能源安全的主要特征

1. 煤炭供给的特征

煤炭是捷克的重要能源。捷克的烟煤储量和褐煤储量较为丰富，地质储量总计约为 182.00 亿吨。褐煤可采储量为 30.20 亿吨，烟煤可采储量为 13.24 亿吨。捷克的煤炭不仅能够自给，还有富余可供出口，2000 年的出口比例为 13.6%，2015 年为 3.6%，由于欧盟环保要求的提高，捷克煤炭产量、消费量和出口量都出现不同程度的下降，但由于捷克的煤炭产量下降更多，因此从 2017 年开始捷克的煤炭需要进口（见表 2-15）。

表 2-15　1995—2018 年捷克的能源概况　　　　单位：千吨油当量

		1995 年	2000 年	2005 年	2010 年	2015 年	2016 年	2017 年	2018 年
初级产量	煤炭	27 277	25 049	23 570	20 730	16 795	15 973	15 165	14 600
	石油	227	386	317	268	206	185	208	—
	天然气	198	169	154	202	205	180	188	—
	核能	3 155	3 506	6 379	7 248	6 994	6 282	7 017	
	可再生能源	1 172	1 337	2 290	3 301	4 370	4 385	4 447	—
净进口	煤炭	-4 617	-3 406	-3 281	-2 875	-299	-219	475	
	石油	6 974	5 590	7 699	7 805	7 194	5 364	7 889	
	石油产品	871	1 896	1 876	1 189	2 100	3 351	2 303	
	天然气	6 424	7 482	7 535	6 846	6 164	6 820	7 012	—

续表

		1995 年	2000 年	2005 年	2010 年	2015 年	2016 年	2017 年	2018 年
国内消耗	煤炭	22 660	21 643	19 401	18 474	16 300	16 400	15 600	15 700
	石油	8 072	7 872	10 068	9 244	9 500	8 900	10 400	10 600
	天然气	6 552	7 500	7 703	8 100	6 500	7 000	7 200	6 900
	核能	3 155	3 506	6 379	6 300	6 100	5 500	6 400	6 800
	可再生能源	1 177	1 340	1 824	700	1 700	1 700	1 800	1 700

资料来源：欧盟统计局能源资产负债平衡表。

2. 石油供给的特征

石油是捷克能源构成中的第二大能源，在捷克能源构成中占 21%，是欧盟成员国中石油比重最低的国家之一，而且这一比重已经维持了近 20 年。捷克的石油消费几乎全部依靠进口，每年进口 800 万吨原油，进口石油的 65%通过"友谊"管道，35%从阿塞拜疆、哈萨克斯坦、阿尔及利亚和利比亚购买。石油在能源总消费中所占的比例并不是太高，而且进口来源多元化，极大地降低了供给安全问题。

3. 天然气供给的特征

天然气是捷克能源构成中的第三大能源，2010 年，天然气在捷克能源构成中占 19%。国内生产的天然气只占全部消费量的 2%。2000 年以来，捷克每年进口 100 亿立方米天然气，其中 90%来自俄罗斯，其余部分来自挪威。根据俄捷两国签署的条约，俄罗斯向捷克供气到 2035 年。[①] 捷克需要的天然气几乎全部从俄罗斯进口，虽然供给有合同保证，但是俄捷关系一波三折，供给安全取决于两国关系的好坏，具有很大的不确定性。

4. 核能供给的特征

核能是捷克能源构成中的第四大能源。2010 年，核能在捷克能源构成中占 15%。捷克有 2 座核电站，共有俄罗斯设计的 6 座反应堆。杜科瓦内核电站建于 20 世纪 80 年代，一直使用俄罗斯提供的核燃料。捷麦林核电站于1987 年开始建设，装机容量为 2 000 兆瓦，是捷克最大的电力来源。核能提高了能源的自给，但核燃料来自俄罗斯，始终存在供给安全顾虑。

5. 可再生能源供给的特征

从表 2-15 的数据可以看出，捷克可再生能源的产量大幅增加，从 1995

---

① 朱晓中. 近年来俄罗斯与中东欧国家的能源合作［J］. 欧亚经济，2014（5）.

年的 1 172 千吨油当量增加到 2017 年的 4 447 千吨油当量,增长了近三倍,而且可再生能源在能源消耗中所占的比重也越来越高,这为减少捷克对俄罗斯的天然气依赖发挥了重大作用。

(四)能源供给安全形成的原因

1. 时好时坏的捷俄关系是影响捷克能源供给安全的核心因素

捷克对俄罗斯的能源依赖程度超过 50%,特别是俄罗斯向捷克提供的天然气占其国内天然气需求量的近 90%。所以捷克在能源安全方面的最大问题是与俄罗斯的能源问题。捷俄关系虽然不像波俄那般敌对,但也时好时坏,影响着捷克的能源安全。在捷俄关系缓和期间,2006 年俄罗斯总统普京承诺,俄罗斯将延长向捷克供应石油和天然气合同的期限,并从向捷克出口石油的收入中拿出部分资金在捷克投资对两国都有意义的项目。但是,每次捷克靠近西方就导致俄罗斯利用能源手段进行报复,从而形成供给安全的危机。如在 2004 年捷克入盟后,其从俄罗斯的原油进口量就从2004 年的 600 千吨油当量下降到 40 千吨油当量。又如捷克与美国签订反导雷达协定后不久,俄罗斯就在没有宣布任何理由的情况下大幅度减少了向捷克的石油供应。2008 年,俄罗斯通过德鲁日巴管道输送到捷克的原油下降到正常水平以下。

2. 捷克在天然气方面对俄罗斯的依赖

捷克的石油进口来源有 OPEC、非洲、阿尔及利亚、俄罗斯和挪威。2004年之前,捷克进口石油中有一半以上来自俄罗斯,非洲和 OPEC 均占到 20%左右。近年来,捷克能源进口多元化,2012 年,从俄罗斯进口的石油仅占到3%左右,接近 50%从挪威进口,从非洲和 OPEC 均进口 20%左右。石油进口来源的多元化缓和了能源供给安全。但是在天然气方面却不这么乐观,2012 年,284 824 万亿焦耳的天然气是从俄罗斯进口,只有 78 741 万亿焦耳来自挪威。在天然气方面对俄罗斯的高度依赖,是捷克能源供给安全的一大隐患。

3. 允许油气过境,在一定程度上解决了能源安全问题

捷克是俄罗斯向欧盟输送油气资源的重要过境国,即欧盟 26%的石油和29%的天然气是经捷克输送的。作为油气过境国,俄罗斯向捷克提供了很大便利,也在一定程度上保障了捷克的能源供给。

4. 核能的发展

出于经济和节能方面的考虑,捷克非常青睐核能,信心十足地想要打造

欧洲的核电中心。目前，中东欧有 7 个国家拥有核电站，核电站数量为 10 座，核反应堆 21 座，仅捷克就有 2 座核电站，6 座核反应堆（具体见表 2-16）。捷克国家控股的电力巨头 CEZ 公司首席执行官表示："核电应该从根本上成为捷克未来优先发展的电力选择。"根据捷克工业部新起草的一份能源战略，预计到 2060 年，核电将占捷克全国总发电量的 80% 左右。捷克工业部发言人说："预计到 2050 年，由于要求二氧化碳排放量削减 80%，加上电动汽车的蓬勃发展，如果不提高核电的产量，恐怕电力供应将变得十分困难。"

基于对俄罗斯核燃料的依赖，捷克在核能方面也主要与俄罗斯合作。捷麦林核电站最初设计建设 4 座反应堆。1989 年"天鹅绒革命"之后停止建设 3 号反应堆和 4 号反应堆。1 号反应堆和 2 号反应堆分别于 2000 年和 2002 年投入使用。最初的设计是使用苏联核燃料，20 世纪 90 年代后改由美国西屋电气公司提供的核燃料。美国西屋电气公司原本打算在捷麦林核电站基础上完善俄罗斯设计的反应堆燃料参数，之后在捷克建立生产核燃料的工厂，进而开始进军中东欧国家的核燃料市场。但由于美国西屋电气公司不能提供足够的核燃料，从 2010 年起，捷克重新要求俄罗斯向捷麦林核电站供应核燃料。由于核技术和核电站设计受制于俄罗斯，核燃料依靠俄罗斯供应，所以捷克能源供应安全无法得到彻底解决。

表 2-16　中东欧国家核电站数量　　　　　　　　　　　单位：座

国家	核电站数	反应堆数
捷克	2	6
保加利亚	1	2
克罗地亚	1	2
匈牙利	1	4
罗马尼亚	1	2
斯洛伐克	3	4
斯洛文尼亚	1	1

资料来源：《2020 年世界核工业状况报告》。

（五）能源安全供给对策及前景展望

1. 改善与俄罗斯的关系

目前，捷克的能源，特别是天然气过度依赖俄罗斯，而俄捷关系在一定程度上决定了捷克的能源供应安全。总体来说,捷俄关系还是比较乐观的。油气资源是捷俄重要的合作领域。自2006年起,俄罗斯企业进入捷克油气领域。俄罗斯天然气工业股份公司购买了捷克的天然气企业"Vemex"公司,进入捷克天然气配送网络。根据现有的俄捷天然气协议,2014年前,俄罗斯每年将向捷克输送60亿~70亿立方米天然气,并在2021年前经过捷克每年向西欧供应300亿立方米天然气。2003年4月,在与俄罗斯工业和能源部举行的谈判中,捷方表示,它愿意增加购买俄罗斯石油量。对于俄罗斯提出的长期向捷克供应石油和经捷克过境运输石油的建议,捷克原则上表示同意。俄罗斯还有意吸收捷克资本参与俄罗斯天然气产地和天然气运输网建设,并改造欧洲现有的天然气管道。出于对能源安全的考虑,捷克应继续恢复和保持正常的俄捷关系。

2. 实现能源供应多元化

尽管从短期来看,捷克还难以摆脱对俄罗斯的能源依赖,但为了减少依赖程度,从20世纪90年代下半期开始,捷克采取能源供应多元化措施。在与"Statoil"公司缔结为期20年的天然气合同后,捷克从1997年开始从挪威购买天然气,尽管天然气的价格至少比俄罗斯的天然气价格高出1/3。为了实现石油进口的多元化,捷克耗资修建经过德国的石油管道,并且1996年开始从新的石油管道获取石油,相应地减少了对俄罗斯友谊石油管道的依赖。

3. 大力发展核能,提高能源的自给率

核能是捷克未来能源的重要组成部分。但捷克在核燃料方面过度依赖俄罗斯,在技术方面存在很多不足。因此,捷克应该加大对核技术的研究,在核燃料方面,加强与欧洲、美国、亚洲等地的合作。摆脱对俄罗斯在核能方面的依赖性,提高能源自给率,以期解决能源供应安全问题。

4. 提高可再生能源利用的比重

除了核能,捷克的可再生能源也将在未来占有很大比重。捷克的可再生能源发展起步较晚,但在2012年也实现了可再生能源占总发电量10%的目标。捷克的可再生能源以生物质能为主,每年使用的废弃木质颗粒高达14万吨,供国内消费和出口,其中国内主要用在居家暖气设备,其他如能源作物和生物质垃圾也供生产制造生物质能和生物质柴油。捷克风能投资公司在格鲁吉亚投资建设风力发电机组,装机容量为5万千兆瓦,机组建设于2013年

5月1日开始，投资总额为1亿美元。捷克总理对媒体称，根据政府最新通过的能源战略方案，未来捷克能源的组成将包括核能（50%）、可再生能源（25%~30%）以及天然气和煤炭。

四、斯洛伐克的能源安全特征

（一）地理位置

斯洛伐克是中欧的一个内陆国家，西北邻捷克，北邻波兰，东邻乌克兰，南邻匈牙利，西南邻奥地利，是连接东西欧的重要枢纽，被欧洲人称为"欧洲心脏"。该国地处北温带，地势北高南低。

（二）政治主张

自1993年独立以来，斯洛伐克政府在加入欧洲—大西洋背景下，对俄罗斯采取了截然不同的外交政策。该国从地缘政治角度出发，将自身设想为连接俄罗斯和西方国家的桥梁，从而将发展和加强与俄罗斯的关系视作与其融入欧洲—大西洋结构政策相平行的另一种选择。可以说斯洛伐克的政治立场是比较中立且圆滑的。当时的总理梅洽尔就宣称"如果西方不要我们，我们就将转向东方"。

1997年7月北约在马德里峰会上，斯洛伐克并没有和捷克、匈牙利以及波兰一起被邀进行入约谈判。俄罗斯就表示，如果斯洛伐克保持中立，俄罗斯将提供单方面的安全保障。但斯洛伐克也一度引起了西方国家的不满，这成为其融入欧洲大西洋家庭的障碍。鉴于来自欧美的政治压力加剧、加盟入约迟缓和在国际上被孤立的程度加深，斯洛伐克政府进一步加强了与俄罗斯的政治、经济关系。1998年议会大选后，斯洛伐克政府将发展对俄关系置于加盟入约的框架内，斯俄关系进入冷淡期。2001年，斯洛伐克总统访问俄罗斯，向俄方表示斯洛伐克入约不会成为斯俄关系发展的障碍，冷淡的斯俄关系得到修复。斯洛伐克将与俄罗斯发展关系视为外交政策的优先方向之一，总体来说，斯洛伐克的欧盟与北约身份并没有损害它跟俄罗斯的关系。

（三）能源安全的主要特征

1. 四大能源的特征

斯洛伐克的第一大能源是天然气，在能源构成中占25%。斯洛伐克所需天然气97%依赖进口，进口来源国只有俄罗斯。从表2-17可以看出，斯洛伐克的天然气消耗量有所减少，进口量下降比较明显。天然气的消耗量2012年比 2000 年下降 24.4%，净进口量下降了 31.2%。

表 2-17　1995—2018 年斯洛伐克的能源概况　　　　单位：千吨油当量

		1995 年	2000 年	2005 年	2010 年	2015 年	2016 年	2017 年	2018 年
初级产量	煤炭	1 017	1 018	637	613	495	452	446	—
	天然气	264	133	126	88	78	77	117	—
	石油	74	59	35	15	12	10	8	—
	核能	2 950	4 255	5 056	3 819	4 028	3 894	3 985	—
	可再生能源	496	506	473	1 404	1 592	1 603	1 615	—
净进口	煤炭	4 135	3 153	3 481	2 951	2 772	2 683	2 965	—
	石油	5 085	5 720	3 312	5 290	5 910	5 801	5 549	—
	石油产品	-1 730	-2 573	14	-192	-148	-67	-15	—
	天然气	4 528	5 707	5 754	5 003	3 687	3 617	4 020	—
国内消耗	煤炭	5 390	4 261	4 229	3 897	3 104	3 326	3 690	3 786
	石油	3 335	2 925	3 750	3 692	3 279	3 222	3 377	3 339
	天然气	5 217	5 776	5 921	5 006	3 879	3 895	4 137	4 077
	核能	2 950	4 255	4 573	3 819	4 028	3 894	3 985	3 760
	可再生能源	497	498	825	1 325	1 575	1 576	1 591	1 581

资料来源：欧盟统计局能源资产负债平衡表。

核能是斯洛伐克第二大能源，在能源构成中占 23%，是欧盟 5 个核能高比重国家之一。目前，斯洛伐克 4 座在运行的核反应堆都是 1984—1999 年建成和投入使用的，总装机容量为 1 711 兆瓦，占该国发电量的 52%。

煤炭是斯洛伐克第三大能源，国内的主要动力资源是褐煤，不足的褐煤和黑煤依靠进口。斯洛伐克总体煤炭资源并不丰富，约有 90% 需要进口。加入欧盟后，为达到欧盟节能减排的要求，煤炭的消耗量呈下降趋势，从 2000 年的 4 261 千吨油当量下降到 2018 年的 3 786 千吨油当量，减少了 11.15%。

斯洛伐克的第四大能源是石油，在能源构成中占 20%，斯洛伐克是欧盟成员国中石油比重第二低的国家。斯洛伐克的石油进口依赖度从 2006 年的 95% 下降到 2010 年的 89%。目前该国已经达到了欧盟要求的 90 天石油储备。

2. 斯俄关系较好，供给安全问题并未恶化

斯洛伐克和俄罗斯关系比较亲密，俄罗斯优先供应斯洛伐克能源，在很大程度上对斯洛伐克提供了单方面的能源保障，因此斯洛伐克的能源供给安全问题并不突出。

（四）能源供给安全形成的原因

1. 能源匮乏，高度依赖进口

斯洛伐克是一个能源高度依赖进口的国家，2012 年的进口依赖度为 59.9%，远高于欧盟平均水平。斯洛伐克所需天然气 99% 依赖进口。斯洛伐克的石油也几乎全部依赖进口，石油消耗维持在比较稳定的水平，但从 2009 年开始，石油的进口量大幅度增加，就连煤炭的进口比重也达到了 90% 以上。能源的对外高度依赖，是斯洛伐克能源安全存在的主要问题。

2. 能源进口来源单一

由于斯洛伐克的天然气网络尚未与匈牙利和波兰南北走向的天然气管线相连，大大降低了其实现天然气进口多元化的可能性，使得斯洛伐克天然气的进口来源国只有俄罗斯。在全部原油进口中，俄罗斯占 82%。根据斯洛伐克与俄罗斯签署的政府间协议，2014 年前，俄罗斯每年通过友谊管道向斯洛伐克出口 600 万吨原油。对俄罗斯的单一能源依赖，使得斯洛伐克的能源供应安全存在很大隐患。例如，2009 年 1 月初发生的俄罗斯与乌克兰的天然气争端给斯洛伐克造成了巨大创伤，若是斯俄关系恶化，则后果更是不敢想象。

3. 亲俄的外交政策引起西方不满

斯洛伐克过分亲近俄罗斯，一度引起了西方国家的不满，这成为其融入欧洲大西洋的障碍。受到欧盟和美国，以及中东欧其他反俄国家的排挤，甚至被施加压力，俄罗斯的能源供给受到一些波动，尤其是核燃料供给。尽管现在斯俄关系亲密，斯洛伐克能源供给方面问题不大，但与俄罗斯关系过于紧密，西方国家施加的压力也是不容小觑的。

（五）能源安全供给对策及前景展望

1. 保持与俄罗斯的友好关系

基于对俄罗斯油气资源的高度依赖，斯洛伐克应该继续保持与俄罗斯的友好关系。2010 年 4 月，俄罗斯总统访问斯洛伐克，双方签署了在能源、交通基础设施和高新技术方面进行合作的多项协议。根据协议，俄罗斯天然气工业股份公司将参加斯洛伐克的天然气管线网络现代化改造项目并向其提供天然气地下存储设备（斯洛伐克计划到 2015 年建立 3 座天然气地下存储站），以及在斯洛伐克天然气分配领域建立合资企业。双方计划建设友谊输油管线通向奥地利的支线。采用新的石油管线输入俄罗斯的石油，而不是敖德萨—布罗迪管线的石油。从 2013 年起，俄罗斯天然气工业石油公司开始向斯洛伐克居民家庭供应天然气。[①]

2. 加强与奥地利的能源合作

斯洛伐克与奥地利在地理上邻近，在历史上一直关系友好，加之双方均面临能源问题，因此斯洛伐克与奥地利进行能源安全合作非常必要。2009 年奥地利和斯洛伐克两国经济部长签署了一项旨在加强两国能源安全的合作意向协议。协议内容主要包括三个方面：一是加强两国经济部门间的合作；二是奥地利国家石油天然气集团和斯洛伐克石油输送公司签订的关于连接两国原油输送管道的协议，内容主要是修建一条 60 公里长的布拉迪斯拉发—施威夏特输油管道；三是两国天然气项目合作及天然气管道连接协议，内容主要是将斯洛伐克天然气管道与奥地利天然气管道连接，特别是与奥地利另一条重要的输气管道维也纳—亚得里亚输气管道连接，同时保证管道可以双向输送天然气。确保未来能源，特别是天然气能够在奥地利和斯洛伐克之间的管道双向输送，这点对斯洛伐克的能源供应安全非常必要。

3. 提高核能占比，加强与俄罗斯在核能领域的合作

斯洛伐克经济部长表示核能对于斯洛伐克的意义重大，该国现有的核能设施安全性能高，满足国际相关标准，因此将长期使用核能且不需要对现有核电站采取任何临时安全措施。据预测，到 2030 年，斯洛伐克的用电量将达到 4 311.2 万兆瓦时。为满足用电量的增长，斯洛伐克政府决定扩大核电生产。2012 年 3 月，斯洛伐克发布新的核电计划，政府将采取两个措施扩大电力生产。第一，尽快完成于 1985 年在莫霍夫采开始建设的两座新反应堆。第二，加速准备在鲍古尼采建设两座新反应堆的方案。如今，斯洛伐克正在运行的核电站由俄罗斯提供技术和核燃料。2008 年，俄斯两国签署新的协议，俄方将核燃料供应合同期延长 5 年，俄罗斯因此巩固了在斯洛伐克核燃料市场的地位。2010 年，双方签署协议，斯洛伐克恢复向俄罗斯出口核废料以便进行再加工和储存。

为深化与斯洛伐克在核能领域的合作，俄罗斯同意与斯洛伐克进行生产

---

① 朱晓中．近年来俄罗斯与中东欧国家的能源合作 [J].欧亚经济，2014 (5).

和技术合作，包括转让俄罗斯的核心技术。俄罗斯甚至提出，如果俄罗斯获得捷克核电项目，那么部分设备制造将分包给斯洛伐克和捷克两国的制造商。斯洛伐克加强与俄罗斯在核能领域的合作，提高核能占比，可以在很大程度上解决能源供给安全。

4. 开发可再生能源，提高能源自给能力

目前，可再生能源在总能源消耗中的比重逐年上升，2012 年已经高达 9%。水力资源是最有利用价值的可再生能源，其他资源如风能、地热能和太阳能，由于供应的稳定性和价格因素只起到补充作用。为了利用可再生能源，降低对石油的依赖，斯洛伐克支持在交通中使用合成燃料。到 2010 年，合成燃料在车辆能耗中的比重达到了 5.75%。

五、波罗的海沿岸三国的能源安全特征

（一）地理位置

波罗的海三国指的是位于波罗的海的苏联加盟共和国，三国均处于波罗的海东岸。立陶宛位于苏联最西部，西临波罗的海，北邻拉脱维亚，东、南邻白俄罗斯，西南是俄罗斯和波兰。该国大部分为低平原，境内河流均流入波罗的海，水流平缓，其中涅曼河是最长的河流。

拉脱维亚西临波罗的海，北邻爱沙尼亚，东接俄罗斯，南接立陶宛。境内主要是平原，河流均属波罗的海水系，主要河流有西德维纳河（亦称道格瓦河）、加高亚河、文塔河、利耶卢佩河。

爱沙尼亚是波罗的海沿岸三国面积最小的国家。北、西临波罗的海，南与拉脱维亚和俄罗斯为邻。该国是个多岛屿的国家，大小岛屿 800 个，占土地面积的 9%。

（二）政治主张

苏联解体后，波罗的海三国就确立了"回归欧洲"的战略，奉行亲欧反俄政策。俄罗斯与三国关系僵冷，除了与其他苏联加盟共和国相同的离心倾向作用之外，还有三国难以泯灭的历史记忆和民族情感。三国都认为自己曾是西方世界的有机组成部分，由于苏联的侵略和占领才中断了它们的历史进程，因此它们将对苏联的怨恨转嫁给了其法定继承国俄罗斯。

立陶宛、拉脱维亚和爱沙尼亚独立后就确立了尽快加入北约的政策目标。

三国均认为，只有加入北约，才能维护国家安全和独立地位，否则，可能会再度陷入俄罗斯的势力范围。然而，北约扩大到波罗的海三国，将严重损害俄罗斯的国家安全利益，并将对俄罗斯与三国关系、独联体的地缘政治形势产生消极影响。基于此，俄罗斯强烈反对波罗的海三国加入北约。由于俄罗斯的反对，波罗的海三国没能成为北约东扩的第一批对象。

三国珍视重新获得的独立，将维护国家主权作为恢复独立后的首要任务，它们在军事政治上谋求加入西方世界主要组织，在经济上极力摆脱对俄罗斯的依赖，甚至采取了反俄罗斯的政策。

2004年3月，波罗的海三国正式成为北约成员国，俄罗斯平静地接受了这个事实，没有采取严厉的对抗措施，俄罗斯与三国的紧张关系稍微得到缓解，但依旧没能建立睦邻友好的关系。

（三）能源安全的主要特征

1. 立陶宛能源供给安全的主要特征

（1）能源资源匮乏，主要依赖从俄罗斯进口。

石油、天然气和核能是立陶宛的基本能源。该国煤炭资源稀缺，对煤炭资源的需求也不大，从表2-18可以看出，煤炭所占能源的比重极小。立陶宛的第一大能源是石油，但该国石油资源匮乏，集中在西部地区和波罗的海大陆架，探明储量仅为420多万吨。石油产量逐年下降，已经由2000年的年产322千吨油当量下降到2017年的57千吨油当量。该国所需原油除了少量自采外，绝大部分依靠从俄罗斯进口。此外，立陶宛所需天然气全部从俄罗斯进口，但自2010年后，天然气的消费量在逐渐下降，2005年后天然气进口量逐渐减少。

（2）核电站的关闭加大了对俄罗斯的依赖。

核能也是立陶宛的主要能源之一，但根据其加入欧盟时的承诺，于2009年关闭了苏联时期建设的伊格纳利纳核电站。核电站的关闭，使得立陶宛将能源重心更加移向了石油和天然气。该国石油在能源消耗中的比重已经从2008年的31%上升到了2018年的48%，天然气的比重一直在25%以上。因此，立陶宛在能源方面更加依赖俄罗斯。

（3）宛俄关系紧张，能源安全问题突出。

立陶宛奉行亲欧反俄政策，与俄罗斯关系一向紧张，在能源供应方面受到俄罗斯的孤立与打击。

（4）可再生能源发展迅速。

目前，立陶宛的可再生能源主要由水电和风电组成。该国的可再生能源发展迅速，2018 年的可再生能源消耗为 1 551 千吨油当量，约为 1995 年的 3.1 倍，在总能源消耗中占 22.9%，这在一定程度上缓解了能源供应安全。

表 2-18　1995—2018 年立陶宛的能源概况　　单位：千吨油当量

		1995 年	2000 年	2005 年	2010 年	2015 年	2016 年	2017 年	2018 年
初级产量	煤炭	15	12	20	9	0	0	0	0
	石油	127	322	220	117	75	65	57	—
	天然气	0	0	0	0	0	0	0	0
	核能	3 112	2 172	2 666	—	0	0	0	0
	可再生能源	501	656	773	1 185	1 466	1 502	1 656	—
净进口	煤炭	157	78	176	188	145	146	176	—
	石油	3 258	2 800	6 475	9 339	8 456	9 369	9 880	—
	天然气	2 028	2 090	2 492	2 484	2 061	1 853	1 908	—
国内消耗	煤炭	246	99	201	206	160	159	163	173
	石油	2 989	2 344	2 769	2 503	2 676	2 995	3 073	3 287
	天然气	2 028	2 090	2 476	2 492	2 067	1 841	1 921	1 775
	核能	3 112	2 172	2 666	0	0	0	0	0
	可再生能源	493	649	758	1 065	1 419	1 464	1 573	1 551

资料来源：欧盟统计局能源资产负债平衡表、欧盟统计局。

2. 拉脱维亚能源供给安全的主要特征

（1）能源匮乏，高度依赖俄罗斯。

拉脱维亚是一个能源资源高度匮乏的国家，从表 2-19 中可以看出，该国化石燃料产量几乎为 0。从消费结构来看，煤炭的需求量不大，而且呈逐年递减的趋势。石油是拉脱维亚的第一大能源，近年的消费比重在逐渐下降，拉脱维亚的天然气占比从 1995 年的 22.8% 上升到 2018 年的 24.8%。天然气的需求比较稳定。煤炭和石油仍然是主力，所需完全依赖进口，进口来源国主要是俄罗斯。

（2）与俄罗斯关系紧张，能源安全问题突出。

在政治主张方面，拉脱维亚与立陶宛一样采取了疏俄政策，僵冷的拉俄关系，使得拉脱维亚的能源供应安全问题突出。

（3）可再生能源发展迅速，以缓解能源供给安全问题。

从表2-19可以看出，该国可再生能源产量可观，在2005年，该国的可再生能源消耗量就超过石油，居于第一位，2018年其消费量占最终能源消费量的比重为39.7%，高于大多数欧盟国家。可再生能源的迅速发展，逐步替代石油和天然气消费，缓解了供给安全问题。

表2-19　1995—2018年拉脱维亚的能源概况　　单位：千吨油当量

		1995年	2000年	2005年	2010年	2015年	2016年	2017年	2018年
初级产量	煤炭	78	16	0	0	0	0	0	0
	石油	0	0	3	0	0	0	0	0
	天然气	0	0	0	0	0	0	0	0
	核能	0	0	0	0	0	0	0	0
	可再生能源	1 354	1 393	1 850	2 101	2 230	2 437	2 580	—
净进口	煤炭	164	61	73	112	39	35	36	—
	石油	2	87	4	2	0	0	0	—
	石油产品	2 092	1 148	2 173	1 669	333	362	335	—
	天然气	999	1 113	1 434	903	1 083	923	1 013	—
国内消耗	煤炭	268	132	82	109	46	40	40	45
	石油	1 893	1 295	1 382	1 521	1 741	1 803	1 822	1 629
	天然气	1 010	1 092	1 358	1 462	1 098	1 113	993	1 169
	核能	0	0	0	0	0	0	0	0
	可再生能源	1 258	1 191	1 481	1 571	1 537	1 624	1 935	1 874

资料来源：欧盟统计局能源资产负债平衡表、欧盟统计局。

3. 爱沙尼亚能源供给安全的主要特征

（1）煤炭和油气匮乏，主要依赖进口。

爱沙尼亚与拉脱维亚一样，国内都不存在煤炭和油气资源，完全依赖进口。从国内能源消耗结构看，石油消费高于天然气，但逐年下降，二者之和也只有可再生能源消耗量的一半。油气依赖从俄罗斯进口，能源供给安全问题颇为严重。

（2）可再生能源发展情况乐观。

如表2-20所示，爱沙尼亚的可再生能源发展情况很可观，年产量增长迅速，2017年可再生能源产量为1565千吨油当量，约为1995年的4.4倍，除供应本国之外，还有约30%可供出口。

表 2-20　1995—2018 年爱沙尼亚的能源概况　　　　单位：千吨油当量

		1995 年	2000 年	2005 年	2010 年	2015 年	2016 年	2017 年	2018 年
初级产量	煤炭	0	0	0	0	0	0	0	0
	石油	0	0	0	0	0	0	0	0
	天然气	0	0	0	0	0	0	0	0
	核能	0	0	0	0	0	0	0	0
	可再生能源	353	512	686	988	1 286	1 461	1 565	—
净进口	煤炭	300	275	10	32	−1	6	11	
	石油	−150	−125	−225	−394	0	0	0	
	石油产品	1 163	911	1 085	1 153	−406	−323	−528	
	天然气	582	662	800	563	390	428	406	
国内消耗	煤炭	—	—	11	24	13	9	12	17
	石油	1 173	911	1 126	1 104	618	728	516	420
	天然气	582	662	800	563	390	428	394	414
	核能	0	0	0	0	0	0	0	0
	可再生能源	336	513	589	846	908	975	1 065	1 156

资料来源：欧盟统计局能源资产负债平衡表、《BP 世界能源统计年鉴》。

（四）能源供给安全形成的原因

1. 能源匮乏

如前文分析，波罗的海三国是能源高度匮乏的国家。立陶宛只有极少量的石油，煤炭产量非常少，没有天然气资源；爱沙尼亚和拉脱维亚几乎没有化石燃料。三国所需的能源主要从俄罗斯进口。

2. 与俄罗斯交恶的外交政策

波罗的海三国对俄罗斯的强硬态度得到了俄罗斯不友善的回应。例如，俄罗斯在部署和实施"能源战略网"时，孤立和打击波罗的海国家。俄罗斯通往欧洲的油气管线有意避开了波罗的海国家，并把它们归为亲美的"反俄联盟"。由于爱沙尼亚、拉脱维亚同俄罗斯交恶，立陶宛执行歧视性的关税政策使得过境运输成本过高，俄罗斯将经济合作与政治关系相结合等，俄罗斯决定在芬兰湾建设自己的港口和波罗的海管道系统，以降低对三国过境运输的依赖性。作为能源高度依赖外国的国家，此种情形不容乐观。

（五）能源安全供给对策及前景展望

1. 立陶宛

（1）重新发展核电站。

立陶宛国内所需石油、天然气基本从俄罗斯进口，对外能源依赖度大，不利于国家能源安全。加之 2009 年底彻底关闭承担主要发电任务的伊格纳利纳核电站，而新的核电站尚未建设，立陶宛的能源形势更加令人担忧。立陶宛总理认为，立陶宛的最佳能源结构为核电与其他能源形式的组合。该国正在进行维萨吉纳斯核电项目，该项目拟在已关闭的伊格纳利纳核电站附近建造一座功率为 135 万千瓦的先进沸水堆。立陶宛已与日本日立公司就此签订了协议，日立公司将为维萨吉纳斯核电项目提供反应堆并独立控股 20%，剩余股份由立陶宛持有 38%，爱沙尼亚持有 22%，拉脱维亚持有 20%。预计 2018—2020 年可完工运转，但在 2012 年 10 月被立陶宛全民公决以 63% 的反对票所否决，建厂计划中止。但在 2014 年 4 月初公布的一份国家战略目标规划文件中，立陶宛七个国会政党的领导人都强调了他们对建设维萨吉纳斯核电厂的承诺。目前，该核电项目的资金筹措仍是关键。截至 2015 年，该项目虽裹足不前，但仍在计划中。

（2）大力开发可再生能源。

为了缓解能源供应单一的状况，立陶宛政府重视发展可再生能源，不断提高可再生能源的使用比例。立陶宛的可再生能源包括太阳能、生物能、风能和地热能，其中生物能和风能发展最好。为促进可再生能源产业的发展，立陶宛政府制定了一系列鼓励措施，主要包括财政补贴、政策调节、信息服务等。根据国家发展规划，到 2020 年，立陶宛可再生能源产量应达到能源总产量的 20%，年产值将达到 5 亿美元。2012 年，可再生能源占国内能源总消耗量的 17.8%，已经接近 2020 年的目标。

（3）扩大油气来源。

为实现能源独立，自 2014 年起，立陶宛将租用"独立"LNG 终端的浮动式储存装置 10 年。2014 年 8 月，立陶宛与挪威国油签署了一份 5 年的供气协议，前者将每年通过"独立"LNG 终端从挪威进口 5.4 亿立方米天然气。然而这一数字对立陶宛来说根本不够，所以完全拒绝俄罗斯天然气暂时还是不可能的，但是这是改变单一依赖俄罗斯局面的一个好的开端。

2. 拉脱维亚

（1）优化消费结构，提高可再生能源比重。

拉脱维亚能源短缺问题非常严重，该国没有油气资源和核电站，能源进口依赖度高，尤其是高度依赖油气大国俄罗斯。拉脱维亚向来与俄罗斯交恶，且关于讲俄语居民地位问题与俄罗斯的关系较之立陶宛更恶劣。所以，大力发展可再生能源，优化消费结构，降低对俄的依赖程度显得尤为重要。根据欧盟《促进可再生能源使用指令》（2009/28/EC）设定的强制性国别目标，拉脱维亚必须确保 2020 年实现可再生能源消费占最终能源消费的比重达到40%，仅次于瑞典（49%）。

（2）利用资源优势，大力发展水电和风电。

水电是拉脱维亚最主要的电力资源。2012 年拉脱维亚水电站发电量为370 万千瓦时（见表 2-21），占全国发电总量的 62.7%。拉脱维亚共有 150 余座水电站，包括拉脱维亚国家电力集团（Latvenergo）的克谷姆斯（Kegums）、普拉维纳斯（Plavinas）和里加（Riga）三大水电站，总装机容量为 1 576 兆瓦。

表 2-21 2005—2013 年三国水能净发电量　　　　单位：百万千瓦时

国家	2005 年	2008 年	2009 年	2010 年	2011 年	2012 年	2013 年
拉脱维亚	3.3	3.1	3.4	3.5	2.9	3.7	2.9
立陶宛	0.4	0.4	0.4	0.5	0.5	0.4	0.5
爱沙尼亚	0	0	0	0	0	0	0

拉脱维亚风能发展潜力巨大，适宜风力发电的地方包括波罗的海西部海岸库尔泽梅（Kurzeme）地区和东部海岸艾纳日（Ainazi）附近地区，而波罗的海沿岸高压输电线路为发展风力发电提供了条件。据估计，拉脱维亚风力储能约为 2 000 兆瓦，每年发电技术潜力为 127 700 万千瓦时。如表 2-22 所示，2012 年拉脱维亚的风能净发电量为 10 万千瓦时，风力资源并没有得到很好的利用。拉脱维亚应该大力发展风力资源，尽快摆脱对俄罗斯的能源依赖。

表 2-22 2005—2012 年三国风能净发电量　　　　单位：百万千瓦时

国家	2005 年	2008 年	2009 年	2010 年	2011 年	2012 年
拉脱维亚	—	—	—	—	—	0.1
立陶宛	—	0.1	0.2	0.2	0.3	0.5
爱沙尼亚	—	0.1	0.2	0.3	0.4	0.4

3. 爱沙尼亚

（1）天然气市场的自由化。

2009 年俄罗斯和乌克兰的冲突凸显了欧洲国家对俄罗斯能源依赖的风险。爱沙尼亚天然气供应的 90% 以上依赖俄罗斯，天然气市场被俄罗斯垄断，一旦再发生类似俄乌冲突这样的情况，将会对爱沙尼亚产生经济冲击和安全威胁。基于此，爱沙尼亚从 2007 年就开始了天然气市场自由化的进程，试图通过天然气市场自由化促进竞争，降低单一供应风险，提高资源运用效率和保障安全供应。

（2）大力发展可再生能源。

大力发展可再生能源是爱沙尼亚的重要任务，特别是入盟后，该国政府进一步确定了大力发展可再生能源的政策，试图用清洁能源部分取代传统化石能源。该国虽然国土面积小，但其西、北两面临海，海岸线长达 3 794 公里，又拥有大小 800 多个岛屿，地理条件决定了其风能资源丰富，具有风力发电的良好条件。据"爱沙尼亚风电协会"公布的数据，到 2012 年底，爱沙尼亚已建成 17 个陆上风电场，共安装风力发电机 126 座，总装机容量为269.4 兆瓦，2012 年共生产电力 40 万千瓦时，占当年全部电力消费的比重为5.5%。爱沙尼亚风电虽然起步晚，但是发展势头迅猛。2011 年，爱沙尼亚新增风电装机容量 35 兆瓦，2012 年则达到 86 兆瓦，是上一年的 2.5 倍。截至2012 年底，波罗的海三国中，爱沙尼亚风电装机容量位居第一（269 兆瓦），立陶宛位居第二（225 兆瓦），拉脱维亚位居第三（68 兆瓦）。除了陆上风电场外，爱沙尼亚还准备开发海上风电场。

爱沙尼亚发展最好的可再生能源是生物质能，2009 年的生物质能净发电量是 30 万千瓦时，2012 年增加到 100 万千瓦时，是 2009 年的 3.3 倍，也是该国风能净发电量的 2.5 倍，占当年全部电力消费的比重约为 19%（见表 2-23）。爱沙尼亚的水能资源并不丰富，目前可再生能源方面主要依托风能和生物质能。

表 2-23 2009—2012 年三国生物质能净发电量　　单位：百万千瓦时

国家	2009 年	2010 年	2011 年	2012 年
拉脱维亚	—	—	0.1	0.3
立陶宛	0.1	0.1	0.2	0.2
爱沙尼亚	0.3	0.7	0.8	1.0

六、保加利亚的能源安全特征

（一）地理位置

保加利亚位于欧洲巴尔干半岛东南部，北部与罗马尼亚接壤，东南部毗邻土耳其，西南部是希腊，西北部接塞尔维亚，南部邻马其顿，东部濒临黑海。面积为 11 001.9 平方公里，海岸线长 378 公里。境内低地、丘陵、山地各占约 1/3。西南部是罗多彼山脉，其穆萨拉峰高 2 925 米，是保加利亚和巴尔干半岛的最高点。巴尔干山横贯中部，其北部为广阔的多瑙河平原，其南部为罗多彼山地和马里查河谷低地。其主要河流为多瑙河和马里查河：多瑙河经北部边境，其支流伊斯克尔河纵贯西北境；南部有马里查河（巴尔干半岛最长的河流）及其最大支流之一登萨河。

（二）政治主张

保加利亚的地理位置特殊，属于传统的中东欧地区，这里历来是民族冲突和大国争夺的核心场所。就国际形势而言，保加利亚处于俄罗斯与欧盟及北约之间的缓冲地带，面临着三股势力的相互交会与争夺。保加利亚在欧亚大棋局中扮演的就是"地缘政治支轴"的角色。

保加利亚对外政策的优先取向是"脱俄入欧"融入"欧洲—大西洋"体系。保加利亚通过加入欧盟来寻求经济发展，积极加入北约来获得安全保障。保加利亚重视与俄罗斯发展平等互利的关系。保加利亚积极融入"欧洲—大西洋"体系，无疑是压缩了俄罗斯的地缘政治战略空间，对俄罗斯地缘政治影响的扩大形成阻碍，并成为俄罗斯眼中威胁国家安全的因素。最突出的问题是北约安全体系的构建。保加利亚一直是北约"开门政策"的坚定支持者，其领导人表示支持北约东扩，并表示希望受到美国导弹防御系统的覆盖。美国在 2004 年宣布将在全球范围内大规模调整军力部署后，保加利亚便成为美军东移的战略前沿，两国间的军事合作日益增多。保加利亚在北约东扩问题上的鲜明态度引起了俄罗斯的警惕。此外，保加利亚以"全球反恐"作为对外政策的一个重点，实则是发出了亲美的信号。自追随美国"全球反恐"以来，保加利亚俨然成了美国在中东欧地区的"特洛伊木马"。[①] 保加利亚追随

---

① 刘斐莹. 从保加利亚的对外政策看保俄关系 ［J］. 重庆科技学院学报，2009（8）.

美国的地区政策，对俄罗斯构成排挤，造成与俄罗斯的摩擦乃至对立。

（三）能源安全的主要特征

1. 煤炭资源丰富，基本实现自给，不存在供给安全问题

煤炭是保加利亚的第一大能源，保加利亚的煤炭储量比较丰富，马里查河的煤炭储量占全国的80%，本国的煤炭资源可以满足国内大部分的煤炭需求，仅有10%左右需要从国外进口。煤炭生产和消费量占比较高，近年煤炭的生产量有所增加，消费量和进口量均呈下降趋势（见表2-24）。在煤炭资源方面，供给安全问题并不明显。

表 2-24　1995—2018 年保加利亚的能源概况　　单位：千吨油当量

		1995 年	2000 年	2005 年	2010 年	2015 年	2016 年	2017 年	2018 年
初级产量	煤炭	5 287	4 310	4 178	4 932	5 832	5 081	5 669	—
	石油	40	42	30	23	25	24	24	—
	天然气	40	12	384	59	85	77	66	—
	核能	4 458	4 689	4 812	3 956	3 912	4 011	3 941	—
	可再生能源	418	780	1 116	1 504	2 107	2 002	1 938	—
净进口	煤炭	2 420	2 245	2 490	1 700	741	557	573	—
	石油	7 388	5 346	6 423	5 916	6 165	6 294	6 969	—
	石油产品	−1 518	−1 265	−1 238	−1 891	−437	−100	−45	—
	天然气	4 560	2 742	2 458	2 131	2 517	2 591	2 696	—
国内消耗	煤炭	7 621	6 417	6 910	6 818	6 607	5 699	6 123	5 634
	石油	5 628	4 160	4 969	3 888	4 425	4 417	4 621	4 684
	天然气	4 584	2 932	2 804	2 241	2 595	2 687	2 762	2 612
	核能	4 458	4 689	4 812	3 956	3 912	4 011	3 941	4 168
	可再生能源	411	776	1 123	1 457	2 076	2 022	1 952	2 520

资料来源：欧盟统计局能源资产负债平衡表。

2. 石油天然气匮乏，供给安全问题突出

保加利亚的第二大能源是石油，但该国几乎没有石油资源，所需石油主要从俄罗斯进口。保加利亚天然气资源稀缺，国内消耗较大，97.6%依赖从俄罗斯进口。一方面保加利亚对俄罗斯油气资源绝对依赖，另一方面其与俄罗斯的关系恶劣，使得能源供给安全问题突出。

3. 核能占比高，不符合欧盟安全标准，环境安全供给问题突出

核能是保加利亚第三大能源，2018 年，它在能源构成中占21%，属欧盟成员国中最高，而且，2010 年国内核能消费量曾超过第二大能源的石油。保加利亚现有两座正在运行的反应堆，提供全国 35% 的用电量。2006—2007 年，保加利亚核电生产因为不符合欧盟的安全标准，被关闭两座核反应堆，保加利亚核电市场一度萎缩了 25%。

4. 可再生能源加速发展，在一定程度上缓解了能源供给安全问题

保加利亚的可再生能源发展较快，可再生能源在国内消耗中所占的比重已经越来越大。2005 年，保加利亚的可再生能源占比为 5.4%，2018 年增长至 12.8%，正在努力实现 2020 年 16% 的既定目标。快速发展的可再生能源在一定程度上缓解了供给安全问题。

（四）能源供给安全形成的原因

1. 特殊的地理位置，增加了大国争夺

保加利亚地处连接欧亚大陆的交通要道，是大国必争之地，俄罗斯、欧盟和北约三股势力交会于此。复杂的环境必然有复杂的外交政策，与任何一方势力关系处理不善，都会导致能源安全问题。

2. 欧盟施压，处境艰难

核能在保加利亚的地位举足轻重，但因为不能满足欧盟的安全标准，被迫关闭两座核反应堆。2008 年 1 月，保加利亚与俄罗斯达成了"南溪"天然气管道协议。对于此协议，保加利亚不可避免地受到来自欧盟的压力。南溪管道对保加利亚来说意义重大。一方面，合作的达成有助于保加利亚增进与俄罗斯在能源领域甚至地缘政治其他相关领域的合作；另一方面，过境的管道能够保证对保加利亚的天然气供应，进一步确保其能源安全，同时过境费还能带来可观的经济收入。然而，欧盟担心这一项目将强化俄罗斯对欧洲国家的能源控制，而欧盟一直不愿意过于依赖俄罗斯天然气，努力寻求能源供应多样化。在欧盟施压下，2014 年 6 月"南溪"管道修建工作陷入停顿。

（五）能源安全供给对策及前景展望

1. 利用地理位置优势，发展多边外交关系

基于其特殊的地理位置，只要能发展好多边外交关系，保加利亚在能源问题上就能获益匪浅。一方面，保加利亚可以继续答应充当俄罗斯天然气过境国的要求；另一方面，也要加强与欧盟的合作，参与新能源网的建设，减少对俄罗斯的能源依赖。当然，要实现合理外交政策的关系，还需要保加利

亚的努力。

2. 恢复并发展核电力量

虽然因为安全问题关闭了两座核反应堆，但保加利亚是有发展核电条件的。为扩大核电生产能力，保加利亚政府决定投资完成贝雷内核电站两座反应堆的建设，增加 2 000 兆瓦发电能力。在核能方面，保加利亚加强与俄罗斯的合作。2007 年 12 月，保加利亚国家电力公司与俄罗斯原子能建设出口公司签署了向贝雷内核电站提供装备的总协议。2008 年金融危机爆发后，项目资金出现问题，2012 年 3 月 28 日，贝雷内核电站停止建设。尽管该项目停止，但发展核电还是一条可选之路。

3. 大力发展可再生能源

发展可再生能源是保加利亚解决能源供应安全问题的首选之策。为鼓励可再生能源发展，保加利亚制定了明确的补贴政策，光伏、风能、生物质能以及装机容量小于 1 万千瓦的小水电均享受政府补贴。政府支持可再生能源发展的政策主要有以下三个方面：一是推行有利于吸引投资的电价补贴；二是签订长期购售电协议，其中光伏、地热、生物发电 20 年，风能 12 年，水电 15 年，在购售电协议期限内电价不变；三是可再生能源无条件并网，并全额收购电量。①

七、罗马尼亚的能源安全特征

（一）地理位置

罗马尼亚位于巴尔干半岛的东北部，北部接乌克兰，东北部毗邻摩尔多瓦，西北部与匈牙利交界，西南部和塞尔维亚接壤，南部以多瑙河为界，东部濒临黑海。罗马尼亚地形奇特多样，境内平原、山地、丘陵各占国土面积的 1/3。多瑙河流经罗马尼亚境内 1 075 公里，其国土上蜿蜒流淌的大小数百条河川多与多瑙河汇流，形成"百川汇多瑙"水系。多瑙河不仅灌溉着两岸肥田沃野，也为罗马尼亚电力工业提供了丰富的资源。

（二）政治主张

苏联解体后，罗马尼亚同保加利亚一样，从实用主义的外交政策出发，

---

① 樊海斌，邱言文.保加利亚可再生能源发电政策调查［N］.中国能源报，2013-03-04.

出于维护民族利益、国家安全和领土完整的考虑，优先发展同美欧等西方发达国家的关系，重点是重返欧洲，加入欧盟和北约。基于加入北约的问题，俄罗斯与罗马尼亚的关系变得恶劣。2001 年 11 月 21 日，罗马尼亚在获得加入北约的"邀请函"之后，开始恢复与俄罗斯的关系。2003 年，俄罗双方签署了《俄罗友好关系与合作条约》，并积极解决双方历史遗留问题等，罗俄关系才得以正常化。

（三）能源安全的主要特征

1. 化石燃料丰富

罗马尼亚煤炭资源比较丰富，能实现 83% 的煤炭资源自给。但国内大都是低质量的褐煤，燃烧褐煤会造成严重的环境污染，因此热量计划主要是通过进口黑煤来实现。为了降低碳排放，罗马尼亚的煤炭消耗量和进口量都在逐年降低。

罗马尼亚天然气储量丰富，能满足国内 85.7% 的天然气需求，其余 15.0% 左右需从俄罗斯进口。该国有一定量的石油资源，但远远不能满足国内消耗，有一半以上依赖进口，主要进口来源国是俄罗斯和哈萨克斯坦。2004 年之前几乎全部依赖于俄罗斯，但近年来从哈萨克斯坦进口的石油已经超过俄罗斯。石油进口渠道的多样化，大大降低了该国的能源供给安全问题。

2. 核能呈稳定增长态势，在一定程度上缓解了石油供给安全问题

罗马尼亚有一座核电站，两座核反应堆，该国的核能生产呈现稳步增长趋势，2010 年的核电量是 2000 年的 2 倍。总体来说，该国核电消费量在总能源消费量中的比重不大，但在一定程度上弥补了石油资源的不足。

3. 充分挖掘水力、风力等可再生能源的潜力，从根本上解决能源供给问题

罗马尼亚的可再生能源发展很好，2005 年可再生能源占比为 12.54%，2018 年增长到 18.45%。罗马尼亚的可再生能源主要由水能和风能组成。罗马尼亚水能丰富，水能资源几乎得到全部利用，水力资源的开发对解决罗马尼亚的能源需要有重要作用。罗马尼亚是欧洲最好的风电场区域之一，潜在风能总量为 1400 万千瓦左右，其中，风能储备最丰富的地区在东南部靠近黑海的图尔恰和康斯坦察两省、东北部与摩尔多瓦接壤的地区和中部喀尔巴阡山地区。2010 年 7 月罗马尼亚国会出台《可再生能源促进法案》后，罗马尼亚

风电市场开始迅猛发展。① 水力、风力资源的充分发掘可从根本上解决本国能源供给的问题。具体见表2-25。

综合来看，罗马尼亚煤炭、天然气资源丰富，自给率高，石油资源进口渠道多元化，可再生能源发展迅速，因此不存在严重的能源安全问题。

表2-25 1995—2018年罗马尼亚的能源概况   单位：千吨油当量

		1995年	2000年	2005年	2010年	2015年	2016年	2017年	2018年
初级产量	煤炭	7 888	5 875	5 795	5 904	4 711	4 234	4 467	—
	石油	6 815	6 337	5 526	4 518	3 993	3 795	3 638	—
	天然气	14 446	10 968	9 701	8 619	8 785	7 784	8 522	—
	核能	—	1 407	1 433	2 998	2 940	2 811	2 907	—
	可再生能源	2 797	4 034	4 966	5 708	5 935	6 096	5 844	—
净进口	煤炭	2 858	1 650	2 419	1 234	982	1 028	990	—
	石油	8 307	4 836	8 831	6 233	6 463	7 358	7 645	—
	石油产品	-1 951	-1 294	-4 868	-1 395	528	412	620	—
	天然气	4 794	2 712	4 190	1 816	161	1 175	932	—
国内消耗	煤炭	10 787	7 752	8 785	6 949	5 892	5 278	5 388	5 047
	石油	13 091	10 148	10 300	9 310	8 693	8 864	9 661	9 743
	天然气	19 240	13 680	13 942	10 788	9 024	9 708	9 942	9 024
	核能	—	1 407	1 433	2 998	2 940	2 811	2 907	2 877
	可再生能源	2 796	4 041	4 940	5 860	597	6 193	6 042	6 037

资料来源：欧盟统计局能源资产负债平衡表、欧盟统计局。

八、南斯拉夫的能源安全特征

（一）地理位置

南斯拉夫位于欧洲巴尔干半岛的中北部。塞尔维亚北部是多瑙河、萨瓦河、蒂萨河三大河流经的平原地区，是最重要的农业区，也是著名的粮仓；多瑙河以南地势逐渐升高，耕地减少，草地和天然牧场面积则逐渐增加，有摩拉瓦河贯穿中部，形成以丘陵和山地为主的河谷地带，是南北走向的交通要道，西部的德里纳河与波黑交界，黑山境内则多为崇山峻岭。塞尔维亚南部的杰拉维察峰是全国最高峰，海拔为2 656米；黑山境内最高峰是博博托夫

---

① 高国庆，王南楠. 罗马尼亚风电项目投资机会浅析［J］. 风能，2012（5）.

库克峰，海拔为 2 522 米。黑山境内的泽塔河和莫拉查河流向亚得里亚海，而斯库台湖则是全国最大的湖泊，面积为 369.7 平方千米。

（二）解体

1991—1992 年，斯洛文尼亚、克罗地亚、波黑（波斯尼亚和黑塞哥维那）、马其顿相继宣布独立，南斯拉夫社会主义联邦共和国于 1992 年宣告解体。南斯拉夫社会主义联邦共和国的塞尔维亚和黑山两个共和国于 1992 年 4 月 27 日宣布成立南斯拉夫联盟共和国。1995 年，波黑和平协议签署，宣告波黑战争结束，波黑正式独立。2006 年 6 月 3 日，黑山议会正式宣布独立，6 月 5 日，塞尔维亚国会亦宣布独立并且成为塞黑联邦的法定继承国，此举标志着南斯拉夫联盟的完全解体。2008 年，科索沃脱离塞尔维亚独立，但未获国际普遍承认。南斯拉夫的领土分成以下 6 个主权独立国家：斯洛文尼亚共和国、克罗地亚共和国、波斯尼亚和黑塞哥维那共和国、塞尔维亚共和国、黑山共和国和马其顿共和国。

（三）政治主张

在西巴尔干地区，克罗地亚一直重视与俄罗斯恢复和保持正常的国家关系，重视俄罗斯在国际关系中的地位和作用。斯洛文尼亚政府和企业界都非常重视与俄罗斯发展经贸关系。塞尔维亚、黑山与俄罗斯的关系发展平稳，双方合作也有丰富的历史。此外，马其顿、波黑与俄罗斯的关系也取得了较大进展。

（四）能源安全的主要特征

1. 斯洛文尼亚能源供给安全的主要特征

（1）石油与天然气供给的安全问题。

斯洛文尼亚石油和天然气匮乏，几乎完全依赖进口。石油是该国的第一大能源，所需石油主要从俄罗斯进口。该国所需要的天然气资源 40% 左右从阿尔及利亚进口，其余的全部从俄罗斯进口。斯洛文尼亚的天然气消费量并不大，约占总能耗的 10%，而且进口多元化，供给安全问题不大。石油消耗在总的能源消耗中占比达到 38%，且完全依赖进口，存在严重的供给安全隐患。

（2）核能得到充分利用，有助于缓解环境安全问题。

核能是斯洛文尼亚第二大能源，占比 19% 左右。该国有一座正在运行的核电站，近年来，核能的国内消耗量已经赶超煤炭，居于第二位。核能得到充分利用，逐渐替代煤炭，有助于缓解环境安全问题。

（3）煤炭资源丰富，完全实现自给。

煤炭是斯洛文尼亚的第三大能源，在总能源消耗中占比16%左右。该国的煤炭资源还是比较丰富的，几乎能实现国内自给自足，只有极少量需要进口。单就煤炭而言，不存在供应安全问题。

（4）充分开发、利用水电资源，解决能源安全供给和环境问题。

水是斯洛文尼亚提供电能最重要的自然资源。发源于阿尔卑斯山脉的4条大河——德拉瓦河、萨瓦河、索查河和穆尔河，是斯洛文尼亚水电蕴藏量最丰富的河流，具有较高的开发价值。各河流的水文特征明显不同：德拉瓦河和穆尔河属于雪水补给河流；萨瓦河和索查河属于雪—雨水补给河流；前阿尔卑斯地区的一些较小河流则属于雨水补给河流。从水文角度来看，这些河流互为补充，因此，就全年的能量利用来说，能实现较好的均衡。在水能开发计划和规划方案中，已经把主要河流的水电开发确定为优先考虑事项，目标是将技术可开发的水电储藏量的开发利用程度提高到2020年的64%。到2030年，斯洛文尼亚将有42座水电站投入运行，技术可开发的水电储藏量的开发利用程度提高到73%。[①] 水力资源的充分开发利用，有助于实现能源自给，彻底解决能源安全供给和环境问题。1995—2018年斯洛文尼亚的能源概况见表2-26。

表2-26　1995—2018年斯洛文尼亚的能源概况　　单位：千吨油当量

		1995年	2000年	2005年	2010年	2015年	2016年	2017年	2018年
初级产量	煤炭	1 192	1 062	1 184	1 196	862	942	933	—
	石油	2	1	0	0	0	0	0	—
	天然气	16	6	3	6	3	4	7	—
	核能	1 233	1 228	1 518	1 459	1 332	1 349	1 488	—
	可再生能源	513	788	774	1 002	1 022	1 105	1 035	—
净进口	煤炭	187	195	295	279	204	198	198	—
	石油	589	118	2 548	0	0	0	0	—
	石油产品	1 676	2 184	2 588	2 596	232	318	332	—
	天然气	750	820	1 539	875	662	701	731	—

① 克雷扎诺维斯基，等．斯洛文尼亚的水电蕴藏量及其开发［J］．水利水电快报，2009（6）．

续表

		1995 年	2000 年	2005 年	2010 年	2015 年	2016 年	2017 年	2018 年
国内消耗	煤炭	1 378	1 308	2 537	1 451	1 068	1 147	1 140	1 131
	石油	2 315	2 423	2 929	2 579	2 353	2 524	2 586	2 680
	天然气	746	826	1 518	863	664	705	739	725
	核能	1 233	1 228	774	1 459	1 332	1 349	1 488	1 365
	可再生能源	543	788	774	1 031	1 052	1 124	1 060	1 135

资料来源：欧盟统计局能源资产负债平衡表。

2. 克罗地亚能源供给安全的主要特征

（1）煤炭资源。

克罗地亚没有煤炭资源，主要依赖进口。需求量不大，不到国内消耗量的 5%，进口量也不大，容易被替代，所以供给安全问题和环境问题都不明显。

（2）油气资源。

克罗地亚最主要的能源是石油，但该国只有少量的石油资源可以供给国内需求，所需石油绝大部分依赖于进口。相比较而言，天然气比较丰富。

（3）可再生能源。

克罗地亚可再生能源发展较快，2017 年可再生能源产量为 2 194 千吨油当量，是 1995 年的 3 倍多（见表 2-27），除了满足国内需求，还有余量可供出口，该国的可再生能源主要是水能，水电发电量平均占 50%。该国的水能资源还没有得到充分利用，应进一步加大水能的开发利用，提高国内能源自给率。

表 2-27　1995—2018 年克罗地亚的能源概况　　单位：千吨油当量

		1995 年	2000 年	2005 年	2010 年	2015 年	2016 年	2017 年	2018 年
初级产量	煤炭	47	0	0	0	0	0	0	—
	石油	1 807	1 328	1 017	759	693	763	773	—
	天然气	1 606	1 355	1 865	2 215	1 471	1 369	1 230	—
	核能	0	0	0	0	0	0	0	—
	可再生能源	719	879	900	1 233	2 226	2 282	2 194	—

		1995 年	2000 年	2005 年	2010 年	2015 年	2016 年	2017 年	2018 年
净进口	煤炭	150	444	574	699	624	664	395	—
	石油	4 003	4 001	4 363	3 647	2 374	2 563	2 874	—
	石油产品	1 785	-1 525	-736	-667	250	200	55	—
	天然气	224	905	561	475	564	728	1341	—
国内消耗	煤炭	175	438	683	683	606	651	392	366
	石油	3 960	3 949	4 534	3 699	3 251	3 258	3 481	3 373
	天然气	1 934	2 209	2 377	2 632	2 082	2 171	2 493	2 292
	核能	0	0	0	0	0	0	0	0
	可再生能源	—	—	1 855	2 079	1 975	2 018	1 910	2 183

资料来源：欧盟统计局能源资产负债平衡表。

3. 塞尔维亚能源供给安全的主要特征

（1）煤炭资源丰富，基本自给，不存在供给安全问题。

塞尔维亚的绝对能源是煤炭，在能源消耗中已经超过 48.6%。煤炭资源丰富，几乎可以满足国内需求，只有 8.5% 左右需要进口，所以不存在煤炭资源的供给安全问题。但是，国内煤炭消耗量过大，环境问题严重，与欧盟要求的"低碳减排"号召背道而驰，必须调整能源消费结构。

（2）石油和天然气匮乏，但供给安全问题不明显。

塞尔维亚油气资源匮乏，在能源消耗中只占极小的比重，但塞尔维亚是俄罗斯对外油气合作的重点国家。2009 年 5 月 15 日，塞尔维亚天然气公司与俄罗斯天然气工业股份有限公司就塞尔维亚境内实施"南溪"项目签署基础协议。俄塞两国最大的油气合作项目是俄罗斯天然气工业石油公司（俄罗斯天然气工业股份公司的子公司）参股塞尔维亚石油工业公司，双方决定在油气领域进行一系列合作。对塞尔维亚而言，与俄罗斯合作可以使它成为俄罗斯天然气在欧洲的过境运输国、大型储气中心和知名的石油产品生产国。所以，尽管石油、天然气匮乏，依赖进口，但由于采取对俄友好政策，供给安全问题不明显，而且与俄罗斯的合作可以优化该国的能源消费结构，减轻环境问题。2005—2018 年塞尔维亚的能源概况见表 2-28。

表 2-28　2005—2018 年塞尔维亚的能源概况　　　　单位：千吨油当量

		2005 年	2010 年	2011 年	2012 年	2013 年	2014 年	2015 年	2016 年	2017 年	2018 年
初级产量	原煤	7 461	7 229	7 825	7 278	7 671	5 713	7 201	7 201	7 216	—
	石油	663	940	1 122	1 229	1 277	1 216	1 121	1 028	988	
	天然气	229	308	405	425	423	444	456	417	389	
	核能	0	0	0	0	0	0	0	0	0	
	可再生能源	1 884	2 064	1 811	1 868	2 000	2 071	1 984	2 049	1 901	
净进口	煤炭	657	726	794	405	275	469	622	625	670	
	石油	3 138	1 988	1 466	1 074	1 697	1 515	1 899	2 312	2 583	
	石油产品	8	−155	−59	30	−139	107	15	−10	−97	
	天然气	1 718	1 567	1 391	1 425	1 503	1 111	1 386	1 429	1 738	
国内消耗	煤炭	—	7 755	8 758	7 621	7 909	6 261	7 739	7 918	7 873	7 549
	石油	—	3 963	3 895	3 434	3 462	3 363	3 489	3 807	3 817	3 833
	天然气	—	1 853	1 903	1 678	1 867	1 609	1 750	1 891	2 117	2 132
	可再生能源	—	2 055	1 786	1 843	1 929	2 006	1 931	2 001	1 884	2 019

资料来源：欧盟统计局能源资产负债平衡表。

4. 马其顿能源供给安全的主要特征

马其顿煤炭资源丰富，能够满足国内 88% 以上的能源自给。马其顿不存在煤炭的供给安全问题，但是伴随煤炭的过度使用，环境问题突出。该国没有石油和天然气资源，全部依赖进口。马其顿的石油消耗量占比最大，石油的安全供给问题突出，而且，马其顿的能源消费结构过于单一，实现能源多元化，开发可再生能源显得尤为重要。2005—2018 年马其顿的能源概况见表 2-29。

表 2-29　2005—2018 年马其顿的能源概况　　　　单位：千吨油当量

		2005 年	2010 年	2011 年	2012 年	2013 年	2014 年	2015 年	2016 年	2017 年	2018 年
初级产量	煤炭	1 289	1 194	1 410	1 246	1 053	986	876	745	853	—
	天然气	0	0	0	0	0	0	0	0	0	—
	石油	0	0	0	0	0	0	0	0	0	—
	可再生能源	343	413	345	315	372	345	389	366	309	
净进口	煤炭	116	121	132	133	100	120	84	112	90	
	石油	982	864	706	265	53	−7	0	0	0	
	天然气	62	96	110	114	130	111	112	176	227	—

		2005 年	2010 年	2011 年	2012 年	2013 年	2014 年	2015 年	2016 年	2017 年	2018 年
国内消耗	煤炭	—	1 305	1 460	1 398	1 163	1 084	948	880	972	838
	石油	—	945	978	936	913	9 055	970	1 088	1 037	993
	天然气	—	96	110	114	130	111	112	176	226	209
	可再生能源	—	414	344	327	369	353	409	378	344	367

资料来源：欧盟统计局能源资产负债平衡表。

5. 波黑能源供给安全的主要特征

波黑的煤炭资源很丰富，但是还不能实现完全自给，有 15% 左右依赖进口。虽然没有石油和天然气资源，但需求量不大，主要通过进口来满足这少量的需求。波黑是南斯拉夫六国中水力资源利用最好的国家，2005 年的水能净发电量为 590 万千瓦时，2010 年上涨到 790 万千瓦时，之后两年虽然有所下降，但仍保持在较高的水平上。2005—2018 年波黑的能源概况见表 2-30。

表 2-30　2005—2018 年波黑的能源概况　　　　单位：千吨油当量

		2005 年	2010 年	2011 年	2012 年	2013 年	2014 年	2015 年	2016 年	2017 年	2018 年
初级产量	煤炭	0	0	0	0	0	3 073	3 165	3 520	3 612	—
	天然气	0	0	0	0	0	0	0	0	0	—
	可再生能源	0	0	0	0	0	1 232	1 202	1 221	1 012	—
净进口	煤炭	0	0	0	0	0	631	645	614	740	
	石油	0	0	0	0	0	970	946	947	873	
	天然气	0	0	0	0	0	152	177	185	200	
国内消耗	煤炭	—				—	3 658	3 615	4 112	4 189	4 230
	石油						1 479	1 533	1 741	1 732	1 691
	天然气						152	177	185	200	199
	可再生能源						958	1 041	1 052	792	1 754

资料来源：欧盟统计局能源资产负债平衡表。

6. 黑山能源供给安全的主要特征

南斯拉夫各国中除克罗地亚外，其他五国都有丰富的煤炭资源，其中黑山是煤炭相对量最为丰富的国家，不仅能够实现自给，而且有 3%~6% 的剩余可供出口。该国没有油气资源，石油的消耗量和进口量都非常小，而且不使用天然气资源，所以不存在能源供应的安全问题。该国所需的热量几乎全部由煤炭提供，造成了严重的环境问题。同时，黑山也非常重视水力资源的开发，自 2008 年以来，该国的水能一直得到了很好的利用，2010 年的水能净发电量更是达到 270 万千瓦时，水能的开发利用在一定程度上改善了其能源消费结构。2005—2018 年黑山的能源概况见表 2-31。

表 2-31　2005—2018 年黑山的能源概况　　　　单位：千吨油当量

		2005 年	2010 年	2011 年	2012 年	2013 年	2014 年	2015 年	2016 年	2017 年	2018 年
初级产量	煤炭	287	426	434	393	372	364	390	308	324	—
	石油	0	0	0	0	0	0	0	0	0	—
	天然气	0	0	0	0	0	0	0	0	0	—
	可再生能源	306	399	288	311	390	328	326	353	306	
净进口	煤炭	-6	-12	-12	-12	-4	-5	-12	-8	-20	—
	天然气	0	0	0	0	0	0	0	0	0	
国内消耗	煤炭	—	420	424	381	368	359	378	299	304	361
	石油	—	312	298	282	274	278	298	330	366	390
	天然气	0	0	0	0	0	0	0	0	0	0
	可再生能源		397	277	303	383	315	298	325	260	345

资料来源：欧盟统计局能源资产负债平衡表。

| 第 三 章 |

中东欧国家能源安全问题的实质及形成原因

第一节　中东欧国家能源安全问题的实质

能源安全是一个动态的概念，其内涵一直处于不断丰富和发展的过程中。自能源成为工业社会必不可少的动力以来，能源安全的问题就已经产生了。20 世纪 70 年代第一次石油危机爆发后，能源的供应安全和需求安全就已经开始受到人们的重视。这时的能源安全主要关注能源的供需关系。20 世纪 90 年代以来，随着全球气候变暖趋势的不断加剧和大气质量的急剧下降，能源使用带来的环境污染等问题日益严重。各国开始重视这一趋势，将环境保护列为重点关注的问题，能源安全不再是单纯的供应与需求的问题，能源的使用安全也被加入其中。能源的使用安全，关注能源的消费对环境的影响，提倡使用绿色环保的清洁能源，提高能源消费结构中清洁能源的使用比例。中东欧地区由于地理位置的特殊性、历史政治的敏感性，所以能源安全问题极为复杂。该地区能源安全不仅取决于传统的供需因素，俄罗斯和欧盟这些大国对该地区的能源安全也有不可忽视的影响。从某种程度上来说，该地区的能源政策是无法由所在国政府单方面决定的，大多受到外部约束的限制。

一、传统能源安全观下中东欧国家能源安全的实质

传统的能源安全观认为，能源安全主要是指能源的供应安全和需求安全。中东欧国家能源资源较匮乏，对于中东欧的大部分国家而言，能源依赖进口已经成了一个不可避免的事实，这个事实使其既面临着能源供应减少的问题，又面临着能源价格上涨的问题。同时，能源消费结构的不合理以及能源使用效率低下也造成了能源的浪费。加入欧盟以来，中东欧国家的经济状况有所好转，人民生活水平不断提高，对于能源的需求也出现了一定的增长。另外，

欧盟内部对于能源消费结构的标准也对中东欧国家提出了很大的挑战。综合而言，在传统能源安全观下，能源安全的实质是原本相对较为稀缺的能源供应同该地区日益增长的能源需求的矛盾。

（一）中东欧国家的能源供给

中东欧地区能源总体储量较少，种类相对单一，多集中于煤炭类能源，石油、天然气资源匮乏。在东欧剧变之前的 20 世纪 70 年代，经互会成员国除了波兰能源自给有余，罗马尼亚能源自给率稍高、只需进口焦炭和部分石油外，其他国家的能源自给率都比较低，需要大量进口来弥补日常的能源需求。同时，波兰利用自身煤炭资源富余出口煤炭，而石油则依赖从苏联进口。1970 年，东欧六国生产的煤炭、石油、天然气折合成标准燃料，共有 32 400万吨，1976 年增加到 36 970 万吨。随着经济的增长，中东欧国家对于能源的需求不断提升，而本国能源的匮乏以及开采技术的相对落后使得这些国家能源生产的步伐难以满足消费的需求，导致能源缺口不断扩大。另外，苏联为了巩固社会主义阵营的力量，为中东欧国家能源供应提供了相当大的优惠，中东欧国家自然乐于以较低的价格从苏联获取自身匮乏的能源。以上原因使得中东欧国家能源自给率大幅下降，从原先的以能源自给为主，苏联进口为辅，转变为依赖苏联进口能源的消费状态。1976—1980 年，东欧地区自苏联进口了近 8 亿吨（标准燃料）能源。东欧六国能源自给率由 1970 年的 84%降至 1980 年的 66%。经互会国家对外贸易统计表明，在 1978 年，东欧六国的能源自给率依次为：保加利亚 26%、匈牙利 51%、东德 68%、波兰 109%、罗马尼亚 85%、捷克斯洛伐克 66%。

1973 年第一次石油危机爆发后，苏联出于自身利益的考虑，成倍提高出口石油的价格，同时严格控制石油出口的数量。那时中东欧国家的能源基本依赖苏联的供应，因此能源安全受到了极大的威胁。1975 年苏联提出按国际市场价格每年确定一次价格的办法向经互会成员出售石油，至此，经互会成员国进口石油的价格迅速上涨。东欧从苏联进口的石油和其他能源及原材料价格的大幅上涨，使东欧经济受到巨大冲击。例如，1975 年苏联卖给东欧的石油是每吨 15～16 卢布，1979 年就上涨到了 70 多卢布（上涨了 3.67 倍），而同期东欧国家向苏联出口的设备和其他工业品一般只提价 50%～60%。

从 20 世纪 70 年代初期，苏联预计本国石油生产增长速度将下降，加上其自身每年要拿出 6 000 万~7 000 万吨石油向西方出口，以换取硬通货，因此开始控制其以优惠条件向东欧各国出口能源的数量。为此，东欧国家选择了自中东产油国进口以弥补不足。捷克斯洛伐克、匈牙利与南斯拉夫合作修建亚得里亚输油管，波兰和东德也修建石油码头，以此扩大中东石油进口量。除罗马尼亚外，东欧其余五国在 1980 年从中东进口的石油数量也增加到了4 000 万吨。

东欧剧变后，中东欧国家开始意识到过度依赖苏联的能源进口会严重影响国家安全，因此部分中东欧国家开始转变能源消费结构，减少石油消费，同时开始开发如核电等其他能源。这一能源消费政策思路的转变使得中东欧国家化石能源产量出现大幅度下降。另外，剧变后政局的动荡和国际经济发展重心的转移也使得中东欧国家能源产量出现大幅下降。以各国原煤产量为例，罗马尼亚原煤产量由 1988 年的 6 481 万吨下降到 1990 年的 4 209 万吨；波兰原煤产量由 1988 年的 29 344 万吨下降到 1990 年的 28 708 万吨；匈牙利原煤产量由 1988 年的 2 331 万吨下降到 1990 年的 19 654 万吨，中东欧地区国家能源产量大幅下降，能源供给大量减少。

进入 21 世纪以后，新兴的清洁能源、绿色能源和可再生能源开始进入人们的视野，脱离俄罗斯进入欧盟的中东欧国家利用欧盟在可再生能源方面的政策扶持，积极发展可再生能源项目，可再生能源在中东欧地区发展迅速。据有关部门预测，2016 年罗马尼亚的核电生产将达到 57.0 太瓦时，2012—2021 年，罗马尼亚的电力生产预计每年平均增长 3.8%，达到 83.1 太瓦时，基本达到欧盟战略规划中确保 2020 年可再生能源的发电比例不低于 16% 的要求。同时，波兰为应对欧盟碳排放要求，引入核电，削弱火电占比。马其顿、阿尔巴尼亚和罗马尼亚则利用国家自身巨大的水资源优势，大力发展水能项目，计划投资兴建水电站。

以核能在能源构成中占比最大的斯洛伐克为例。核能是斯洛伐克消费的第三大能源，在能源构成中占 21%，是欧盟五个核能高比重国家之一。目前，斯洛伐克四座在运行的核反应堆都是在 1984—1999 年建成和投入使用的，总装机容量为 1 711 兆瓦，占该国发电量的 52%。这些运转的核电站都是由俄罗斯提供技术援助和核燃料的。2008 年，俄罗斯和斯洛伐克签署了新的协议，俄方将核燃料供应合同期延长 5 年，俄罗斯因此巩固了在斯洛伐克核燃料市场的地位。即使是核能发展状况较好的斯洛伐克也要依靠俄罗斯提供技术支持，那么其他中东欧国家发展新型能源则会面临更多的技术和资金问题。近年，虽然中东欧国家加紧清洁能源的开发，但是由于可再生能源项目前期资本投入要求比较多，且中东欧清洁能源技术不成熟，极度依赖西欧和俄罗斯，所以从总体上来说中东欧绿色能源在能源总产出中的比例依然比较低，该地区能源供给仍然以化石能源为主。

近年来，虽然中东欧国家对俄罗斯能源依赖有所降低，但由于地理上的接近和历史的关系，中东欧大部分国家的石油和天然气市场仍然是被俄罗斯所垄断的。尽管石油供应来源相对灵活，各国也可以建立战略储备，但由于石油资源在中东欧地区极度缺乏，使得中东欧国家基本无法摆脱对于俄罗斯石油的进口依赖。其中，斯洛伐克、匈牙利、波兰、捷克等国对俄罗斯石油的依赖性较强，罗马尼亚次之。在天然气方面，塞尔维亚、克罗地亚、保加利亚、罗马尼亚、斯洛伐克几乎完全依赖俄罗斯。除了石化能源外，中东欧国家的核燃料供应也严重依赖俄罗斯，因为中东欧国家的核电站几乎都是由苏联援建的，如今维持核电站运转的核燃料也需要从俄罗斯进口。综合来说，中东欧地区能源供应相对是不稳定的。

（二）中东欧国家的能源需求

第二次世界大战结束后，中东欧国家大多走上了社会主义道路，纷纷建立起社会主义政治经济制度。在苏联模式的指导下，中东欧国家将经济发展的重心放在了重工业上，社会主义工业化得到迅猛发展。工业发展需要大量的能源支撑，在社会主义体系内的分工与合作为中东欧国家提供充足而廉价的能源及原材料供应。同时，基于地区自然资源结构特征，中东欧地区形成了以煤炭消费为主体的能源消费结构。20 世纪 60 年代，东欧经互会六国是工业国家中对煤炭依赖程度最大的地区，在能源消费中，煤炭的比重高达 84%（苏联 63%、西欧 56%、美国 23%）。

以罗马尼亚为例，1980—1988 年，煤炭消耗量由 1980 年的 4 497.4 万吨上升至 1988 年的 7 616.9 万吨，几乎翻了一倍。作为煤炭资源相对丰富的国家，罗马尼亚在 1980—1990 年依然需要从其他国家进口煤炭以满足国内工业产业的发展要求。相对于煤炭资源而言，石油和干燥天然气消耗量的上升不是十分显著，这主要是由于这两种能源在罗马尼亚相对比较稀缺，主要依靠进口，因此消费需求增长不是非常明显。具体见表 3-1。

表 3-1　1980—1990 年罗马尼亚的能源消耗情况

能源	1980 年	1982 年	1984 年	1986 年	1988 年	1990 年
石油消耗（千桶/天）	374	340	307	322	330	382
干燥天然气产量（十亿立方英尺）	1 251	1 411	1 395	1 410	1 305.6	1 261
煤炭消耗（千万吨）	44 974	48 615	57 805	62 070	76 169	51 972
煤炭进口（千万吨）	6 214	6 884	8 023	9 382	9 733	10 541

与大量的能源需求同时存在的是能源使用效率的低下。中东欧各国的生产技术相对较为落后，能源使用效率比较低，耗能系数比较大。例如，美国、法国、荷兰等国家在冶金方面每百万元生产总值所消耗的能源分别为 83.5 吨、84.5 吨和 80.5 吨标准燃料，而罗马尼亚却超过了 100 吨。在石油化工方面的能耗量更是高得惊人，罗马尼亚比法国高出近 3 倍，是瑞士的 5 倍左右。一次能源的有效利用率只达到了 39%。能源使用效率的低下进一步扩大了能源的需求。

随着东欧各国"五年计划"的实施，中东欧国家的经济取得了明显的发展，居民的生活水平也有了较大的提高。到 1950 年第一个"五年计划"结束时，匈牙利人均收入增长了 2.4 倍，捷克斯洛伐克增长了 2.8 倍，民主德国增长了 4.8 倍，保加利亚增长了 4.0 倍，罗马尼亚增长了 3.8 倍。居民生活水平的提高一方面刺激了能源的消费，另一方面对于能源消费结构的转变也有一定的影响。20 世纪 60 年代，捷克能源中的 80% 是本国生产的固体燃料，而到了 70 年代，液体燃料开始取代煤炭等固体燃料，成为该国能源的主要支柱。大量石油被进口到捷克，热电站纷纷改烧煤为烧油，国家能源结构发生重大改变。根据对居民能源消费的理论研究，随着经济的发展，居民消费的能源在全社会终端能源消费中占据的比例将不断增大。有关数据显示，西方发达国家居民家庭能源消费量多占终端总能源消费量的 20% 以上，其中英美等国达到 30% 以上。

东欧剧变后，中东欧各国纷纷摆脱俄罗斯的管制，加入欧盟。2007 年 1 月，欧盟委员会通过欧盟能源发展战略，该战略已于 2010 年 12 月正式实施。根据欧盟能源发展战略，到 2020 年，欧盟各成员国应确保可再生能源的使用比例达到 20%，交通领域可再生能源的使用比例达到 10%。这一战略的执行对中东欧能源结构的转变提出了严格的要求，对能源结构和种类有了更高的要求。根据在立陶宛的"GfK Custom Research Baltic"公司所进行的关于发展可再生能源路线的民意调查，支持发展风能的人数占受访人数的72%，支持发展太阳能的占63%，支持发展生物能的占46%，支持发展水能的占42%。只有7%的受访者认为，绿色能源行业可以在市场化条件下生存而无须政府扶持；9%的居民愿意花更高的价格购买可再生能源产品。通过该民意调查可以发现，大多数民众在不影响自身生活水平的前提下是认同可再生能源发展的。

总之，不论从煤炭、石油、天然气等传统能源还是从风能、水能、地热能、核能等新型能源的需求来看，中东欧国家对于能源的需求都是在不断增长的。

二、新能源安全观下中东欧国家能源安全的实质

新时代的能源安全含义扩展到了政治、经济、环境保护、社会生活的方方面面。中东欧地区由于其地理位置的特殊性和与欧盟、俄罗斯的复杂关系，地缘政治对该地区能源安全有着重要的影响。中东欧国家能源供应安全政策基本有赖于两个最重要的伙伴——欧盟和俄罗斯的地区战略和利益。在东欧剧变20多年后，大部分中东欧国家加入欧盟的现实背景下，欧盟对这些国家的政策实施起关键作用。中东欧国家绝大多数基础设施投资来自欧盟基金，欧盟也通过制度介入帮助特定国家（如波兰）增加与俄罗斯谈判的筹码，所以，欧盟对于中东欧国家能源政策的制定是一个不容忽视的因素。然而由于中东欧能源主要依靠俄罗斯供应，所以俄罗斯能源政策也是中东欧国家制定能源政策的关键参考点。以天然气为例，不少中东欧国家与俄罗斯进行管道过境运输合作，希望通过能源过境获得一定的利益，而这种合作有时会与欧盟在中东欧地区的利益产生矛盾。因此，中东欧国家的能源政策往往需要在欧盟与俄罗斯之间加以平衡。

以保加利亚同俄罗斯进行的天然气管道合作"南溪"为例。"南溪"天然气管道是俄罗斯和保加利亚最重要的项目之一。"南溪"天然气管道项目由俄罗斯天然气公司和意大利埃尼公司于2007年共同发起，旨在将俄罗斯的天然气直接输送到西欧国家。这条全长900公里的管道将穿越黑海，首先在保加利亚上岸，然后通过两条支线继续向奥地利、意大利等西欧国家输气。"南溪"天然气管道具有十分重要的地缘政治和经济意义，既是俄罗斯能源外交的重要抓手，也是欧盟打压俄罗斯的目标。一方面，俄罗斯利用"南溪"管

道沿线以奥地利、意大利等为代表的"亲俄派"力量建立能源合作,使得欧盟内部难以建立统一的能源外交政策,从而达到离间欧美关系、摆脱西方势力压制的目的。同时,"南溪"管道避免经过外高加索和里海地区国家及乌克兰和罗马尼亚等国家,减少运输路程,节约运输成本。另一方面,起到了打压欧盟能源来源多样化势头的作用,使得里海和黑海的天然气竞争对手边缘化。"南溪"项目保加利亚段管道全长 540 公里,耗资 35 亿欧元。保加利亚段管道大部分工程由保加利亚能源股份公司完成,为此,保加利亚能源股份公司从俄罗斯天然气工业股份公司获得抵押贷款 6.2 亿欧元(年息为 4.25%,贷款期限为 22 年)。该段管道计划在 2015 年 12 月建成,俄罗斯每年通过乌克兰和罗马尼亚向保加利亚输送 178 亿立方米天然气。保加利亚希望通过参加"南溪"项目确保天然气来源,同时充当东南欧至关重要的天然气过境运输国(从天然气过境运输获得的收益将增长 2~3 倍)。但是,"南溪"项目由于违反了欧盟的有关规定,项目实施过程一波三折。欧盟要求成员国遵守能源一揽子方案关于产业链与投资多样化的规定,即禁止一家公司同时从事天然气的开采、运输和销售业务,双边项目必须引入第三方投资。"南溪"项目协议规定两国公司在天然气管道供应方面享有优先权,被认为违反了欧盟规定。2013 年 7 月初,欧盟委员会启动对"南溪"项目保加利亚段管道的反垄断调查。欧盟委员会主席要求保方立即停止有关"南溪"项目的一切行动,否则将对其"违规行为"启动惩罚程序。在欧盟的压力下,保加利亚于 2014 年 6 月 8 日宣布暂停"南溪"项目保加利亚段的施工,直至符合欧盟委员会的所有要求。

"南溪"项目的一波三折只是俄罗斯和欧盟在中东欧地区能源安全领域博弈的一个小小缩影。俄罗斯希望通过与中东欧国家的油气合作保持其在世界能源市场的优势地位,进而利用"管道经济"对中东欧国家施加政治影响;欧盟作为吸纳中东欧国家的联盟组织自然不希望组织内部成员受到俄罗斯的控制,往往会对中东欧国家施加压力,破坏中东欧国家同俄罗斯达成的能源项目。中东欧国家一方面想要获得俄罗斯稳定的能源供应并从与俄合作的能源项目中获利;另一方面又不希望自己在欧盟内的地位受到影响,破坏与欧盟早期成员间的关系。从这个角度来看,中东欧国家能源安全其实是中东欧国家自身权衡欧盟和俄罗斯两方势力及出于自身利益最大化考虑所做出的选择。

第二节　影响中东欧国家能源安全的地缘政治

一、中东欧地区的特殊性

地理位置是一个民族、一个国家或一个地区所拥有的自然条件、人文条件，对其生存和发展有着重要的影响。谁都无法否认地理位置在一个国家或地区社会发展过程中所起到的无可代替的作用，而从一个国家或地区的地理位置出发进行研究则形成了地缘政治理论。该理论根据各种地理要素和政治格局的地域形式，分析和预测世界或地区范围的战略形势及有关国家的政治行为。地缘政治上的中东欧主要是由地理位置上的中欧和东南欧两部分组成。波兰、捷克、斯洛伐克和匈牙利属于前一部分，它们从北至南横贯欧洲大陆的中部，是连接欧洲东部和西部的桥梁。后一部分是东南欧（即巴尔干半岛）的罗马尼亚、保加利亚、南斯拉夫和阿尔巴尼亚。它们地处欧洲、亚洲和非洲的交会处，西南隔着地中海与北非相望，东南与土耳其领土的欧洲部分接壤并隔着黑海与土耳其的主体相对。这一亚、欧、非大陆连接点的独特位置，使得其特殊性不言自明。中东欧地区是俄罗斯通向西欧的门户，是东西方的军事要塞、前沿阵地和相互防御的屏障。中东欧国家长期生存在欧洲各个大国的夹缝中，一直是大国争夺和瓜分的对象。历史上该地区经常被大国兼并，是大国间讨价还价的筹码。在国际政治舞台上，原来的东欧从古至今都被大国作为称霸欧洲和世界的重点或起点，但是，国际大国在划定势力范围和构建世界体系的时候却极少考虑该地区民族或国家的利益与诉求，多半将它们当作讨价还价的筹码或争夺和控制的客体。

中东欧的空间位置和地形赋予它以鲜明的地缘政治功能。在历史上，这一地区构成了基督教在欧洲和欧亚腹地之间的"被挤压的地区"。在过去的几个世纪中，它被诸多相互冲突的国家所闯入和占领，成为各列强为其地缘政治目的所捕猎的对象，相继分属三个帝国：奥斯曼帝国、奥匈帝国和沙俄帝国。曾受奥斯曼帝国统治的包括：罗马尼亚人、保加利亚人、塞尔维亚人、马其顿人和阿尔巴尼亚人，以及居住在波黑境内的塞尔维亚人、克罗地亚人和穆斯林（到 1878 年）；曾被奥匈帝国控制的包括捷克人、波兰人、斯洛文尼亚人、匈牙利人、罗马尼亚人、克罗地亚人和塞尔维亚人，以及居住在波黑境内的塞尔维亚人、克罗地亚人和穆斯林（1878 年以后）；曾受沙俄帝国统治的是波兰人。帝国的统治者或是迫使这一地区的国家成为他们的臣民，或是在这里建立战略缓冲区。

二、"冷战"至东欧剧变初期中东欧地区的地缘政治

第二次世界大战后，根据《雅尔塔协定》，大多数中东欧国家被纳入苏联的势力范围，组成了所谓的苏联集团。在"冷战"的 40 多年间，苏联的霸权迫使绝大多数东欧国家实现了表面的统一。自中东欧国家加入社会主义阵营之后，它们自然地成为苏联与欧洲的一道屏障，被称为"铁幕"。以"铁幕"为界，一边是实行资本主义市场经济和宪政民主制度的西方集团，而另一边则是以苏联为首、实行建立在公有制基础上的集中计划经济和以一党制为核心的人民民主制的社会主义集团。从某种意义上来说，中东欧国家是社会主义东方阵营在西方的前沿阵地，是苏联模式在西方的桥头堡。

苏联的控制基于两个制度性的机构：华沙条约组织和经济互助委员会。形式上，它们是多边组织，但实际上，苏联通过与华约组织成员国领导人的一系列双边条约来发挥其影响，如 1956 年波兰波兹南事件、1980 年波兰团结工会事件。当这种渠道失效时，苏联就进行武装干预，结果出现了 1956 年匈牙利事件和 1968 年捷克斯洛伐克的"布拉格之春"。这种做法在面对"西方帝国主义的威胁"的环境下，维护了以苏联为首的"社会主义大家庭"的利益，抑制了地区或次地区潜在的冲突。客观地说，由于苏联集团的存在，绝大部分东欧国家没有真正的国家主权，而只是意识形态各异的苏联帝国的附庸和战略支点。

"冷战"结束后，地缘意义的东欧不复存在，取而代之的是地理位置上的中东欧。欧洲的这道"铁幕"被彻底推倒，欧洲地区的战略力量对比顷刻间发生了重大改变。随着中东欧国家倒向西方，以及随后华约、经互会解散直至苏联解体，社会主义集团的力量及其在世界格局中的影响大大削弱，第二次世界大战后形成的雅尔塔体系也宣告结束，同时，战后形成的以意识形态和社会制度为标志、以苏联为首的社会主义阵营和以美国为首的资本主义阵营对立的国际政治格局也已经结束。随着苏联的迅速瓦解，美苏两个超级大国称霸世界的时代也随之结束，世界开始向多个大国并存的多极化时代发展。

东欧剧变给欧洲大陆带来了巨大影响。首先，统一后的德国发展迅猛，

并且迅速成为欧洲政治经济版图上的重要角色。同时，受其影响的还有苏联及独立后的俄罗斯。其次，苏联解体在很大程度上源于东欧剧变，它大大削弱了苏联的政治经济影响力，同时，中东欧的民主剧变也加剧了苏联内部的分裂，促使波罗的海沿岸国家放弃苏联模式走上西方发展的道路。

对于中东欧各国本身来说，脱离苏联、回归欧洲不仅仅是放弃苏联模式、建立西方模式的制度选择，更是摆脱苏联民族压制、走向民族独立的过程。与第二次世界大战后被强制性纳入苏联社会主义阵营不同，中东欧国家加入欧洲，建立西方民主制度和市场经济的过程可以用"迫不及待"来形容。东欧剧变后，中东欧国家与苏联及其继承国俄罗斯的关系，以及中东欧各国之间的关系都发生了实质性的变化，建立在平等、互惠基础上的合作成为国家间关系的主流，而外交多边化、分散性的特点更加突出，不再是过去的集团化特征。在经济上，中东欧国家迅速融入欧洲经济一体化的进程，与西欧的经济联系日益密切，而与苏联国家的经济往来却骤然减少；同时，来自西欧的经济支持逐步成为连接西欧与中东欧国家的重要纽带，而中东欧市场的迅速开放也给西欧国家经济带来了新的增长点。在政治上，独立后的中东欧各国并未因苏联的解体而感到安全，加入北约成为寻求国家安全保障的出路。在中东欧各国纷纷提出加入北约之后，以美国为首的北约与俄罗斯之间的新仇旧怨便成为欧洲事务、国际关系及世界政治的焦点之一。可以说，在中东欧剧变发生的初期，俄罗斯的地缘政治力量同其在苏联时期相比有所削弱。此时的中东欧国家不仅受到俄罗斯的影响，还受到苏联其他新独立国家的影响，如乌克兰、白俄罗斯等。夹在中东欧与俄罗斯之间的其他苏联国家成为西方继续争夺的对象，在此过程中，中东欧国家充当了榜样和说客。

三、俄罗斯的中东欧政策调整对中东欧国家能源安全的影响

在"冷战"结束初期，俄罗斯采取一边倒的外交策略，维持了和中东欧冷和平的状态，保持对中东欧国家能源的稳定供给，此时能源安全问题暂时没有出现，双边发展处于平稳的状态。俄罗斯同中东欧国家之间并不存在根本的意识形态分歧，都竭力想向西方靠拢。在该阶段，中东欧各国从苏联进口的能源比例依然很高，此时中东欧国家能源安全问题并不显著。

"冷战"结束后，继承了苏联绝大部分遗产的俄罗斯的对外战略总体目标

是坚决融入西方和实行战略收缩。此时，俄罗斯优先考虑的是国内的改革和改善同西方大国的关系。对于与中东欧国家的关系，俄罗斯唯一明确的是坚决从中东欧地区后退，并没有做出积极、长远和明确的外交战略规划。对于中东欧国家来说，"冷战"后的一个对外战略目标就是避免重新受到俄罗斯的控制。历史经验表明，如何处理本国与俄罗斯的关系几乎成为所有中东欧国家外交的一个敏感问题，它们希望在保持与俄罗斯正常的国家关系的同时，自由地选择其他盟友，而不再充当俄罗斯与西方之间的"缓冲区"。同时，中东欧国家也尽量防止西方国家与俄罗斯签订任何有可能将其重新置于俄罗斯统治或势力范围的协议。为了从根本上保障自己的安全，几乎所有的中东欧国家都要求加入北约。

1993—1995年，俄罗斯调整对美欧的政策，反对北约东扩，与中东欧的关系空前紧张，能源供给安全问题凸显。

1993年，双方之间的矛盾和分歧开始增多，关系转冷。主要是由于俄罗斯坚决倒向西方的态度没有得到西方大国的回应，西方对于俄罗斯常常是口惠而实不至。同时，以美国为首的西方大国趁俄罗斯实施战略收缩的时候，向原华约国家渗透挤压俄罗斯的战略空间，使得俄罗斯的安全环境大为恶化，国际地位和影响急剧下降，引起俄罗斯国内民族主义情绪的强烈反弹。至此，俄罗斯的外交政策开始出现转变，在处理同中东欧国家关系的政策上趋于强硬，坚决反对中东欧国家加入北约。这种紧张的关系一直持续到了1995年下半年。

1995年下半年至1997年7月，中东欧国家同俄罗斯的关系开始回暖。在俄罗斯的坚决反对和欧盟国家对中东欧疑虑的情况下，西方一再拖延接纳中东欧国家加入欧盟和北约的时间。

于是，中东欧国家一方面开始努力向西方国家游说，希望早日确立接纳日程；另一方面开始转变对俄罗斯的态度，调整对俄政策，取得俄罗斯的信任。它们在继续坚持加入北约和欧盟这两个基本目标的同时，强调同俄罗斯保持友好外交关系的重要性。

好景不长，1997年7月，北约不顾俄罗斯的强烈反对，正式于1999年接纳波兰、捷克和匈牙利三国，使得俄罗斯同中东欧的政治合作受到巨大影响。之后，俄罗斯又经历了金融危机，再加上因科索沃战争与西方交恶，俄罗斯与中东欧国家的关系一度跌至谷底。

2000年，普京上台后，开始对俄罗斯的国家实力和国际地位进行重新定位，调整整个国家对外战略。其外交主要是以经济利益为中心的实用主义外交和以地缘政治利益为中心的大国均衡外交，坚持国家利益至上的原则。通过淡化政治分歧，增强高层互访，推动经贸领域尤其是能源领域合作的深入，使得俄罗斯与中东欧的关系进入了一个新的阶段。同时，普京利用俄罗斯能源种类多样且储量丰富的优势，开展能源外交政策，对不同国家采取不同的能源政策，造成中东欧国家能源供给安全的差异性。对亲俄国家开展能源合作，保证能源优先供给；对反俄的国家实施能源制裁，通过抬高能源价格、限制出口量、断气断油等措施针对反俄国家，使得能源安全差异显著。以亲俄派塞尔维亚和反俄派波罗的海三国为例进行讨论。俄罗斯同塞尔维亚的能源合作一直持续不断。俄罗斯天然气工业石油公司控股塞尔维亚石油工业公司后，控制了塞尔维亚大量油气资产，包括在塞尔维亚和波黑开采碳氢化合物（相当于 150 万吨石油），在潘切沃和诺维萨德的两家炼油厂（年生产能力为 730 万吨，占塞尔维亚年需求量的 85%）；控制了塞尔维亚 70% 的零售市场，包括 480 座自动加油站和油罐区。对塞尔维亚而言，与俄罗斯合作使它成为俄罗斯天然气在欧洲的过境运输国、大型储气中心和知名的石油产品生产国。2011 年 3 月，俄罗斯天然气工业石油公司批准了其与塞尔维亚合资公司的长期发展战略，大幅增加企业的业务规模。该战略的基本内容是：到 2020 年，石油开采量要比 2010 年增长 306%，加工量增长 75%，通过主营渠道实现石油产品达到 500 万吨，成为主导巴尔干市场的企业。2006 年，俄罗斯借口其境内石油管道泄漏切断对立陶宛的石油输送，在与其关系淡漠的波罗的海三国身上"小试牛刀"。随后，俄罗斯又以按国际市场价格交易为由调整能源供应政策，引发了与乌克兰、格鲁吉亚间的天然气问题争端，并以"断气"向两国政府施压，敲打了"颜色革命"后明显导向西方的乌克兰、格鲁吉亚和摩尔多瓦等国，震撼了欧盟和整个世界。

2004 年 5 月 1 日，欧盟实现了有史以来规模最大的扩盟，波兰、捷克、匈牙利、斯洛文尼亚、斯洛伐克、塞浦路斯、马耳他、拉脱维亚、立陶宛和爱沙尼亚十个国家同时加入欧盟。2007 年 1 月 1 日，保加利亚和罗马尼亚加入欧盟。2013 年 7 月 1 日，克罗地亚加入欧盟。同时，欧盟还将土耳其、马其顿、黑山列为欧盟候选国，同阿尔巴尼亚、塞尔维亚、波黑签订了《稳定与联系协议》。欧盟的这一系列举措使得欧洲的地缘政治发生了重大变化，俄欧之间失去了战略缓冲带，真正形成"零距离"接触。从总体上来说，中东欧国家与俄罗斯的关系呈现稳定中转暖的态势。在中东欧国家依次加入北约和欧盟之后，双方的关系已经不再局限于单个国家间的交流，而是上升到了欧盟、北约与俄罗斯错综复杂的政治经济对话层面。

四、欧盟的中东欧政策对中东欧国家能源安全的影响

中东欧国家在摆脱苏联的控制后，立即踏上了"回归欧洲"的西化之路。大部分中东欧国家选择了民主化先行的转型道路，即在放弃社会主义道路的前提下进行政治经济制度转型。在转型的同时，中东欧国家也面临着另一双重任务：一是加入北约，有效地保护自身的国家安全，以免受到苏联（俄罗斯）的威胁；二是加入欧盟实现经济一体化，为经济上的发展寻求支持和动力。与此同时，以法、德为核心的西欧国家以经济援助为手段，不断向中东欧国家施压，力争从外部影响中东欧国家，推动它们按照西方的标准进行改革，以条约的形式改善和巩固同中东欧国家的关系。从 1988 年 9 月到 1991 年 3 月，欧共体与所有的中东欧国家都签订了双边贸易和合作协定，并向波兰、捷克和匈牙利提供了普遍优惠制。至此，欧共体单方面向所有中东欧国家提供了相比贸易协定更加优惠的关税减让和配额。除了签订贸易协定，给予中东欧国家非对称的贸易优惠外，欧共体还对中东欧国家的经济重组给予金融和技术援助，通过 24 国集团向中东欧提供多边援助，并制订了专门向中东欧援助的计划——"法尔计划"。

但西欧国家所做的这些努力并不能使中东欧国家完全满意。这主要是因为中东欧国家对于加入欧盟期待过高，带有一种理想化的盲目乐观，认为一旦完成了国家内部的转轨，融入欧洲就轻而易举了，但实际上，中东欧同西欧的巨大差距根深蒂固，在短时间内难以弥补。同时，东欧剧变发生得过于突然，西欧国家面对这一转变没有足够的反应时间和应对机制，也没有过去的经验可以参考借鉴，因此无法制定出一个对中东欧国家的总体战略。再加上在西欧的外交日程上，俄罗斯的重要性远远大于中东欧，致使对于中东欧国家提出的诉求西欧往往需要考虑俄罗斯的态度。西欧对于中东欧国家的态度往往是在中东欧要求和俄罗斯要求相互权衡下的产物。同时能够做到不让中东欧国家和俄罗斯失望，这是非常困难的。1999 年科索沃战争的爆发，使得欧盟认为"扩大"乃是"赢得和平与稳定"的最佳途径，于是在同年 12 月的赫尔辛基首脑会议上，开始与中东欧国家就加入欧盟进行谈判。在此期间，中东欧国家进一步深化国内政治经济改革，加快转轨步伐，以此达到欧盟对其的要求。2003 年，大部分中东欧国家签署宣言支持美国进军伊拉克的军事

行动，被看作中东欧国家向欧盟示好的举动。2004 年 5 月 1 日，经过长达十年的社会转型，中东欧 8 国终于如愿以偿，正式加入欧盟。

纵观整个"冷战"后时代中东欧与欧盟的关系可以发现，整个过程始终围绕着中东欧不断融入欧盟，并最终成为欧盟一员这一主题。在此过程中，中东欧在政治经济体制方面不断向欧盟靠拢，同时欧盟内部也在机构设置、决策机制方面做出调整，以接纳中东欧的新成员。应该注意到，在中东欧国家加入欧盟的过程中，欧盟都是与所有候选国进行双边谈判，评价的标准体系都是由欧盟来决定，候选国没有选择的余地，只有被动地接受。

五、美国的中东欧政策对中东欧国家能源安全的影响

（一）北约东扩政策对中东欧国家能源安全的影响

东欧剧变后，中东欧国家开始自主选择社会制度和发展方向，成为真正意义上的国际关系主体。在回归欧洲的同时，为实现早日加入北约的战略目标，中东欧国家纷纷致力加强或调整同美国的战略关系。1990 年以来，美国与中东欧国家关系的演化大体经历了四个阶段。第一阶段，1990—2002 年为中东欧国家转型初期的乐观时期；第二阶段，2003 年因绝大多数中东欧国家支持美国的伊拉克政策而显示出与美国的政治团结，被美国国防部长称赞为"新欧洲"；第三阶段，2004—2009 年，中东欧国家因不满美国在战后对中东欧国家的待遇以及美国与俄罗斯关系"重启"，中东欧国家表示不同程度的担忧；第四阶段，2013 年乌克兰危机爆发后，美国宣称要重返欧洲，并重申对中东欧国家的安全承诺。从总体上来看，"冷战"之后中东欧国家同美国的关系是不断升温的。许多中东欧国家已经成为美国在欧洲、亚洲展开军事行动的支持者和参与者，成为美国影响"欧洲"的重要渠道，并成为美国单边主义的支持者。在支持美国参与伊拉克战争上，中东欧国家亲美态度十分明显，这主要是出于如下考虑：其一，美国在欧洲安全事务上将长期扮演重要角色；其二，美国与伊拉克的军事实力悬殊；其三，中东欧国家可以参与战后重建的利益分配。虽然中东欧国家的亲美外交实践受到美国的欢迎，但是美国的决策者们也很清楚，虽然一些中东欧国家在许多问题上愿意采取大西洋主义立场是有意识的战略选择，尽管中东欧国家的大西洋主义因素根植于地理、20 世纪的历史和民族自我利益，但这些因素并非一成不变。随着时间的推移，中东欧国家同美国的关系将

基于更加务实的选择和国家利益。北约东扩使中东欧国家与美国的关系变得更加紧密，这无疑会激怒俄罗斯方面，使其采取有关的能源措施来施加压力，导致中东欧能源安全再次蒙上阴云。

（二）欧盟的共同能源外交政策

在东欧剧变后，中东欧国家纷纷进行了社会方面的转型以达到进入欧盟的标准。截至 2015 年底，中东欧 16 国已有 10 国加入了欧盟，其余国家也在积极申请的过程中。欧盟是世界上非常重要的经济实体和能源市场，同时也是世界上重要的能源进口方，拥有超过 4.5 亿的消费者，其能源消费量占世界总消费量的 14%~15%，但是欧盟自身能源蕴藏量很小。据统计，欧盟成员国只拥有世界煤炭探明储量的 7.0%、石油探明储量的 0.6% 和天然气探明储量的 2.0%，并且油气探明储量大部分集中在北海，开采条件十分恶劣，开采成本高昂，在能源无法自给自足的情况下，为了维持发达的经济和较高的生活水平，欧盟必须依赖外部能源进口。2006 年初，俄乌天然气争端后，欧盟内部认识到过度依赖能源进口对于能源安全的不良影响，开始采取共同能源外交政策。面临日益复杂、充满挑战的对外能源形势，欧盟委员会于 2006 年 3 月发表了关于确保能源供应安全的绿皮书《关于可持续、竞争性及安全能源的欧洲战略》，首次提出将能源纳入欧盟一系列对外政策框架内，强调了统一对外能源政策的重要性，认为"一项团结一致的欧盟对外能源政策对实现可持续的、有竞争力的和安全的能源战略来说是必不可少的"，团结、一体化、互助、可持续性、有效性和创新是欧洲能源政策的首要任务，并提出建立"泛欧能源安全共同体"的主张。2007 年 3 月 9 日在欧盟首脑会议上，成员国达成战略共识，通过了《欧盟理事会主席国结论：欧洲能源政策》。2007 年 10 月 19 日在欧盟非正式首脑会议上通过了《欧盟宪法条约》的修改版——《里斯本条约》。2009 年 11 月 3 日，捷克总统宣布已经签署了《里斯本条约》，成为 27 个成员国中最后一个签署国，至此，《里斯本条约》正式生效。《里斯本条约》第一次以法律形式加入了能源政策以及应对环境挑战的内容。随着地缘政治因素对欧盟能源安全影响的增强，欧盟开始在市场方式和以权力政治为基础的地缘政治之间寻求平衡，以便有效增强欧盟用"一个声音"参与国际能源竞争的意识和能力，通过共同能源政策和共同能源外交去化解外部能源风险，提升欧盟整体竞争力和可持续发展水平。大多数中东欧国家是后来加入欧盟的，它们通过欧盟这一共同组织采取能源政策行为对于能源安全有一定的保护作用。

第三节　影响中东欧国家能源安全的地理环境和自然条件

一、中东欧的地理界定

中东欧是中欧和东欧的简称，它作为一个地缘政治概念，泛指欧洲大陆地区受苏联控制的前社会主义国家。现在地理位置意义上的中东欧是由"冷战"期间的地缘政治上的东欧演变而来的，很难对其做出明确的绝对地理界定。从地缘政治角度来说，东欧国家是在第二次世界大战之后约定俗成的称谓，很大程度上是一种受特定时空规范的政治概念，指的是那些战后建立起人民民主制度并且随后走上社会主义道路的国家，包括波兰、捷克斯洛伐克、匈牙利、民主德国、罗马尼亚、保加利亚、阿尔巴尼亚和南斯拉夫等。但是，在地理位置分布上，波兰、捷克斯洛伐克、匈牙利、民主德国属于中欧国家，罗马尼亚、保加利亚、南斯拉夫和阿尔巴尼亚属于东南欧国家。东欧国家都属于中小国家，领土面积加在一起才133万平方千米，人口总数为1.5亿人。自1989年起，东欧国家发生一系列剧变。民主德国和联邦德国合并形成新的德国，南斯拉夫社会主义联邦共和国分裂为斯洛文尼亚、克罗地亚、马其顿、波斯尼亚和黑塞哥维那以及南斯拉夫联盟共和国等五个国家；捷克斯洛伐克和平分为捷克共和国和斯洛伐克共和国，黑山与塞尔维亚分别独立成国。我国学者将这一历史事件称为"东欧剧变"，并将剧变后的东欧国家称为中东欧国家。至此，原来的东欧8国就变成了16国，具体见表3-2。

表3-2　中东欧各国国土面积和人口总数

国家	领土面积（平方千米）	人口总数（万人）
波兰	312 685	3 795.8318
匈牙利	93 032	976.9526
捷克	78 866	1 069.3939
斯洛伐克	49 037	545.7873
保加利亚	110 912	695.1482
罗马尼亚	238 391	1 931.7984

国家	领土面积（平方千米）	人口总数（万人）
斯洛文尼亚	20 273	209.5861
克罗地亚	56 538	4 058.1650
塞尔维亚	77 474	692.6705
波黑	51 197	35.0355
马其顿	25 333	207.6225
黑山	13 812	62.1873
阿尔巴尼亚	28 748	284.5955
爱沙尼亚	45 227	132.8976
拉脱维亚	64 589	190.7675
立陶宛	65 300	279.4090
总计	1 331 414	15 167.8487

资料来源：互联网、欧盟统计局。

本书将中东欧划分为三大区域，共 16 个国家：狭义的中欧国家，即波兰、匈牙利、捷克、斯洛伐克；东南欧国家（主要是指巴尔干地区），即保加利亚、罗马尼亚、斯洛文尼亚、克罗地亚、塞尔维亚、波黑、马其顿、黑山和阿尔巴尼亚；波罗的海沿岸三国，即爱沙尼亚、拉脱维亚、立陶宛。

二、中东欧的地理环境和自然条件

从地形上来看，中东欧地区整体从北到南呈阶梯形，具有平原—丘陵山地—山系的地貌特征。中东欧地区北部以东欧平原和波德平原最为突出，中部耸立着喀尔巴阡山脉和迪纳拉山脉，最南部的巴尔干半岛与地中海和里海相连。

东欧平原位于欧洲东部，北起白海和巴伦支海，南抵黑海、亚速海、里海和高加索山，西接斯堪的纳维亚山脉、中欧山地、喀尔巴阡山脉，东邻乌拉尔山脉。该平原能源丰富，有世界著名的顿巴斯煤田、第二巴库油田。煤主要分布在乌克兰的顿巴斯、波兰的西里西亚以及德国的鲁尔区与萨尔等地区。依托这些地区丰富的煤炭资源，形成了具有相当规模的煤田开采区。

喀尔巴阡山脉位于欧洲中部，在多瑙河中游以北，是中东欧地区最为主要的山脉之一。西起奥地利与斯洛伐克边界的多瑙河峡谷，向东呈弧形延伸，经波兰、乌克兰边境至罗马尼亚西南的多瑙河谷的铁门峡谷。喀尔巴阡山多为断块山地，地势普遍不高，主要可分为三条地质构造带：外带由页岩、砂岩组成，为山顶浑圆、山坡平缓的中山地貌；中带由结晶岩和变质岩构成，地势较高，多呈块状山；内带为火山岩构成的山脉。外侧山麓地带分布石油、天然气、褐煤等。位于罗马尼亚境内的特兰西瓦尼亚高原位于喀尔巴阡山和阿普塞尼山之间，蕴藏着丰富的天然气。石油储量最为丰富的地方是罗马尼亚的喀尔巴阡山脉、北海以及沿岸地区。波兰的亚斯沃、克罗斯诺油田以及罗马尼亚的以普洛耶什蒂为中心的大油田都是凭借其特有的自然条件发展起来的油田。在捷克、斯洛伐克和匈牙利的西喀尔巴阡山脉的低洼地区发现有褐煤，在罗马尼亚南喀尔巴阡山脉则开采出了一些烟煤。

巴尔干半岛是欧洲南部的三大半岛之一，主要位于南欧东部。西临亚得里亚，东接黑海，南濒伊奥尼亚海（地中海的一个海湾）和爱琴海，东南隔黑海与亚洲相望，北以多瑙河、萨瓦河为界，西至里雅斯特，面积约为50.5万平方千米，包括阿尔巴尼亚、波斯尼亚和黑塞哥维那、保加利亚、希腊、马其顿等国家的全部国土，以及塞尔维亚、黑山、克罗地亚、斯洛文尼亚、罗马尼亚、摩尔多瓦、乌克兰与土耳其的部分土地。半岛地处欧、亚、非三大陆之间，是联系欧亚的陆桥，南临地中海重要航线，东有博斯普鲁斯海峡和达达尼尔海峡扼黑海的咽喉，地理位置极其重要。巴尔干半岛与欧洲大陆相连，交通便利。半岛上的山脉主要属于阿尔卑斯山的支脉，半岛约7/10为山地，仅北部和东部有平原、低地，交通干线多沿谷地通过。除多瑙河和萨瓦河外，其他河流大多短小，水流湍急，水力资源丰富。煤和石油等少量能源存在于该区域。

从总体来看，中东欧地区16国的能源资源总量较少且种类较为单一。各种能源类型中只有煤炭资源相对比较丰富，石油、天然气储量严重不足。另外，能源基本密集分布在少数几个国家，比如罗马尼亚、波兰、匈牙利和捷克等，有些国家比如立陶宛、保加利亚、马其顿等自身能源总量少，种类也相对单一，自身能源供给无法满足需求，因此对外能源依赖程度极大。北部的波兰由于地处波德平原，煤炭和天然气资源相对丰富，西里西亚地区盛产煤，亚斯沃、克罗斯诺油田则大量生产石油。中部喀尔巴阡山脉含有少量的煤炭资源。罗马尼亚蕴含丰富的天然气。按能源种类来说，煤炭方面，波兰和捷克的硬煤储量较为丰富，保加利亚、匈牙利、波兰以及罗马尼亚的褐煤储量相对可观；石油方面，只有罗马尼亚原油储量较为丰富；天然气方面，只有罗马尼亚有一定的储量；水利方面，只有阿尔巴尼亚、罗马尼亚和斯洛文尼亚等靠近地中海的国家具备较强的水电生产能力。

三、周边地区的能源蕴藏情况

中东欧地理位置的特殊性决定了在考虑该地区的能源安全问题时，有必要考虑其周边地区尤其是俄罗斯的能源情况。

俄罗斯地跨欧、亚两大洲，位于欧洲东部和亚洲大陆的北部，其欧洲领土的大部分是东欧平原。北临北冰洋，东濒太平洋，西接大西洋，西北临波罗的海、芬兰湾。俄罗斯是世界上面积最大的国家，地形主要以平原和高原为主。地势南高北低，西低东高。西部几乎全部属于东欧平原，向东为乌拉尔山脉、西西伯利亚平原、中西伯利亚平原、北西伯利亚低地和东西伯利亚山地、太平洋沿岸山地等，西南为高加索山脉。依托地理优势，其自然资源储量相当丰富。俄罗斯有世界最大储量的能源资源，是世界上最大的石油和天然气输出国。截至 2012 年 1 月 1 日，俄罗斯的 C1 类石油可开采储量为 178 亿吨，C2 类石油可开采储量为 102 亿吨（约合 870 亿桶）。C1 类天然气储量为 48.8 万亿立方米，C2 类天然气储量为 19.6 万亿立方米。俄罗斯的天然气储量居世界首位，其石油储量仅落后于委内瑞拉和海湾国家。根据《俄罗斯 2020 年前能源发展战略》介绍，俄罗斯石油的传统产区集中在西伯利亚、北高加索等地区，而随着新产地的发现和开发，未来 20 年石油产区还将向欧洲北部的季曼—伯朝拉地区、东西伯利亚地区、俄南部的里海沿岸地区发展。俄罗斯天然气传统产区主要集中在西西伯利亚远东地区，2002 年西西伯利亚天然气产量占俄罗斯天然气总产量的 80%。未来 20 年，俄罗斯将开发东西伯利亚、远东、欧俄北部（包括北冰洋大陆架）和亚马尔半岛等新油气产区，其中亚马尔—涅涅茨自治区的天然气储量占俄罗斯总储量的 72%，今后将成为天然气开采的长期战略主导区。

一方面，从中东欧国家和俄罗斯能源供求匹配的自然属性来看，俄罗斯丰富的能源储量同中东欧国家相对匮乏的能源储量形成了强烈的互补，能源种类单一且数量较少的中东欧国家自然而然地将俄罗斯视为能源的重要提供国。由表 3-3 可知，半数左右的中东欧国家能源净进口达到了 50.00% 以上。

表 3-3　2005—2018 年中东欧各国的能源净进口（占能源使用量的百分比）

（%）

国家	2005 年	2010 年	2011 年	2012 年	2013 年	2014 年	2015 年	2016 年	2017 年	2018 年
保加利亚	47.34	40.15	36.73	36.85	38.32	35.17	36.45	38.47	39.36	36.38
捷克	27.85	25.31	28.72	25.28	27.40	30.09	31.85	32.56	37.16	36.75
爱沙尼亚	28.20	59.99	61.80	61.22	62.41	61.78	62.13	63.75	63.96	63.57
克罗地亚	52.56	46.68	49.63	49.85	47.43	44.20	48.78	48.42	53.14	52.70
拉脱维亚	63.84	45.55	59.86	56.39	55.88	40.59	51.18	47.15	44.05	44.31
立陶宛	55.33	79.05	78.60	77.53	75.56	74.94	75.45	74.78	71.97	74.25
匈牙利	62.25	56.93	50.27	50.15	50.12	59.85	53.88	55.82	62.54	58.06
波兰	17.75	31.58	34.03	22.46	26.27	29.44	29.88	30.79	38.30	44.80
罗马尼亚	27.47	21.39	21.13	22.46	18.32	16.66	16.69	21.90	23.30	24.29
斯洛文尼亚	52.48	49.54	48.58	52.09	47.77	45.49	49.72	49.30	51.02	51.30
斯洛伐克	65.99	64.45	65.93	61.63	60.83	62.14	60.10	60.55	64.85	63.68
黑山	42.48	26.40	36.22	34.27	23.48	29.92	30.08	34.93	40.94	30.90
马其顿	42.76	44.01	45.62	48.19	46.73	51.55	52.53	58.95	56.46	58.68
阿尔巴尼亚	49.71	28.90	35.66	15.63	25.30	28.72	12.63	20.16	38.23	21.14
塞尔维亚	36.61	33.52	30.45	27.94	24.09	27.94	27.69	29.73	33.82	34.64

资料来源：欧盟统计局。

　　另一方面，地理位置上的接近使不少中东欧国家成了俄罗斯向欧洲输送能源的管道过境国。这为能源管道过境国提供了很大的能源便利，在一定程度上缓解了能源管道过境国的能源安全压力。俄罗斯向欧洲出口能源势必要经过中东欧国家，比如与其接壤的波罗的海三国：爱沙尼亚、拉脱维亚和立陶宛，向西运输能源需要通过波兰、捷克、斯洛文尼亚等国，向南则需经过匈牙利、罗马尼亚、波斯尼亚和黑塞哥维那等国家。俄罗斯现有和拟建石油管道主要技术参数见表 3-4。

表 3-4　俄罗斯现有和拟建石油管道主要技术参数

管道名称	输送量（百万吨/年）	长度（千米）
现有管道		
"友谊"管道系统	30~74	3 559

管道名称	输送量 （百万吨/年）	长度 （千米）
波罗的海管道系统	50～60	793
阿特劳—萨瓦拉管道	15	697
巴库—新罗西斯克管道	5～50	1 463
里海管道	28～67	1 510
拟建管道		
"友谊—亚得里亚"管道	5～15	287
东西伯利亚—太平洋管道	30～50	2 377
西西伯利亚—巴伦支海沿岸管道	24～30	470
布尔加斯（宝）—亚历山德鲁波利斯（希）管道	15～35	320
巴库—第比利斯—杰伊汉管道	50	1 900

资料来源：能源宪章秘书处和国际能源机构资料。

　　由于中东欧大部分国家都已经加入欧盟，故以欧盟现有的 27 个成员国的地理范围为研究基准，根据重要天然气管道的修建时间和双方能源的贸易量，俄罗斯与欧盟的能源合作大概可以划分为三个阶段。第一阶段以"兄弟"天然气管道的修建为时间节点，时间跨度为 20 世纪 40 年代中期至 1967 年。早在 20 世纪 40 年代中期，来自俄罗斯的天然气就已经出口到波兰，在随后的 20 多年里，由于缺乏天然气运输管道，俄罗斯向波兰出口天然气的数量比较少，20 年内的总量仅达到约 56 亿立方米。第二阶段以"亚马尔—欧洲"天然气管道的修建为时间节点。随着 1967 年长达 600 公里连接苏联和捷克斯洛伐克的"兄弟"管道的铺设完工，从俄罗斯向西方出口的天然气数量大幅攀升。亚马尔—欧洲输气管线是目前世界上最长的输气管线之一，长度为 5 952 公里，钢材用量为 803.3×10^4 吨，有一个天然气净化厂，34 座压气站。该条管线将西伯利亚亚马尔半岛的天然气经由白俄罗斯、波兰输往德国东部，并与西欧的天然气管网联通，于 20 世纪 80 年代后期研究立项，1994 年开始筹建，1998 年一期工程启动，1999 年 10 月新干线贯通白俄罗斯，同时波兰的支线建成，形成了每年 300×10^8 立方米的输气能力。第三阶段以"南溪"天然气管道的修建为时间节点，同前两个项目相比，"南溪"天然气项目开展得十分不顺利，这对于其过境受益国而言是一个不好的消息。

2007 年 6 月，俄罗斯天然气工业股份公司（以下简称"俄气"）与意大利埃尼公司签署备忘录商定建设"南溪"天然气管道。管道拟从俄罗斯克拉斯诺达尔边疆区开始穿越黑海海底，从保加利亚港口瓦尔纳上岸，在保加利亚境内分为两支：一支向西北进入塞尔维亚、匈牙利、克罗地亚、斯洛文尼亚和奥地利等国，一支向西南进入希腊和意大利。

2008 年，俄罗斯启动"南溪"管道项目。1 月，俄气与埃尼公司按等比原则在瑞典注册专门实施"南溪"管道海底部分的南溪运输 AG 公司。2008—2011 年，经过艰苦谈判，俄罗斯政府分别与奥地利、保加利亚、塞尔维亚、匈牙利、希腊、斯洛文尼亚和克罗地亚等国签署了项目实施的政府间协议；俄气则相应与上述国家的国有公司签署了企业间协议，分别设立了合资管道公司，负责各国境内段的建设和运营。

2011 年 9 月，南溪运输 AG 公司股东签署协议，德国 Wintershall 公司（BASF 的子公司）与法国 EDF 公司分别获取管道海底铺设合资公司 15%的股份，埃尼公司相应减持 30%，此公司的股权结构变为：俄气持股 50%，埃尼公司持股 20%，Wintershall 公司持股 15%，EDF 公司持股 15%，德国、法国也成为"南溪"管道的利益方。

尽管与管道过境国及相关企业的谈判非常艰难，且有来自欧盟方面的重重阻力，但俄气坚定不移地推进"南溪"管道项目。2012 年 10—11 月，"南溪"管道在塞尔维亚、匈牙利、斯洛文尼亚、保加利亚的合资公司及负责海底建设的合资公司分别通过了管道项目建设的投资决定。2012 年 12 月 7 日，"南溪"管道项目正式在俄罗斯克拉斯诺达尔边疆区黑海城市阿纳帕开工建设，计划于 2018 年投产供气；2013 年 10 月 31 日，保加利亚境内段开焊；2013 年 11 月 24 日，塞尔维亚境内段开工建设。

乌克兰危机爆发后，俄欧关系持续恶化，"南溪"管道项目遇阻。2014 年 12 月 1 日，俄罗斯总统普京在访问土耳其时表示，由于欧洲国家的反对，俄罗斯将停止建设"南溪"管道。但普京同时表示，俄罗斯放弃"南溪"管道并非放弃欧洲天然气市场，由于途经乌克兰输气有风险，俄罗斯将拓展俄罗斯和土耳其间已有的"蓝溪"管道并新建一条管道（这条新管道被称作"土耳其流"管道），通过土耳其向欧洲出口天然气。

在提出"南流"输气管道计划的同时，俄罗斯还提出了从北面绕过陆上过境国，从海上直到欧洲的"北溪"管道计划。该管道从俄罗斯圣彼得堡的维堡港口出发，经过芬兰港和波罗的海海底直达德国的格拉芙斯瓦尔德港口，再通过输气管道运往其他欧洲国家。"北溪"管道计划的提出与俄罗斯在北线天然气出口方面遇到的阻力有关。俄罗斯的"友谊"石油管道和"亚马尔—欧洲"输气管道都过境波兰,而"俄罗斯—北欧"输气管道和一部分石油管道则要经过波罗的海三国(立陶宛、拉脱维亚和爱沙尼亚)。俄气曾多次要求它们减少过境费用,可结果却适得其反,因此这几个国家与俄罗斯的关系并不融洽,俄罗斯也曾几度减少对这几国的油气供应和过境量。

俄罗斯方面通过能源管道的铺设以及对能源过境国"断气""断油",借机敲打欧盟国家,大部分中东欧国家作为近年加入欧盟的新成员,自然也受到影响,能源安全受到威胁。以2006年初的俄乌"斗气"为例,奥地利、克罗地亚经由乌克兰的俄罗斯天然气供应量减少了大约1/3,匈牙利减少了40%,罗马尼亚减少了近1/4,斯洛伐克减少了近30%。2008年,俄乌围绕天然气债务问题再起争端,俄罗斯于2009年1月全面中断了对乌克兰的天然气供应,俄乌再次"斗气"致使至少17个欧洲国家的天然气供应受到不同程度的影响,俄罗斯经由乌克兰输送至匈牙利、马其顿、土耳其、保加利亚、罗马尼亚、克罗地亚、波斯尼亚和塞尔维亚等9国的天然气完全中断。显然,俄罗斯的态度对于中东欧国家的能源安全产生了重大的影响。

除了供求匹配的自然属性和地理位置邻近的因素之外,中东欧国家同苏联的能源合作也促进了中东欧国家与俄罗斯的能源联系。俄罗斯与欧盟通过能源管道进行能源贸易合作有着很深的历史渊源。自20世纪以来,俄罗斯一直通过其能源管道向欧洲国家出口能源,甚至在东西方关系最为紧张的时候,如东欧剧变、苏联解体的时候,俄罗斯通过能源管道向欧洲出口的能源都没有中断过。在苏联时期,苏联帮助中东欧国家建设能源管道与基础设施,使得中东欧大多数国家形成了一定的路径依赖。自苏联时期开始,中东欧就是俄罗斯能源的主要消费国和进口国。更为重要的是,中东欧国家对于俄罗斯的这种高度能源依赖至今仍在延续。

俄罗斯在石油和天然气上垄断了大部分中东欧国家市场。2008年斯洛伐克对于俄罗斯石油的依赖程度较高,匈牙利次之。对俄罗斯天然气依赖程度较高的国家有匈牙利、捷克和波兰,而斯洛伐克、保加利亚、罗马尼亚的天然气完全依赖从俄罗斯进口。由于石油供应来源相对灵活,各国也可建立战略储备,这使中东欧国家对石油需求的紧迫性可能稍低于天然气,但这仍无力改变中东欧国家对俄罗斯能源进口依赖的现实。

四、中东欧的地理环境和自然条件对能源安全的影响

中东欧地区大多数国家国土面积较小，自然资源相对缺乏，少数能源较为丰富的国家能源结构也较为单一，天然能源以煤炭为主，石油、天然气资源极为稀缺。由于地理位置的特殊性，中东欧大多数国家都选择从俄罗斯进口能源，对外能源依赖程度很大，对于国家能源安全极其不利。以能源相对丰富的波兰为例，在波兰的能源结构中煤炭居首位，约占能源比例的74%，石油约占15%，其余资源则大多为天然气。波兰的煤炭资源在东欧国家中得天独厚，较为丰富。已探明的煤储量在1000亿吨左右，其中褐煤的储量约在300亿吨。波兰煤矿的地质条件比较好，煤层有40%的厚度在2~8米，这个煤层厚度特别有利于煤矿的开采。波兰的煤炭除了满足国内自身需要外，也是出口换汇的主要商品，其出口国家既有匈牙利、捷克、斯洛伐克和罗马尼亚等中东欧国家，也有瑞典、法国、意大利、丹麦和奥地利等西欧国家。无论在产煤量还是在出口量方面，波兰都位居前列。但是，波兰的石油和天然气资源储量并不丰富。20世纪80年代后期，波兰的石油年产量只有约20万吨，天然气产量只有60万立方米左右。石油和天然气的产量远远低于国内的需求量，因此波兰每年需要大量进口石油和天然气，其中最主要的进口国就是俄罗斯。波兰是中东欧国家能源状况的一个缩影，自然条件的先天不足使得其能源依赖进口，这是中东欧国家能源安全自身方面的问题。

第四节　影响中东欧国家能源安全的民族民主因素

一、中东欧是民族多样性的"活化石"

中东欧之所以可以成为一个单独区域，与该地区的民族分布"马赛克"现象和其复杂的宗教种类密不可分。中东欧地区作为东西方民族、文化和宗教的交汇处，既发生过激烈的民族斗争、文化碰撞和宗教冲突，也促进了东西方民族、文化和宗教的融合。该区域民族的文化和宗教兼有东西方的特点。另外，这些国家大多属于多民族国家，国土狭小，人口稀少，民族数量众多，宗教信仰各异，文化背景多样，易于产生错综复杂的民族矛盾和民族冲突。与此同时，在历史上中东欧国家长期处于异族占领和压迫

之下，一些国家或领土多次易手，导致边界多次变更，遗留的领土和边界问题、境外少数民族问题较多。欧洲列强对中东欧国家的长期争夺和占领，以及第一次世界大战后的英、法和第二次世界大战后的苏、美出于自身利益而对中东欧国家的边界进行了划分，直接造成了大多数中东欧国家内部民族杂居的局面。

东欧境内民族种类复杂繁多，有几十个民族，仅南斯拉夫一国就有 20 多个民族，直到第一次世界大战前的几个世纪中，这些民族还分属于不同的帝国统治，未能形成统一的民族国家。如历史上长期受奥匈帝国统治的有斯洛文尼亚、克罗地亚、捷克斯洛伐克和匈牙利；受奥斯曼土耳其帝国统治的有塞尔维亚、黑山和波黑地区、马其顿和保加利亚；在日耳曼人统治下的有捷克等。具体见表 3-5。第一次世界大战之后，随着奥斯曼帝国和奥匈帝国的崩溃，现代的东欧国家才大致形成。因此，这些国家的民族统一历史渊源不深，民族凝聚力不强，各民族在文化、语言、宗教和风俗习惯方面有着很大的差异。

表 3-5　中东欧 16 国现阶段民族状况

国家	主要民族数量（个）	主要民族
波兰	6	波兰族（98%），还有德意志、乌克兰、俄罗斯、立陶宛、犹太等少数民族
捷克	5	捷克族（90%），其他民族有摩拉维亚族、斯洛伐克族、德意志族和波兰族等
斯洛伐克	7	主要民族为斯洛伐克族，占人口总数的 80.7%，匈牙利族占 8.5%，罗姆族（吉卜赛）占 2%，其余为乌克兰族、日耳曼族、波兰族和俄罗斯族
匈牙利	7	主要民族为匈牙利（马扎尔）族，约占 90%。少数民族有斯洛伐克、罗马尼亚、克罗地亚、塞尔维亚、斯洛文尼亚、德意志等族
斯洛文尼亚	3	主要民族为斯洛文尼亚族，约占 83%。少数民族有匈牙利族、意大利族和其他民族
克罗地亚	7	主要民族为克罗地亚族（89.63%），其他为塞尔维亚族、波什尼亚克族、意大利族、匈牙利族、阿尔巴尼亚族、捷克族等
波斯尼亚和黑塞哥维那	3	波什尼亚克族（即原南斯拉夫时期的穆斯林族），约占总人口的 43.5%；塞尔维亚族，约占总人口的 31.2%；克罗地亚族，约占总人口的 17.4%

国家	主要民族数量（个）	主要民族
黑山	4	黑山族占 44.98%，塞尔维亚族占 28.73%，波什尼亚克族占 8.65%，阿尔巴尼亚族占 4.91%
塞尔维亚	5	83.3%的人口（不计科索沃地区）是塞尔维亚族，其余有匈牙利族、波什尼亚克族、罗姆族及斯洛伐克族等
罗马尼亚	10	罗马尼亚族占 89.5%，匈牙利族占 6.6%，罗姆族（吉卜赛人）占 2.5%，德意志族和乌克兰族各占 0.3%，其余民族为俄罗斯族、塞尔维亚族、斯洛伐克族、土耳其族、鞑靼族等，占 0.8%
保加利亚	5	保加利亚族占 84%，土耳其族占 9%，罗姆族（吉卜赛人）占 5%，其他（马其顿族、亚美尼亚族等）占 2%
马其顿	5	主要民族为马其顿族（64.18%），阿尔巴尼亚族（25.17%），土耳其族（3.85%），吉卜赛族（2.66%）和塞尔维亚族（1.78%）
阿尔巴尼亚	3	阿尔巴尼亚族占 98%。少数民族主要有希腊族、马其顿族等
爱沙尼亚	2	爱沙尼亚族占 68.7%，俄罗斯族占 24.8%，其他民族占 4.9%，不明国籍人口占 1.5%
拉脱维亚	8	拉脱维亚族占 61%，俄罗斯族占 27%，白俄罗斯族占 4%，乌克兰族占 2%，波兰族占 2%，立陶宛族占 1%。此外还有犹太族、爱沙尼亚族等民族
立陶宛	7	立陶宛族占 85.4%，波兰族占 6.6%，俄罗斯族占 5.4%，白俄罗斯族占 1.3%，乌克兰、犹太、拉脱维亚等民族占 1.3%

资料来源：根据相关资料整理而得。

中东欧地区民族的特殊性在于该地区的民族不仅包括文化人类学意义的族群，还包括了政治意义上的民族。同西欧相比，中东欧族群分布有两个较为突出的特点：第一，在数量上，中东欧族群数量几乎是西欧的 3 倍；第二，在地域分布上，族群交织混居程度高。传统的人口分布类型分为集中型、混合型和散居型。中东欧族群的分布包括全部三种类型，比如相对集中型的捷克人和阿尔巴尼亚人，他们主要集中在一个单独的区域，在区域之外居住的人口数量不多。犹太人和吉卜赛人属于高度分散的族群。其他绝大多数族群属于混居型，如匈牙利人、塞尔维亚人、日耳曼人和罗马尼亚人等，虽然拥有主要的居住区域，但其有相当比例的人口居住在其他族群的飞地地区，如特兰西瓦尼亚的匈牙利人，波希米亚和摩拉维亚的日耳曼人等。这一点与中东欧地区历史上族群的迁徙有直接关系。公元 5—6 世纪，日耳曼人的入侵使得斯拉夫人分散为四个支翼，向北进入波罗的海地区，向西进入波希米亚和斯洛文尼亚地区，向东北进入俄国，向南部进入马其顿和保加利亚。

中东欧民族的数量多而且使用不同的语言和信奉不同的宗教，因而情况更为复杂。作为交流思想与情感的工具、人类思维物质载体的语言，是与民族紧密联系在一起的，具有很强的地域性特点。与多样性的民族和地域相适应，仅就主要民族的语言来说，中东欧就有分属印欧、乌拉尔两个语系；分为拉丁、斯拉夫、乌戈尔和阿尔巴尼亚四个语族；细分为西斯拉夫、南斯拉夫、阿尔巴尼亚、东拉丁和匈牙利五个语支；共有波兰、捷克、斯洛伐克、塞尔维亚—克罗地亚、斯洛文尼亚、马其顿、保加利亚、阿尔巴尼亚、罗马尼亚、匈牙利十种语言。如果再将各少数民族的语言考虑在内，该地区的语言种类还要更多。中东欧语言分布的这种状况，从一个重要方面映射了中东欧民族分布的复杂性，在很大程度上影响了它们彼此之间的认同和欧洲一体化的进程。

二、民族复杂性带来的民族分裂和暴力冲突

民族复杂性在整个中东欧地区普遍存在。除了主体民族占本国人口90%以上的波兰、阿尔巴尼亚和匈牙利外，其他中东欧国家都不同程度地存在着民族冲突问题。同时，东欧民族主义狂热严重，使得该地区民族冲突问题极为突出。特别是在1989年东欧各国发生剧变之后，该地区民族矛盾日益尖锐、民族争端日益强烈，整个中东欧的社会陷入长期不稳定的状态。

第二次世界大战后，中东欧国家虽然在促进民族平等、发展少数民族经济和科教文卫事业方面取得了一定进展，但并未从根本上缓解民族矛盾，特别是一些国家在处理民族问题上存在失误，导致民族冲突不时发生。例如，保加利亚推行民族同化措施，不承认境内土耳其族人的存在，强迫他们更改伊斯兰传统姓名，取消个人身份证上的族别登记，撤掉学校的土耳其语课程和广播电台的土耳其语节目，禁止土耳其族人的传统风俗和宗教礼仪，致使土耳其族人怨声载道。南斯拉夫联邦为解决民族问题实行联邦制和民族区域自治，却走上了过分分权的道路，各共和国和自治省自行其是，地方主义和民族主义泛滥，民族纠纷不断，使南斯拉夫联邦各民族间的冲突日趋尖锐。

早在1989年5月，保加利亚的土耳其人就举行了群众集会和游行示威，要求政府承认他们是土耳其少数民族，允许恢复土耳其名字等。当局派军警镇压，造成人员伤亡，30多万名土耳其族人流亡国外，造成了现在土耳其人遍布欧洲大陆的状况。在罗马尼亚，1990年3月15日，匈牙利族人借在特兰

西瓦尼亚举行纪念 1848 年布加勒斯特革命 142 周年之际，和从匈牙利越境的匈牙利人一起在该地区悬挂国旗，更改罗文地名、店名和其他设施名称，还亵渎了民族英雄尼·波尔切斯库的塑像，从而爆发了该地区罗、匈族人的大规模暴力冲突，造成不小的人员伤亡和经济损失。1991 年 6 月 25 日，南斯拉夫的斯洛文尼亚和克罗地亚两个共和国同时宣布独立，接着南斯拉夫联邦军队和斯洛文尼亚、克罗地亚两个共和国的武装力量爆发战争，南斯拉夫陷入内战的泥潭。然后，马其顿共和国和波黑共和国相继宣布独立，自此南斯拉夫原有的 6 个共和国中有 4 个宣布独立。不仅如此，各共和国内的民族单位也在闹独立。此外，波兰的德意志族人、匈牙利的斯洛伐克族人、捷克斯洛伐克的匈牙利族人和阿尔巴尼亚的希腊族人等少数民族问题都在一定程度上说明了民族冲突在中东欧地区的普遍存在。

三、民族分离运动导致的中东欧国家能源安全问题

与民族冲突相伴而生的还有民族分离运动。在历史上，中东欧的民族分离主义表现出一种地理上的规律性。其西部地区的民族分离主义产生较早，持续时间较长，但程度、手段较为缓和；而其东部地区则兴起较晚，但分离要求坚决，大多通过战争手段实现分离。具体而言，巴尔干的民族分离运动是其中最坚决彻底的，也是持续时间最长、最富有暴力性的，并且巴尔干的民族意识觉醒较晚，政治文化比较落后，没能发展出成熟的民族国家理论，为以后的民族发展埋下了隐患；西部接受天主教文明的维谢格拉德国家表现得最为缓和，大多是通过历史机遇而非流血斗争实现独立的，这个地区的波兰、捷克和匈牙利三个民族长期受西方文化影响，在中东欧地区属于较发达的部分，加上奥匈帝国统治方式的特殊性，促使维谢格拉德地区民族主义发展较为顺利。

俄罗斯境内的少数民族根据民族经济发展水平有所区别，一类是经济发展水平高于俄罗斯的，主要是波罗的海民族，它们的民族分离主义立场强硬。波罗的海沿岸三国最早独立，宣布脱离苏联，最先与俄罗斯撇清了关系，同俄罗斯的关系一直比较僵硬，而这三国能源相对而言又是最为缺乏的，得不到俄罗斯的援助同时自身又匮乏，因而能源安全问题最为严重。另一类是经济发展水平低于俄罗斯的，主要是长期受到泛斯拉夫主义影响的民族，如白俄罗斯和乌克兰，它们的民族分离意识较为淡薄，民族独立运动相对较为少见。

四、民族自治方式导致的中东欧国家能源安全问题

在苏联模式下，所有的中东欧国家均采取苏联的多民族联邦的社会主义联邦国家政治组织形式。这种体制是用一种联邦的国家制度掩盖民族矛盾，名义上是联邦制，各民族组成的联邦有很大的自治权，但因为中央集权的国家制度，各联邦实际上并没有实际的自治权。不仅如此，一方面，苏联以社会主义大家庭的名义组成经互会等形式的经济合作组织，然后以经互会的名义，实施国际分工和合作，侵占其他国家和民族的利益，如波兰、罗马尼亚、保加利亚、南斯拉夫等。苏联要求波兰、罗马尼亚等能源生产大国放弃自己的优势能源即煤炭的生产，进口苏联的石油和天然气，这样自然导致这些国家对苏联石油和天然气的依赖，为后来能源依赖和能源供给安全埋下了伏笔。另一方面，在国内侵占其他少数民族的利益，如波罗的海沿岸三国。因此，当民族分离运动的高潮到来之时，这些被压迫民族的分离倾向就非常强烈。当国际政治环境有利于其独立之时，国家分裂就不可避免。

"冷战"的结束并没有使中东欧地区走向和平稳定，民族问题依然造成这个地区战火纷飞，最主要的表现是南斯拉夫地区的波黑战争和科索沃战争。尽管这些问题已经得到一定程度的解决，但是民族问题并没有得到根本解决，民族危机也没有彻底消除。时至今日，民族矛盾和冲突依然存在，地区仍然随时可能爆发由民族问题引起的流血冲突事件。

20世纪80年代末，这些中东欧国家的民族纷争以迅猛之势爆发，引发了向西方式多党议会民主制的转轨。1989年5月，保加利亚土耳其族人聚居区不断爆发示威游行，同年，保加利亚"新国籍法"和"护照法"获得通过，给予公民双重国籍并允许其自由出入国境，引起社会动荡，开启了保加利亚的转轨进程。1989年12月，罗马尼亚蒂米什瓦拉市的匈牙利族人拉斯洛·托克什神父因反对齐奥塞斯库的农村规范化政策而被驱逐，由此引发数千人的反政府游行和冲击地方政府大楼行为，罗马尼亚当局动用军队进行干预，造成人员伤亡，国内局势急剧恶化，救国阵线委员会接管政权，罗马尼亚开始向西方式民主制演化。在南斯拉夫联邦，"共产党政权的垮台、民主化进程的开始和后共产主义时期的转型同民族关系出现的危机以及由危机激发的南斯拉夫联邦内部的离心力是重合在一起的"。1991年6月，斯洛文尼亚和克罗地亚议会统一行动，通过决议，宣布脱离南斯拉夫联邦，成立独立国家。紧接

着，马其顿和波黑也举行全民公投，分别于 1991 年 11 月和 1992 年 3 月正式宣布独立。1992 年 4 月，南斯拉夫联邦中仅存的塞尔维亚和黑山两个共和国联合组成南斯拉夫联盟共和国，并通过《南斯拉夫联盟共和国宪法》，南斯拉夫联邦一分为六。民主政治形成之时最需要的是民族认同产生的团结，因为当政治组织的重要基础反映了民族分裂时，民主稳定所需要的共识就很难设计出并得到维系。一些中东欧国家从民主转轨一开始就羁绊于复杂的民族矛盾以及由此引起的政局动荡乃至流血战争之中，因而转轨进程受到不同程度的影响。

复杂的民族矛盾使得该地区长期处于不稳定状态，导致经济环境也长期处于动荡状态下。随着中东欧进入欧盟，能源结构需要达到欧盟的要求，即在能源消费结构中新型能源要达到一定的比例。新能源的发展初期依赖大量资本投入，而动荡的社会经济环境很难吸引资本进入，中东欧地区新能源发展受到限制，只能依靠外部进口，这对于中东欧能源安全而言无疑是坏消息。

第五节　影响中东欧国家能源安全的经济制度

一、苏联模式下的计划经济制度对能源安全的影响

（一）计划经济体制初期有助于中东欧国家的能源安全

中东欧国家基本上都是小国，它们生存在欧洲诸多大国的夹缝之中，历史命运多舛。在第二次世界大战之后，曾深陷德国法西斯占领与破坏泥潭的中东欧小国又受到苏联的强压，被迫走上社会主义道路，被强行移植了苏联式的政治制度和经济制度。集中计划经济在第二次世界大战之后的中东欧国家发展起来。此时，中东欧地区能源供应由苏联垄断。中东欧国家在建立了社会主义政治经济制度之后，基本隔绝了与西方的经贸联系，同时与苏联及其他社会主义国家的经济联系不断加强。中东欧国家一方面取消社会市场经济，另一方面把自己同西方资本主义隔离开来。1947—1949 年，苏联政府同中东欧各国签订了双边贸易协定。协定规定苏联为中东欧国家提供用以发展经济的贷款援助，同时要求中东欧国家切断同西欧各国的经贸联系。

经互会的建立对中东欧国家的经济发展具有重要影响。经互会全称是"经济互助委员会"，它是一个社会主义阵营的经济共同体，于1949年成立。它的成立主要是为了对抗美国的"马歇尔计划"，防止及遏制东欧国家的离心倾向，加强苏联与东欧国家的双边及多边经济关系。经互会的经济体制实际上是苏联经济模式的扩大，在苏联的控制下，其成员国的经济计划必须同苏联的经济计划相协调，使其他成员国经济不能独立自主地发展，只能同苏联的经济紧密联系在一起。自然地，经互会也成为苏联控制中东欧国家的工具。以苏联为首的经互会的成立，对于打破西方经济封锁、解决当时中东欧各国的经济困难起到了积极作用，也通过经互会成员间的经济交流与合作促进了这些国家的经济发展。苏联模式对于工业化的重视使得一些战前落后的农业国走向了工业国，战前的工业国的工业化水平又向前迈进了，其经济指标居世界领先地位。中东欧各国国土面积普遍较小，能源储量不足，在社会主义体系内的分工与合作中不仅获得了苏联大量的燃料与原料等能源的供应，而且供应的价格极低，大大低于国际市场的能源价格。同时，中东欧国家由于是经互会的成员国，无须支付外汇，这对于外汇储备普遍偏低的中东欧小国而言无疑是一个不小的经济优惠。

同时，中东欧国家煤炭的自给率还比较高，苏联只供给部分石油和天然气。加之当时工业不够发达，人民生活水平不高，所以无论是生产还是生活使用的能源都不多。另外，当时能源价格水平，尤其是石油的价格水平都不高，所以苏联供给能力不存在问题，因此能源供给安全问题几乎不存在。

（二）计划经济后期能源安全问题凸显

随着经互会的成立以及东欧各国"五年计划"的实施，中东欧各国的经济取得了明显的发展，特别是工业生产发展迅速。以1959年为例，匈牙利的工业增长率为12.0%，波兰为9.0%，保加利亚为24.9%，阿尔巴尼亚为19.7%，罗马尼亚为11.1%，捷克斯洛伐克为10.9%。同时，经互会成员国之间的经济差距在逐步缩小，那些战前落后的农业国家迅速建立了工业基础，其工业化进程大大向前推进。工业在国民经济总产值中所占的比重大大提高，占2/3左右，重工业在工业中的比重已超过一半，国力大幅度增强。以保加利亚为例，第二次世界大战前保加利亚是巴尔干半岛上最为落后的农业国，工业基本没有什么发展。战后，在苏联的援助下以及通过经互会内部的分工与合作，保加利亚建立起了以起重运输机械、农业机械、电子计算机和机电产品为主体的机械制造业。工业的迅速发展使得中东欧地区的能源消费也大幅度增加。另外，与工业迅速发展相伴而生的人民生活水平不断提高，因此生活消费能源也随之增加，且能源消费结构也在慢慢地由以煤炭等为主转变为以石油等液态化石能源为主，高热能的油气代替低热值的煤炭也是一种必然。

集中计划的经济体制也存在重大弊端。随着经济全球化的不断发展，僵化和封闭的计划经济体制再也无法适应经济全球化的需要，经济日渐失去竞争力，陷入停滞状态。计划经济模式使中东欧国家经济结构严重失衡。苏联模式过分强调工业的重要性，要求优先发展工业尤其是重工业，不可避免地造成了农业和轻工业发展的严重不足。同时，中东欧国家普遍自然资源匮乏，因此，发展重工业的经济模式决定了这些国家在原材料和市场上严重依赖苏联。面对计划经济体制的弊端和经济模式的缺陷，东欧国家不是没有进行过改革的尝试，从南斯拉夫联邦的社会主义自治制度、波兰哥穆尔卡的"波兰道路"、匈牙利卡达尔的"匈牙利模式"，到捷克斯洛伐克的"布拉格之春"，直至20世纪80年代经济体制改革的全面展开，对改革道路的探索一直没有停止。然而，由于思想的僵化和理论的桎梏，对社会主义发展阶段的超前估计，对所处时代的错误判断，苏联的控制与干涉，这些改革不是中途夭折就是走入误区，都没有突破国家计划经济的框架。在市场经济全球化的浪潮中，东欧国家在国际市场上越来越缺乏竞争力，经济增长率不断下降，与西方发达国家差距逐渐拉大，社会主义优越性难以发挥，制度变迁一触即发。

由于中东欧国家完全照搬苏联模式，整体处在苏联的控制之下，造成经济发展不平衡。重工业发展迅速，轻工业以及涉及民生状况的产业发展缓慢，而重工业的发展需要大量能源供应，同苏联的密切关系决定了其能源供给完全依赖苏联。苏联为了加强对中东欧国家的控制，要求中东欧国家参与国际分工，减少本国能源生产，尤其是石油和天然气的生产，从苏联进口。这样自然加大了苏联供给的压力。随着国际油价的大幅上升，苏联为了自身利益，限制供给，提高价格就必然发生，而能源价格的提高自然使中东欧国家面临能源安全问题的困扰。

二、东欧剧变后市场经济体制下中东欧国家能源供给安全问题

（一）实施市场经济体制，切断了苏联的能源供给，导致能源供给安全问题凸显

自 20 世纪 70 年代中期以来，中东欧国家的经济开始大幅度下滑，经济总体环境严重恶化。1979—1983 年，中东欧的年经济增长率从 2.5% 下降至 0.3%，到了 1988 年几乎停滞不前甚至是负增长。计划经济的弊端在此时充分暴露出来，体制内的深层次矛盾已经爆发，经济危机席卷整个中东欧，计划经济已经走到了死胡同。要想解决发展的问题，就必须进行经济制度的根本变革。1989 年，8 个东欧国家相继发生了政治剧变，告别苏联，放弃社会主义道路，转向资本主义的西方阵营。同政治剧变相伴而生的经济制度的转型，即由原先苏联统一供给的计划经济体制转变成完全依赖市场供需双方力量决定均衡的市场经济体制。选择市场经济制度意味着放弃之前苏联提供的一系列能源帮助与优惠政策，这对于能源匮乏且能源储备几乎为零的中东欧国家而言无疑是雪上加霜。

（二）市场经济激发人民的能源消费热情，导致能源需求大增，进一步加剧了能源的供给安全问题

在东欧国家决定放弃社会主义道路并转向西方民主政治以后，经济转轨便成了东欧这些国家的经济目标。20 世纪 80 年代末的经济危机覆盖了整个中东欧的国家，为了得到外部的政治支持和经济援助并以此来巩固新政权，大部分中东欧国家都确立了建立自由市场经济的目标。与经济市场化的转轨相伴而生的还有迅速融入欧洲经济一体化，即加入欧盟的战略选择。欧盟是欧洲联盟的简称，是由欧洲共同体发展而来。中东欧国家与欧共体的合作始于 20 世纪 80 年代中期，自戈尔巴乔夫担任苏共中央领导人之后，其改革新思维也扩展到了国际经济合作层面。1988 年 6 月，经互会与欧共体在卢森堡签署联合声明，相互承认；之后，欧共体同东欧各国签订了一系列贸易和合作协定，东欧国家开始了与西欧的经济联系与合作。随着中东欧国家摆脱苏联及其政治经济体系，它们与欧共体的经济联系逐渐增强，到 1990 年 10 月欧共体同所有东欧国家都签订了贸易协定；1991 年 12 月欧共体同波兰、匈牙利、捷克斯洛伐克签署了《欧洲协定》，给予这些国家欧共体联系国的地位；之后由于保加利亚、罗马尼亚（1993 年）、波罗的海三国（爱沙尼亚、拉脱维亚

与立陶宛，1995 年）、斯洛文尼亚（1996 年）签署了《欧洲协定》，因此这些国家一起进行经济社会改革，以满足其加入欧盟的必要条件。随着"24 国援助计划"和"法尔计划"的出台，中东欧国家同西欧实现经济一体化的战略目标也进入了实质性阶段。东欧剧变之前，中东欧在社会主义阵营中，在计划经济理论的指导下，国民经济发展落后，人民生活水平较低，这些国家纷纷要求加入欧盟，利用欧盟统一大市场来实现经济结构的转型以及良性健康的发展。

应该注意到，从计划经济向市场经济转轨在当时是社会发展中前所未有的实践，而且，大多数中东欧国家在转轨的启动阶段采用的都是大破大立的转型方式，比如"休克疗法"式的激进转轨政策，旨在快速摧毁旧的经济制度。盲目照搬西方现成的理论使得新建立的制度非但没有减缓当时经济危机的形势，反而使之加剧：产出总量减少，消费水平下降，贫困线以下的人数剧增，并伴随着大规模的失业（见表 3-6）。激进的转轨政策导致经济大幅度衰退、通货膨胀加剧等宏观经济形势不断恶化，同时居民生活水平也在不断下降，进一步造成了社会秩序混乱、犯罪率大幅度上升、政府腐败活动加剧等社会危机。

表 3-6　转轨期间（1990—1998 年）中东欧国家的失业率　　　（%）

国家	1990 年	1993 年	1995 年	1996 年	1997 年	1998 年
保加利亚	1.8	16.4	11.1	12.5	13.7	12.2
匈牙利	1.7	12.1	10.4	10.5	10.4	10.5
波兰	6.5	16.4	14.9	13.2	10.5	10.0
罗马尼亚	1.3	10.4	9.5	6.6	8.9	9.5
斯洛伐克	1.6	14.4	13.1	12.8	12.5	—
斯洛文尼亚	—	15.5	14.5	14.4	14.8	14.2
捷克	0.7	3.5	2.9	3.5	5.2	7.0

在经历了 20 世纪 90 年代摧枯拉朽式的制度改革之后，中东欧国家的经济体制发生了根本性的变化，资本主义的市场经济制度框架已经成形。激烈的私有化以及自由化改革之后，中东欧国家原来仿照苏联建立的公有制的计划经济已经被完全摧毁，以私有产权为核心的市场主体已经形成，资源配置方式也由计划转变为市场供应。东欧剧变发生 5 年后，中东欧各国私人部门占国内生产总值的比重分别为：波兰 60%、捷克 70%、斯洛伐克 60%、匈牙

利60%、斯洛文尼亚45%、罗马尼亚40%、保加利亚45%、阿尔巴尼亚60%。显然，私有经济已经成为中东欧国家经济的主导力量。市场的放开使得人们可以自由地在市场上购买能源，能源价格完全由市场供需力量决定。然而，市场的力量往往处于波动的状态，而且国际市场上油价等化石燃料能源的价格在20世纪后半叶变动频繁，对于该地区的能源价格也产生了较大的影响。开放的市场释放了人民的消费热情，对于能源的需求出现爆发之势，这也是影响该地区能源安全的一大重要因素。

（三）欧盟能源消费的高标准对于中东欧国家能源安全提出了新问题

在中东欧国家纷纷加入欧盟之后，这些国家也在纷纷找寻解决自身能源供不应求的方法。在欧盟大力发展清洁能源的政策推动下，中东欧国家纷纷开始尝试使用新能源代替匮乏的化石能源，这也符合中东欧国家发展的需求。能源是生产的投入要素之一，随着中东欧国家经济的不断增长以及经济结构的日渐合理，对能源总需求势必会扩大，同时对能源的品种和质量也相应会提出更高的要求，这会极大地促进能源的大规模开发和利用，促进能源新品种的开发。近年来，中东欧地区开始重视新能源的开发，针对核电、风电、水电、太阳能等清洁电力能源出台有关政策鼓励其发展。根据《波兰能源2030规划》，为了适应经济发展以及降低碳排放的要求，将引入核电，削弱火电占比，2020—2030年至少建成两座核电站，拥有4500兆瓦装机量。爱沙尼亚计划在2020年前新建一座年加工能力为400万吨规模的油页岩工厂，以保证新增火力发电能力的燃料供给，将能源中油页岩最终消费占比从60%降至30%，减少油页岩发电对环境的污染；争取在2023年前建立小型核电站；2016年底前新建一台300兆瓦火力发电机组，以满足新增电力需求。正是因为经济制度的转变带来了经济的增长，而经济的增长又为能源提供了市场，中东欧的能源结构才由原来重煤炭等能源逐渐转向重视可再生能源。需要注意的是，欧盟自身有一套较高的能源标准，中东欧大多数国家为了达到这一标准，需要在能源发展上投入较多资金，同时在苏联时期建成的一些尚可使用的生产新能源的设备可能不符合欧盟标准，需要进行改造，这又将是一大笔资金支出，对于并不富裕的中东欧小国而言是一个巨大的挑战。

第六节　影响中东欧国家能源安全的社会转型

一、社会转型的界定

社会转型是 20 世纪 90 年代以来学术界一直争论不休的话题。有人认为社会转型是指从农业社会向工业社会的变迁和发展；有人认为社会转型是一种全面的结构型过渡，它不仅包括经济结构的转换，也包括社会结构的转换。有人还将社会转型划分为狭义和广义两个层面，他们认为狭义的社会转型是指在同一个社会形态下，社会生活的某一个或某几个方面发生了较大甚至较为剧烈的变化，但是这种变化不涉及社会形态的变化，只是一种量变；而广义的社会转型则认为社会转型是人类社会从一种社会形态向另一种社会形态转变的过程，是一种质的变化。

从系统科学的角度分析，把社会转型看作社会结构的转变更为合理。因为社会系统是一个由多组复杂子系统构成的巨系统，其内部要素不同的联系方式构成了社会结构，社会转型意味着社会系统内各要素从一种相互联系的方式转向另一种相互联系的方式。把社会转型看作社会结构的变化，既能解释现在发生的社会转型，又能解释过去发生的社会转型。在社会转型的过程中，社会的各种要素重新组织其联系方式，形成新的社会结构。与社会结构转变相伴而生的是社会生活方式的转变。社会结构的转变主要体现在社会阶级结构、经济秩序等方面，而社会生活方式的转变则包括人民消费习惯、生活成本、生活环境以及社会福利等方面。

二、中东欧国家的社会转型

纵观中东欧国家转型 20 多年的历程，可以发现，其发展主线和特征非常突出，主要有以下三个特点。第一，它是先行民主式的转型。中东欧国家是在改变国家制度和发展方向的前提下进行的经济、政治以及社会制度的全面和根本性的变革。一方面，它引领了 1989 年的苏东政治剧变，在进行政治民主化革命的同时从计划经济转向市场经济；另一方面，作为民主化先行式转型的一部分，中东欧国家又走出了与俄罗斯等苏联国家不同的道路，在政治民主化及经济自由化方面更接近西方的标准，特别是波兰、匈牙利、捷克、斯洛伐克等国被视为转型的范例。第二，在转型之后中东欧国家基本建立了以多元化为核心的议会制宪政体系和以私有制为主导的市场经济体制，并且实现了民主化和市场化进程的良好兼容，达到了较高水平的均衡。各中东欧国家根据自身的情况选择采取不同的策略和实施途径，或激进式或渐进式，但不论选择何种方式，其最终的方向是一致的，即彻底摆脱原有的政治经济制度，重新建立民主的市场经济，实现与欧洲的政治经济一体化。第三，中东欧的大部分国家已经成功地实现了回归欧洲的战略目标——加入欧盟和北约。作为中东欧转型中的独特目标，"脱俄返欧"自始至终制约和决定着中东欧转型的进程与发展。回归欧洲不仅意味着就此摆脱苏联的强压、获得民族和国家主权的独立，还意味着自由、民主的价值诉求得以实现，走出经济危机的困境，随之迎来经济增长和社会福利提升的春天。

三、社会转型后中东欧国家的发展情况

中东欧国家在转型之后经历了所谓的"转型性衰退"，GDP 持续下降了 2~6 年，到了 21 世纪初中东欧国家才实现了经济的普遍增长。经过 20 多年的发展，这些国家离曾经的"苏联"渐行渐远，而离今天的西欧越来越近。由于内部和外部多重因素的制约和影响，这些国家在社会发展模式和发展水平上都存在着不同程度的差别。这些国家虽然已确立以私有制为基础的市场经济，但是发展和完善的程度并不相同，在此基础上呈现的经济发展状况也不一样。总的来看，这些国家在各方面仍处于社会转型过程当中。2019 年中东欧 16 国人均 GDP 见表 3-7。

表 3-7　2019 年中东欧 16 国人均 GDP 一览

国家	人均 GDP（美元）
波兰	15 595. 23
捷克	23 101. 78
斯洛伐克	19 329. 10
匈牙利	16 475. 74
斯洛文尼亚	25 739. 25
克罗地亚	14 853. 24
波黑	6 065. 70
黑山	8 832. 04

国家	人均 GDP（美元）
塞尔维亚	7 402.35
罗马尼亚	12 919.53
保加利亚	9 737.60
马其顿	6 093.15
阿尔巴尼亚	5 352.86
爱沙尼亚	23 659.87
拉脱维亚	17 730.00
立陶宛	19 455.45

资料来源：华经情报网，波黑为 2018 年数据。

根据经济发展的程度高低将中东欧 16 国依次划分为高、中、低三种类型进行描述。

（一）经济发展程度比较高的国家

属于这一类的国家主要是波兰、匈牙利、捷克和斯洛伐克等中欧四国，波罗的海三国和巴尔干半岛西北部的斯洛文尼亚、克罗地亚。以 2014 年的人均 GDP 来划分界线，斯洛文尼亚超过了 2 万美元，为 23 962.6 美元。爱沙尼亚、捷克和斯洛伐克的人均 GDP 也接近 2 万美元，分别为 1.97 万美元、1.95 万美元、1.84 万美元。其中，中欧国家的人均 GDP 均在 1 万美元以上。这些国家的旅游业和对外贸易相对比较发达，而且在支柱工业上有一定的优势。比如，捷克的钢铁工业、汽车和啤酒制造业相对比较发达，斯洛文尼亚的汽车和机械制造业发展兴旺，克罗地亚的建筑业、造船业，波兰的采矿业，斯洛伐克的电子产业，波罗的海三国的采矿、加工和制造业等都比较发达。但需要注意的是，这些国家经济发展程度比较高也只是相对于东欧和东南欧国家，与西欧的老牌资本主义国家相比，还是存在相当大的差距。根据 2014 年数据，与中欧地区相邻的奥地利、德国和意大利三国的人均 GDP 分别为 5.11 万美元、4.76 万美元、3.50 万美元，远远超越中欧这些在中东欧地区经济发展程度较高的国家。

（二）经济发展程度居中的国家

属于这类的是东欧和东南欧 2014 年人均 GDP 在 5 000 美元以上 1 万美元以下的国家，它们依次是罗马尼亚（9 996 美元）、保加利亚（7 712 美元）、黑山（7 370 美元）、塞尔维亚（6 152 美元）。同样，这些国家的具体情况也有所不同。

首先，同为东南欧的罗马尼亚和保加利亚原本就是巴尔干半岛上的独立国家，从总体上来看其开放程度都比较高。就经济发展程度而言，它们与第一类国家的差距仍然比较大。例如，布加勒斯特和索菲亚这两个国家的主要城市虽然老建筑、文物保护得比较好，但城市基础设施都很陈旧，市政建设也比较滞后。塞尔维亚的经济发展情况与保加利亚相近，但其既没有加入北约也没有加入欧盟。与罗马尼亚和保加利亚不同的是，塞尔维亚作为南斯拉夫的继承者，领土不及南斯拉夫的 1/3，人口只是南斯拉夫的 40%，经济发展更是一落千丈。

（三）经济发展程度比较低的国家

这一类国家的人均 GDP 都在 5 000 美元左右，包括马其顿（5 370 美元）、波黑（4 796 美元）、阿尔巴尼亚（4 619 美元）。虽然是一类，但是这些国家在各方面的差别也比较大。

阿尔巴尼亚已经成为北约的成员国，如今正在为加入欧盟而努力。自 2006 年阿尔巴尼亚与欧盟签订《稳定与联系协议》以来，阿方同欧盟的经济合作进一步加深。阿尔巴尼亚为了发展旅游业，全国各地都在修建房屋和建设公路，"建房热"一直"高烧"不退。而且很多房屋是在全部资金没有到位的情况下开始建设的，这就造成很多建筑只完成一半就停止建设了。公路运输方面，总体来说，阿尔巴尼亚的公路状况不是很好，很多公路都是双向单车道，路面较差，行车秩序也比较混乱。为了达到欧盟的最低要求，阿尔巴尼亚在公共交通方面下了很大功夫，全国各地都在修路，然而工作效率和质量较低。同时，阿尔巴尼亚的二手车市场以及相关产业非常发达。这些二手车绝大多数都是进口商从德国、意大利等以比较低的价格买入并通过海路运回阿尔巴尼亚，向港口、海关缴纳一定的关税后再加价出售，这就进一步造成了阿尔巴尼亚公共交通的混乱。

波黑曾是重工业基地，军事工业占有重要地位，然而经过 1992—1995 年的波黑战争，近 35 万人伤亡，工业基础遭受严重破坏，八成的经济设施和一半多的住房毁于战火。1995 年《代顿协议》签署后，波黑经济发展和经济转轨进入新时期。协议签订 20 多年来，波黑经济得到一定的发展，但总体来说还是不够稳定。波黑经济在两个方面存在严重缺陷，其一，其产业结构比较单一，对外依赖性较大；其二，更为重要的是波黑的政治斗争、民族解放进程停滞不前，这直接动摇了波黑经济的根基，使统一经济空间受到破坏。在这种情况下，波黑企业的私有化进程无法实质推进，企业利益和民族主义政治结合在一起，进一步制约了波黑的政治和经济改革，从而导致波黑营商环境恶化、招商引资困难增加、失业率高和非正规就业泛滥以及财政困难。

第 四 章

中东欧国家能源安全问题的影响

第一节　中东欧国家能源安全问题对苏联解体的影响

当今，石油仍是世界经济发展最重要的能源资源，20世纪的大部分时间里，苏联作为一个大国，对能源的供求量较大。在面临以美国为首的西方资本主义国家全面封锁和竞争的形势下，苏联在军事上成立了华沙条约来对抗北大西洋公约组织，在经济上成立了经济互助委员会，即"经互会"来对抗"马歇尔计划"。在"冷战"的格局下，形成苏联向中东欧国家以优惠的价格供应石油能源、进口煤炭资源和机械设备的经互会经济合作模式。但由于资源价格差，引起相关国家和国内不满，形成双方矛盾，因为处理问题不当，最终导致苏联解体。

一、石油资源在苏联经济和外交中的作用和地位

"冷战"时期，苏联为了对抗英美，成立了经互会组织，在组织内部进行国际分工，苏联出口石油、天然气，其他国家如波兰和罗马尼亚出口煤炭。由于经互会体制内的价格，远低于国际价格，导致波兰和罗马尼亚等国的不满，为了平息波兰的民族主义反抗，苏联必须派出军队驻扎，这样必然消耗苏联的实力，长此以往，必然容易解体。此外，苏联为了跟美国对抗，单纯发展军工，轻工业发展落后，国内动荡不安加剧。

苏联还是当时世界上最大的石油生产国和出口国，也是主要的石油消费国。资料显示，从20世纪50年代中期起，苏联石油的产量增长速度和许多重要产品的绝对增长额都超过美国。"在20世纪50年代的10年间，苏联的石油产量增加了1.1亿吨，而美国在同一时期石油增产了8 100万吨。"1961年，"苏联的石油产量已超过委内瑞拉，仅次于美国，1975年超过了美国"。

1986 年苏联石油开采量为 56.12 亿吨，出口量为 23.43 亿吨。1989 年石油开采量为 55.22 亿吨，出口量为 22.37 亿吨。

苏联丰富的油气资源，不仅在其国民经济生活中发挥着重大作用，也成为其外交战略工具。1971—1989 年，苏联的石油出口量增幅达到 90%，1989 年出口 1.847 亿吨（其中原油为 1.273 亿吨，油品为 0.574 亿吨）。出口量占开采量的比重不断增加：1970 年为 25.8%、1980 年为 27.7%、1987 年为 29.1%、1988 年为 34.0%。1985 年苏联出口能源为 4.74 亿吨标准燃料，1990 年为 4.62 亿吨标准燃料。1988 年苏联石油产量比 1981 年提高 2 100 万吨，出口增加 4 800 万吨，但收入却下降了 50%。

1985 年，沙特的石油出口猛增到 900 万桶/日，而国际石油价格从 30 美元/桶一路下跌，在不到 5 个月的时间跌至 12 美元/桶，致使苏联每年收入减少 5 亿~10 亿美元。

同时，由于天然气价格与石油价格挂钩，苏联出口天然气的收入也减少了数十亿美元。苏联自身的经济在世界石油危机之后已经出现了衰退，但为了对抗以美国为首的西方阵营，仍然以能源作为武器，利用能源拉拢盟友使苏联经济雪上加霜。

二、苏联对经互会成员国的能源外交

从经济利益来看，能源政策应该遵循市场规律，实现国家间的互利贸易。但"冷战"时期苏联的能源政策呈现政治化的特征，主要服务于国际形势和国家战略，一方面用来抵制美国等西方国家的"遏制"政策，另一方面用来抑制经互会成员国的离心倾向。

（一）苏联根据国际形势来调整能源政策

苏联分配给经互会国家和西方国家的石油出口数量，不仅取决于其本身的经济需要，而且在相当大程度上取决于 20 世纪 70 年代后期世界总的政治形势。当"冷战"形势对其国家安全产生严重威胁时，苏联便将其剩余石油分配给东欧国家。20 世纪 80 年代以后，东西方"冷战"缓和，苏联便转而加强发展同西方，特别是同美国的石油贸易，以削减对东欧的石油出口。

（二）长期的低价石油外交政策导致苏联内外矛盾

由于长期的"冷战"环境，苏联必然要实施长期的低价石油政策。长期的低价一方面使苏联背上了沉重的经济负担，削弱了苏联的实力，当时苏联提供的价格仅为国际石油价格的一半,如此低价,石油公司不得不付出沉重的"代价",导致国内的反对;另一方面,导致经互会成员国对苏联形成石油依赖。

由表4-1可知,1973—1982年经互会主要成员国从苏联进口的能源占其能源进口总量的比重都在大幅度增加。1973年,经互会主要国家的石油80%左右来自苏联,总共达5 500万吨。同年,天然气对苏联的依赖更高,导致中东欧国家对苏联的能源依赖严重。

表4-1 1973—1982年经互会主要成员国从苏联进口的能源占能源进口总量的比重

(%)

国家	1973年	1975年	1980年	1981年	1982年
保加利亚	81.6	94.1	92.4	96.7	96.0
捷克斯洛伐克	82.3	85.9	92.1	92.8	90.0
民主德国	61.2	77.9	79.1	79.7	80.0
波兰	88.3	83.5	81.6	92.8	93.0
匈牙利	73.5	74.2	84.4	87.1	80.0
上述五国平均	77.4	83.1	85.9	89.8	87.8

资料来源:保罗·扬森.第一次石油危机以来经互会国家能源经济的发展 [J].东欧经济,1986 (1).

三、苏联能源政策的调整对中东欧国家的影响

由于经济负担沉重,加之国际形势对苏联有利,1975年以后,苏联为了自身利益,重新调整了对东欧石油出口的政策,提高了石油的售价,减少了石油出口量,造成了中东欧国家的离心倾向,最后导致这些国家纷纷摆脱苏联的控制。

1975年以前,经互会国家互相贸易基本是按前五年世界市场平均价格确定后五年的价格。1975年世界市场石油和其他原料大幅度涨价后,苏联在同年召开的经互会执行委员会会议上强行通过了两项措施:一是违反协定提前一年从1975年提高石油、石油制品及其他原料和工业品的价格;二是修改经互会原来的定价办法,决定今后按前五年世界市场平均浮动价格确定每一年的价格。根据这个修改协定,苏联供应的石油和石油制品价格一下子提高了130%,天然气提高了60%。

苏联能源提价对中东欧国家造成严重的影响,主要表现在以下三个方面。

（一）经济增长率明显下降

东欧曾经是世界上经济发展最快的地区之一。20世纪70年代前期，仍保持较高的增长率。1971年后的五年时间里，罗马尼亚、波兰、保加利亚和匈牙利等主要的中东欧国家的国民收入年平均增长率分别为11.3%、9.8%、7.8%和6.5%。但是，70年代后期，由于进口的能源及原材料价格暴涨以及进口数量满足不了国内的需要，严重影响了东欧各国经济的增长。各国普遍感到能源短缺，开工不足的工厂、企业明显增多。1976—1980年，许多国家虽一再降低原定的国民经济增长指标，但仍然完不成经济增长计划，而且经济增长率越来越低。1979年同1978年相比，波兰的国民收入下降了2%，匈牙利、捷克斯洛伐克分别增长了1.5%和2.6%，增长率最高的罗马尼亚、保加利亚也只达到6.2%和6.5%，这是30年来未曾有过的情况。

（二）外贸条件恶化，赤字增加

东欧国家经济对外贸依赖较大，国民收入的1/3~3/4是通过外贸实现的。1973年世界石油价格暴涨，特别是1975年东欧从苏联进口的石油和其他能源及原材料价格大幅度上涨，使东欧经济受到巨大冲击。由于进口能源价格猛涨，1970年保加利亚用于进口燃料和动力的费用占其出口商品总额的11.5%，1978年却增加到25.1%，同期匈牙利从9.6%增加到17.0%，波兰从6.8%增加到14.6%，捷克斯洛伐克从9.0%增加到16.4%。当时进口同样数量的石油，要比前几年多出口2~3倍的机器设备。

（三）人民生活水平提高缓慢甚至下降

20世纪70年代前期，各国基本上保持60年代的工资增长率。1971—1975年，保加利亚、民主德国和捷克斯洛伐克的名义工资年平均增长率为3.3%~3.5%，罗马尼亚和匈牙利分别为4.8%和5.6%，波兰达9.8%。当时各国物价基本稳定，所以职工的实际工资都有所增长。但从1976年以后，由于能源供应困难造成经济发展速度下降，各国名义工资增长率也明显下降，1976—1978年，保加利亚名义工资年平均增长率仅为2.4%，捷克斯洛伐克、民主德国、罗马尼亚也只达到3.0%~3.5%，特别是1979年工资增长率又进一步下降。与此同时，各国物价上涨。1979年，保加利亚、捷克斯洛伐克、罗马尼亚的消费价格分别上涨4.0%、3.0%和2.5%，波兰和匈牙利分别上涨6.7%和9.0%。由于物价上涨，1979年，匈牙利、保加利亚和捷克斯洛伐克职工实际收入分别下降 1.5%、0.8% 和 0.4%。

由于苏联长期实施能源低价。1975 年初，世界石油价格比 1974 年增长了 4 倍，而在 1974—1975 年苏联售给东欧的各种石油产品的单价实际只增长了 87%。

苏联石油的低价导致中东欧国家能源消费严重依赖苏联，能源生产和需求矛盾日趋尖锐。20 世纪 70 年代以来，只有波兰、捷克斯洛伐克的煤炭和罗马尼亚的天然气有较大增产，其他国家能源生产几乎没有任何增加。1970 年，六国生产的煤炭、石油、天然气折合成标准燃料，共 32 400 万吨，1976 年增加到 36 970 万吨。70 年代这六国的能源生产平均年增长率仅为 1.8%，但能源消费的增长速度远远超过生产的增长速度。1970 年六国共消费标准燃料 38 200 万吨，1980 年消耗 6 亿吨左右，平均每年增长 4.2%～4.3%。能源净进口从 1970 年的 5 800 万吨增加到 1980 年的近 1.9 亿吨。1976—1980 年，苏联供应中东欧国家燃料近 8 亿吨（标准燃料），比 1971—1975 年增长 43%。

在苏联与经互会国家的石油交易中，后者处于被动的地位，一方面各国的能源资源比较匮乏，另一方面苏联长期低价导致这些国家对苏联能源消费有路径依赖。一旦苏联调整政策，中东欧国家几乎无能为力。虽然这些国家有所努力，但是最终因为经济实力不够，外汇奇缺，不得不重新依赖苏联。如罗马尼亚 20 世纪 60 年代后期开始不顾苏联的阻挠，从西方国家引进技术、购置设备、借贷资金，直至与西方进行联合开发能源资源，在国内大力发展石油化学工业，原油加工能力日益扩大，本国的原油产量已经满足不了石油化工工业的需求，需大量进口原油，本来从国际市场获得的原油，因价格猛涨又无充足的外汇而不可多得。这对罗马尼亚的经济是沉重打击，罗马尼亚不得不借外债来维持加工工业，1978—1981 年其外债高达 130 亿美元。

四、国际油价下降导致苏联经济实力下降

20 世纪 80 年代以来，世界石油价格大幅度下降，使得苏联遭受重大打击，因为苏联经济高度依赖石油出口。

苏联极度依赖油气出口收入来维持经济运转，油气价格下跌使苏联国力遭受重创。1984 年，能源出口收入占苏联外汇收入最高曾达到 54.4%。随着世界油价走低，1985—1987 年，石油出口收入在苏联外汇收入中的占比从 38.8% 下降到 33.5%。由于在经互会成员国的贸易中，存在大量的贸易逆差，苏联经济受到了严重的打击，只得靠提高出口量来弥补油价下跌造成的外汇收入下降。

1971—1989 年苏联石油出口增长 90%，1989 年达到 1.847 亿吨（其中原油为1.273 亿吨，油品为 0.574 亿吨）。出口量占开采量的比重不断增加：1970 年为25.8%，1980 年为 27.7%，1987 年为 29.1%，1988 年为 34.0%。1985 年苏联出口能源为 4.74 亿吨标准燃料，1990 年为 4.62 亿吨标准燃料。1988 年苏联石油产量比 1981 年提高 2100 万吨，出口增加 4800 万吨，但收入却下降了 50%。

五、中东欧国家在政治上的独立加快了苏联解体

当东欧国家在政治上独立自主以后，不再向苏联提供廉价的农产品和工业原料，加之国际粮食涨价，苏联进口粮食的支出倍增，严重削弱了苏联的实力，加快了解体进程。

苏联从 1975 年变为粮食净进口国，粮食进口激增。1970 年净出口 350 万吨，1974 年粮食进出口持平，1975 年进口上千万吨。1984 年仅从美国和加拿大进口粮食就达 2 680 万吨。1986—1988 年，食品短缺约为 210 亿卢布（在食品生产总额为 1 360 亿卢布的情况下）。除大量进口粮食外，1989 年进口肉类 60 万吨、奶油 24 万吨、植物油 120 万吨、砂糖 550 万吨、柑橘 50 万吨。

由于当时苏联把全部精力放在了与美国的霸权争夺上，20 世纪 80 年代初已形成畸形的军工经济。据统计，军品占机器制造业的 60% 以上，军事支出占国民总产值的 23%；到 80 年代末上述指标分别提高到 80% 和 28%。苏联农业增速从 60 年代的 4.3% 降至 80 年代初的 1.4%。在此期间，工业增速从8.4% 下降至 3.5%。

单一的能源经济结构与巨大的国际贸易逆差，使苏联经济受到了重创。为了缓解经济困难，戈尔巴乔夫上台后首先进行经济改革。由于他还是按照传统的路线继续优先发展重工业，使得经济改革效果不佳，经济不断滑坡，人民生活水平继续下降，同时引发了苏联特权阶层的强烈不满和社会动荡。在经济改革没有取得预期成果的情况下，自 1988 年起，戈尔巴乔夫把改革的重点转向政治领域，实行政治"多元化"和多党制，削弱和放弃了苏共的领导地位，反对派趁势崛起，致使社会动荡日益加剧。

总之，苏联利用能源资源的大棒控制着中东欧国家的政治和经济，但能源经济以政治利益为主，它不仅牺牲了苏联的国家利益，还造成了干预和控制他国的不好形象。与此同时，过度依赖能源的单一经济模式造成了苏联经济的衰退，政府预算赤字严重，外贸失衡，军队日常开支等入不敷出，政局不稳，消费部门长期衰退，民众生活水平和生活质量下降，致使苏联的根基

出现了严重的裂痕。终于在 1991 年 12 月 25 日苏联宣布正式解体。

第二节　中东欧国家能源安全问题对欧盟东扩的影响

2004 年 5 月 1 日，欧盟实现了有史以来规模最大的扩盟，波兰、捷克、匈牙利、斯洛伐克、斯洛文尼亚、塞浦路斯、马耳他、拉脱维亚、立陶宛和爱沙尼亚 10 个国家同时加入欧盟。2007 年 1 月 1 日，保加利亚和罗马尼亚加入欧盟。2013 年 7 月 1 日，克罗地亚入盟。此外，欧盟还启动了与冰岛的入盟谈判；将土耳其、马其顿、黑山列为欧盟候选国；与阿尔巴尼亚、塞尔维亚和波黑签署了《稳定与联系协议》。

一、欧盟与俄罗斯在能源供求方面互补性较强

欧盟是仅次于美国的世界第二大能源消费区，2018 年欧盟成员国的石油储量只占世界已探明石油储量的 0.3%，天然气储量也只占世界天然气储量的 0.6%，煤炭的储量占 7.2%，提炼原油的能力为世界的 14.2%，发电量为世界的 12.3%，是一个高度依赖外部能源的区域。随着欧洲区域经济一体化进程不断加速（1999—2018 年，欧盟经济增长了 156.548%），新能源开发进程相对缓慢。根据欧盟发布的能源统计年鉴，以工业发展所需要的主要能源石油和天然气为例，欧盟能源对外依存度长期居高不下，见表 4-2。

表 4-2　1999—2018 年欧盟石油需求量　　单位：千吨油当量

	1999 年	2000 年	2005 年	2010 年	2015 年	2016 年	2017 年	2018 年
消费量	646 427	636 321	311 956	276 947	258 427	236 842	228 386	218 370
进口量	593 330	615 474	125 204	109 758	110 305	98 200	100 353	—

石油享有"黑色黄金"的美誉，它是影响一国经济发展的关键因素，而与欧盟同样处在欧洲大陆的俄罗斯是世界能源大国，有非常丰富的能源储量。俄罗斯石油储量为 147 亿吨，产量达到 5.68 亿吨，仅次于美国和沙特阿拉伯。但由于自身经济发展相对落后，其石油的消费量只有 1.523 亿吨，只占全球石油消费总量的 3.3% 左右。与此形成鲜明对比的是欧盟，欧盟的石油产量仅为 0.727 亿吨，而其能源消费要达到 6.468 亿吨。由此可见，欧盟和俄罗斯能源具有很强的互补性，欧盟无疑可以成为俄罗斯主要的石油出口国。俄罗斯 2020 年石油产量将会达到 5 亿吨油当量，出口石油达到 3.3 亿吨油当量。

欧盟石油对外依赖度的需求年增长率将在 0.5% 左右，21 世纪初，欧盟成员国的原油对外依赖度高达 70%。

截至 2009 年底，欧盟进口原油的 1/3 来源于俄罗斯，俄罗斯原油 80% 出口到欧盟各国，其销售量最多的国家为德国、荷兰、意大利和芬兰等。其中，荷兰、意大利和德国是俄罗斯原油和石油产品出口的重要对象，据统计，俄罗斯对上述三国的原油出口在 2004 年的时候已经接近其原油出口的一半。

俄罗斯的天然气储量到 2018 年达到 38 万亿立方米，其产量达到 6 790 亿立方米，占全球天然气产量的 17.3% 左右，而其消费量只有 4 443 亿立方米，也就是说，俄罗斯有 2 347 亿立方米的天然气可以出口。与此相比，欧盟成员国的天然气储量只有 1.1 万亿立方米，而产量为 1 092 亿立方米，占世界天然气产量的 2.8%，其消费量为 4 585 亿立方米，占世界天然气消费总量的 11.8%，其天然气消费缺口为 3 493 亿立方米，是其天然气产量的 3.2 倍。欧盟的天然气需求大，其主要的进口国就是俄罗斯。欧盟天然气对外依赖度高达 70.00%，而其中有 25.53% 从俄罗斯进口。欧盟各成员国中，除了挪威、英国和丹麦基本上可以自给自足外，其他国家基本都依赖于进口。目前，东欧国家的天然气几乎全都依赖进口，且是依赖俄罗斯。法国、德国和意大利的天然气进口高达 80%，其中德国、意大利和法国天然气进口量的 30%~40% 依赖于俄罗斯。预计到 2030 年，欧盟所需石油和天然气的进口量仍会上升，其 70% 的能源需求仍依靠从俄罗斯进口。天然气作为一种清洁能源，在未来的能源消费比重中会逐步增加，就欧盟来说，其天然气的消费比重到 2030 年将高达 60%。1997 年欧盟签署关于全球气候变化的《京都议定书》，其减少碳排放数量的承诺在很大程度上必须通过限制化石能源的使用来实现，而俄罗斯是天然气等传统清洁能源的主要输出国。

二、中东欧国家迫切要求加入欧盟的能源因素

（一）欧盟有着完善的能源多元化方案与计划

欧盟东扩在能源方面的主要战略目标是确保成员国的经济安全，避免因为能源短缺问题使成员国经济出现崩溃，因此能源政策的主要方向是在确保稳定能源价格基础上的能源供应，以保证经济的可持续发展。为此，欧盟实施多元化能源发展政策，多元化包括两个层面：一是能源类型的多元化，二是能源来源的多元化。

欧盟能源类型的多元化主要是通过开发太阳能、风能、水能、生物能、

地热能、核能和潮汐能等新能源来替代传统的化石能源，从而减少外部能源的进口，化解能源供给风险，确保能源安全。欧盟在新能源发展方面采取了一系列的措施和方案来保证新能源发展。

1. 开发和发展新能源，促使能源类型多元化

欧盟在新能源开发方面起步较早，具有优势，富有经验，对中东欧国家具有很强的吸引力。

欧盟从20世纪80年代开始发展可再生能源，从1990年开始致力成为领导全球可再生能源的先锋。欧盟强调自我开发有竞争力的替代能源。发展可再生能源是欧盟优化能源消费结构的一个中心目标。可再生能源包括风能、水能、太阳能、生物能和地热能等。可再生能源可以减少二氧化碳的排放量，增加能源供应的可持续性，改善能源供应的安全状况，减少欧盟对进口能源日益增长的依存度。因此，欧盟自90年代开始从战略高度规划新能源发展战略，用计划和立法等措施来保障新能源发展进程。

1997年，欧盟发表《可再生能源白皮书》，制定了2010年可再生能源要占欧盟总能源消耗的12%，2050年可再生能源在整个欧盟国家的能源构成中要达到50%的宏伟目标，并相继出台相关法则。欧盟执行委员会在2006年2月提出《欧盟生物燃料战略》，2006年3月8日，欧盟委员会发表了《欧洲安全、竞争、可持续发展能源战略》。

2007—2018年欧盟可再生能源消耗量见图4-1。

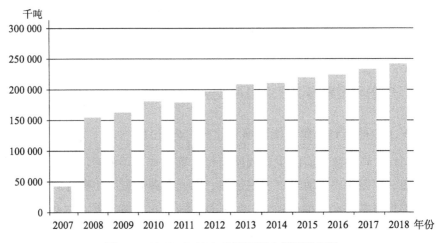

图4-1 2007—2018年欧盟可再生能源消耗量

资料来源：欧盟统计局。

欧盟可再生能源的消耗量在 1990 年后每年都有稳定增长。欧盟经济发达，教育先进，科技进步，在研究开发可再生能源方面具有得天独厚的经济优势和人才优势。下面以部分欧盟国家可再生能源的开发为例，来说明欧盟内部可再生能源开发所付出的努力与取得的成绩。

德国是欧盟的创始成员国之一，也是全球可再生能源利用最成功的国家。德国自 1998 年成为世界第一大风电生产大国以来，无论是风电装机总容量还是新增风机容量，始终保持世界领先水平。2005 年，新增风机容量达 179.9 万千瓦，风电装机总容量达 1 842.8 万千瓦，约占总装机容量的 14%，远远领先于世界其他国家。2005 年德国可再生能源营业额达到 146 亿欧元，来自太阳能、风能、生物质能、地热能等可再生能源的电力占最终能源消耗量的 6.4%。

丹麦 20 世纪 70 年代就开始注重发展可再生能源，可再生能源占总能源消耗量的比重不断提高，由 1990 年的 6% 左右增加到 2003 年的 12% 以上，利用可再生能源发电占发电总量的比例由 1994 年的 4% 增加到 2003 年的 23%。

丹麦是世界上最早大规模开发风力发电的国家。截至 2005 年底，丹麦风力发电的装机容量达到 312.2 万千瓦，风力发电为全国提供了 25% 左右的电力。丹麦不断加大对新能源开发的投资比重，在风电方面效果明显，2002 年全国每台风机平均功率为 856 千瓦，2003 年则增加至 2 045 千瓦。在过去的 20 年中，由于技术进步和成本优化，丹麦的风电成本逐渐下降，在部分地区，其风电经济效益能够同效率最高的煤电相媲美。

丹麦在利用生物能和太阳能方面也取得了突出的进步，1988 年丹麦建立了世界上第一座秸秆生物燃烧发电厂，随着不断发展，以秸秆和木屑为主要原料的生物质能在丹麦可再生能源中的比重已经超过 40%。

丹麦对燃料电池、潮汐能以及氢能的研发也十分重视。2003 年，其建立了第一个并网的潮汐能实验性示范电站，其还利用可再生能源技术实行独立建筑物集中供热系统，可再生能源在丹麦的热力供应超过了天然气和煤炭，约占 45%。2005 年底，丹麦可再生能源占全部能源生产量的 15% 以上，超过 280 万吨石油当量。

通过以上研究可以发现，传统的欧盟国家，即 2002 年的欧盟 15 国在清洁能源方面已经走在了世界的前列，它们拥有雄厚的资金和技术来开发新能源并逐渐摆脱对传统能源的依赖，努力寻求能源的自主与独立，这对于在能源问题中苦苦挣扎的中东欧国家来说无疑是一种榜样。

欧盟在能源来源多元化方面也做了一系列的努力，不断加速周边地区能源一体化进程，积极构筑良好的能源周边环境，为在更广阔的地域空间开展能源外交和合作提供坚实平台和重要依托；进一步稳定和加强欧俄战略伙伴关系，在欧俄能源博弈中争取主动；积极开拓其他能源来源地和战略通道，强化与里海—中亚、非洲地区的能源关系，巩固在中东地区的政治存在；积极开展多边能源外交。

2. 欧盟加强能源领域的国际合作，实现能源来源的多元化

（1）保持与俄罗斯的能源合作伙伴关系，稳定和扩大俄罗斯传统的能源来源。

欧盟积极利用《欧洲能源宪章》的条约及补充过境条款谈判，促使俄罗斯接受市场经济原则，进一步开放能源市场，降低能源市场的准入标准，允许欧盟的资本与企业进入俄罗斯的油气生产、加工及运输领域，允许俄罗斯民营能源企业以及中亚国家使用俄管道向欧盟输送油气。

俄欧双方通过能源对话机制还建立了一系列能源项目。例如，北欧天然气管道的修建、友谊管道和亚得里亚石油管道的一体化、亚马尔—欧洲天然气管道的修建、双方电网连接等基础设施的建设。

2002年，俄欧双方建立了常规能源的非正式附属委员会，对提高能源效率、油气产品的储存技术以及开发可再生能源等其他问题进行研究。同时，通过能源对话机制，欧盟加大了对俄罗斯的投资，为俄罗斯提供先进的技术。

2013年，俄罗斯与欧盟在莫斯科签订了《2050年前俄罗斯与欧盟能源合作路线图》等协议，在多方面进行能源合作。

（2）稳定中东地区的能源供应。

中东号称"世界油库"，在世界石油、天然气市场上具有特殊和重要的地位，是世界上油气资源储备和产量最丰富的地区。《BP世界能源统计年鉴》的资料显示，截至2012年底，中东国家探明石油储量1 093亿吨、8 077亿桶，占世界已探明石油总储量的48.4%，石油的储产比为78.1%。2012年欧盟从中东国家进口的石油总量为1 167亿吨，占欧盟石油进口总量的20%。海湾合作委员会6国（巴林、科威特、阿曼、卡塔尔、沙特阿拉伯和阿联酋）与伊朗共同拥有世界上最多的石油及天然气探明储量。海湾6国石油储量占世界总量的57%，天然气储量占世界总量的45%。欧盟不断加强与中东能源产地的传统合作关系，主要是加强与海湾合作委员会，地中海南岸的产油国

以及伊拉克、伊朗等能源产地的合作。

2004 年，欧盟在沙特阿拉伯首都利雅得设立外交使团，并派出了负责海湾 6 国事务的大使。2005 年 4 月欧盟委员会支持欧洲数个能源研究机构共同完成了"欧盟与海湾产油国之间关于能源稳定和可持续问题的对话"，解决双方在合作过程中产生的具体问题。欧盟目前是海合会最大的贸易伙伴，正在积极为与海合会签署自由贸易协定而努力。对欧盟来说，与海合会合作的重要目标是通过和海湾国家的相互投资来加强双方经济上的依赖，确保未来的能源供应和稳定能源价格。

（3）建设欧盟—黑海—里海—中亚能源走廊。

里海—中亚地区除了俄罗斯、中亚五国（哈萨克斯坦、乌兹别克斯坦、吉尔吉斯斯坦、塔吉克斯坦和土库曼斯坦）外，还包括伊朗、阿塞拜疆、亚美尼亚和格鲁吉亚几个里海与南高加索国家。这个区域石油储量高达 400 亿～500 亿桶，2005 年日产量为 200 万桶；天然气储量为 0.88 万亿立方米。近年来，由于中东局势不稳定以及许多新兴经济体的崛起，里海—中亚地区开始成为能源消费大国争夺的对象。

欧盟在这一区域不断加强与环里海地区国家的能源合作，谋求建立长期能源伙伴关系。除了《欧洲能源宪章》《欧洲睦邻政策》外，欧盟还通过《输欧跨国油气管道计划》《巴库倡议》《黑海协作计划》及《欧盟与中亚新伙伴关系战略》，促进黑海、里海—中亚地区能源市场一体化，进而实现与欧盟能源市场整合，保证能源合作朝着有利于欧盟方向进行，并为欧盟提供长期的能源供应。

（4）建立欧盟—非洲能源战略合作伙伴关系，拓展新的能源来源。

根据《BP 世界能源统计年鉴》，截至 2019 年底，非洲已探明的石油储量为 166 亿吨，约为 1 257 亿桶，占世界石油总储量的 7.2%，储产比为 41%。天然气储量占世界已探明储量的 7.5%，储量为 509.6 万亿立方英尺，约为 14.4 万亿立方米。根据欧盟统计局 2006 年的统计，2005 年欧盟的能源进口中，撒哈拉以南非洲占 4.81%，排名依次是尼日利亚（3.0%）、安哥拉（1.1%）、喀麦隆（0.5%）、加蓬（0.1%）、加戈（0.1%）。2007 年，西班牙、法国和葡萄牙是尼日利亚的三大天然气出口国，而且西班牙是尼日利亚的第二大石油进口国。

欧盟对非洲能源外交的传统重点区域是北非地区，以阿尔及利亚、利比亚、埃及等国家为重点对象。欧盟通过欧盟—地中海能源论坛和《欧洲睦邻政策》行动计划将北非能源生产国纳入了泛欧洲能源大市场的规划之中。2006年，欧盟与阿尔及利亚建立战略伙伴关系，加强能源合作。2007年，埃及和欧盟委员会共同主持了欧洲—非洲—中东能源大会。欧盟还不断加大在南撒哈拉非洲的存在，修建重要的能源运输基础设施，以便将撒哈拉以南非洲的天然气资源输送到欧盟。计划的跨撒哈拉天然气管道全长4 500公里，从尼日利亚经尼日尔、阿尔及利亚，穿过地中海，最后到达西班牙，估计每年供应量可达200亿~300亿立方米。

（二）欧盟对于发展新能源给予巨大的资金支持，吸引了中东欧国家加入

欧盟由于经济发达，资金雄厚，加之对新能源发展的重视，对于发展新能源投入了大量资金。这些资金支持对于长期遭受苏联盘剥，贸易长期处于逆差，经济困难，百姓生活困难的国家，无异于雪中送炭。

1. 欧盟对自身能源发展的资金支持

1999年，用于能源发展的20.8亿欧元的60%归可再生能源使用，这笔金额的75%用于示范项目。欧盟促进可再生能源发展的计划主要有"5年能源发展框架计划"，1998—2002年共拨款10.42亿欧元；2000—2003年地区发展政策中用于可再生能源发展的资金共达4.87亿欧元。

2. 欧盟对于加强与非洲能源合作的资金支持

欧盟从第十个欧洲发展基金（2008—2013年）中，拨款200亿欧元支持撒哈拉以南非洲地区，其中的56亿欧元支持交通、能源、水及信息和通信网络。

3. 欧盟为中东欧清洁能源发展提供资金支持，成立了清洁能源发展基金

欧盟国家强大的财力与智力支持对中东欧国家发展自身清洁能源、寻求能源多样化的道路来说具有领头和示范的双重作用。加入欧盟还可以使中东欧国家获得欧盟发达国家大量的资金和技术支持，一方面提高了本国能源的开采和挖掘技术，减少了因为技术落后造成的能源浪费；另一方面通过获得欧盟的技术来开发新能源，减少传统化石燃料的使用，通过新能源来逐步减少本国对外部能源的依赖。

我们选取了比较有代表性的新能源，如风能、液态生物燃料和太阳能为例，选取2002年以来加入欧盟五年（2003—2008年）的波兰、匈牙利、捷

克、斯洛伐克和爱沙尼亚等中东欧国家新能源的使用状况进行分析，见表4-3至表4-7。

表4-3　2003—2008年波兰新能源使用状况

能源	2003年	2004年	2005年	2006年	2007年	2008年
风能（1 000吨油当量）	11	12	12	22	45	72
液态生物燃料（100吨）	44	21	145	208	141	156
太阳能（1 000平方米）	76	76	95	128	236	365

表4-4　2005—2008年匈牙利新能源使用状况

能源	2005年	2006年	2007年	2008年
风能（1 000吨油当量）	1	4	9	18
液态生物燃料（100吨）	8	17	23	199
太阳能（1 000平方米）	45	45p	65	100

表4-5　2003—2008年捷克新能源使用状况

能源	2003年	2004年	2005年	2006年	2007年	2008年
风能（1 000吨油当量）	0	1	2	4	11	21
液态生物燃料（100吨）	—	83	127	112	109	135
太阳能（1 000平方米）	—	—	85	105	130	165

表4-6　2003—2008年斯洛伐克新能源使用状况

能源	2003年	2004年	2005年	2006年	2007年	2008年
液态生物燃料（100吨）	2	12	35	43	70	179
太阳能（1 000平方米）	—	—	—	72	80	89

表4-7　2003—2008年爱沙尼亚新能源使用状况

能源	2003年	2004年	2005年	2006年	2007年	2008年
风能（1 000吨油当量）	1622	2193	2341	2641	3415	3489
液态生物燃料（100吨）	822	1137	2569	4469	7187	6292
太阳能（1 000平方米）	5477	6235	7197	8610	9510	11310

　　上述五国作为中东欧国家的代表，在加入欧盟后，都从零开始发展本国新能源。同时，中东欧国家同样具有类似的自然环境和条件，其自身具有新

能源开发的有利因素：中东欧国家拥有得天独厚的地理优势，其位于欧洲东部，北起白海和巴伦支海，南抵黑海、亚速海、里海和高加索山，西界为斯堪的纳维亚山脉、中欧山地、喀尔巴阡山脉，东接乌拉尔山脉，平均海拔170米。有海拔300~400米的瓦尔代丘陵、中俄罗斯丘陵、伏尔加河沿岸丘陵等，并有低于洋面的里海低地。主要河流有伏尔加河、顿河、第聂伯河。风能和水能资源相对比较丰富。

欧盟针对自身能源缺乏的特点，内部以立法的形式规范可再生能源的开发，并提供巨额补贴来帮助成员国对可再生能源进行开发利用。2005年至今，欧盟国家已向可再生能源项目投资6 000亿欧元，巨额补贴催生了欧盟国家可再生能源的繁荣，促进了中东欧国家能源结构的改革和调整，减少了化石燃料。

（三）欧盟的清洁能源技术处于世界领先地位，可以帮助中东欧成员国发展

欧盟采取统一的清洁能源技术标准和统一的清洁能源比例要求。欧盟委员会主席在欧洲议会发表"盟情咨文"，其中提到的新的欧盟温室气体减排目标及一揽子政策引发外界普遍关注。根据咨文，为确保2050年实现"碳中和"，欧盟委员会决定将2030年温室气体阶段性减排目标比例从40%提升至55%。

为推动新目标顺利实现，欧盟委员会决定从多个层面加以支持。首先，欧委会计划将总额7 500亿欧元的欧盟"恢复基金"中37%的资金用于清洁能源开发利用、基础设施改造等领域。其次，欧盟委员会计划在2021年夏季以前，修订欧盟所有的气候和能源立法，促进实现新的减排目标。此外，欧盟委员会还将全面推动包括碳排放交易、能源税等领域的改革，为政策落实扫清障碍。

为了适应减排要求，欧盟制定了新的高规格减排技术标准。如按照《欧洲议会和理事会第（EU）2019/631号条例》的要求，CO_2 排放门槛提高，即2020年至少95%的新登记轿车 CO_2 排放量要达到95g/km；2021年起，所有新登记轿车的 CO_2 平均排放量需低于95g/km；只有新车年登记量小于30万辆的车企可以免于这个高门槛。

2020—2022年是"胡萝卜期"。在这一阶段，积极推广零排放或低排放轿车的车企将获得相应的奖励。CO_2 排放量低于50g/km的车，被视为低排放车辆。2020年、2021年、2022年，车企每卖出1辆零排放车或低排放车，计

算车企整体平均 CO_2 排放水平时，将分别按 2.00 辆、1.67 辆、1.33 辆计算（按年递减计算）。早在 2018 年，欧盟就已经实行了阶梯式罚款制度，如超出 CO_2 排放目标值的第一个 1g/km、第二个 1g/km、第三个 1g/km，每辆车将依次被处以 5 欧元、15 欧元、25 欧元的罚款。每超标准 1g/km，每辆车平均会被罚 95 欧元。

此外，为了使电池更加环保，欧盟要求采用更加负责的原材料渠道，在生产过程中使用清洁能源，削减有害物质占比，提高能源效率和材料耐用度。新标准将适用于各种类型的电池和电池化学成分，不论其是单独出售还是包含在产品中。这将保证不同电池类型符合类似但是稍有差别的要求。

（四）欧盟具有较强的能源资源整合能力

1. 欧盟内部能源一体化程度较高，能源供应相对安全稳定

欧盟经济一体化深入发展，各国逐渐认识到共同能源市场建立的紧迫性。2006 年，欧盟委员会在新的能源绿皮书中提出欧盟应保证各成员国之间的团结，共同建立确保能源供给安全的统一内部市场。统一的能源市场不仅要有竞争力，而且必须是可持续发展的、安全的。一个统一、开放、竞争的欧洲内部能源市场才能改善能源供给安全，降低能源价格，提高能源竞争力，为能源企业提供正确的投资信号，使能源资源在欧盟范围内更有效地配置。

由于欧盟能源结构中石油部门的自由化和一体化程度已经较高，而煤炭、原子能部门的比重相对较小，并且一体化的进程早在战后就已经开始，因此，欧盟的能源市场一体化主要集中在统一天然气和电力市场方面。欧盟通过制定一系列关于电力和天然气方面的指令对市场开放设立了明确的时间表，要求各成员国必须执行，推进欧盟电力和天然气共同市场的建立。具体措施有：建立统一的欧洲输电网络，包括统一的欧洲电网标准、调节机制和欧洲能源网络中心；推动互相连接；建立激励新投资的机制；通过欧盟委员会、管理部门以及竞争机构之间的更好合作，提高竞争力。

2. 构建"泛欧能源共同体"

2005 年 10 月 25 日，欧盟委员会代表与塞尔维亚、黑山、阿尔巴尼亚、波黑、保加利亚、罗马尼亚、克罗地亚、马其顿、科索沃代表在雅典共同签署了《能源共同体条约》。这一条约旨在通过强有力的制度和基础设施建设，建立一个一体化的、具有竞争力的能源市场，并通过该市场进一步加强该地区国家间合作以及整个东南欧地区与欧盟之间的合作，以提供可持续和稳定的能源供应。

2006 年 6 月 8 日，欧盟 25 国与克罗地亚、波黑、塞尔维亚、黑山、马其顿、阿尔巴尼亚、保加利亚、罗马尼亚和联合国驻科索沃特派团主持下的科索沃共同签署条约，宣布成立能源共同体，建立起世界上最大的内部能源市场。它所覆盖的广大地区既是俄罗斯油气输往西欧的重要途经地，又与黑海、里海、中亚和中东相连，具有非常重要的战略意义。所以，欧盟委员会能源委员指出："能源共同体构成了欧盟对外能源政策的核心部分，它有助于欧盟能源及环境标准的推广，也为非欧盟成员国进入欧盟能源市场打开了大门。"

《能源共同体条约》将进一步吸收诸如挪威、乌克兰、摩尔多瓦以及土耳其等国加入。挪威是欧盟第二大天然气供应国，而且是最稳定可靠的能源供应国。法国、德国等欧盟大国都是挪威天然气进口大户，欧盟天然气消费的 17% 来自挪威。

乌克兰是欧盟从俄罗斯输入天然气的过境中心，它拥有发达的能源管道系统、海港以及庞大的地下天然气储气库，储气总量约为 300 亿立方米，储气能力居欧洲第二，80%～90% 的俄罗斯天然气出口要经过乌克兰。欧盟与乌克兰能源合作的主要目标是保证乌克兰天然气网点和通往西欧的能源管道安全，乌克兰已经签署和批准了《能源宪章条约》，并参加能源宪章过境议定书的谈判。2003 年欧盟、乌克兰和波兰发表共同声明，支持将乌克兰的敖德萨—布罗德石油管道拓展到波兰的普沃兹克和格但斯克，打通从里海经黑海到波罗的海的石油运输走廊，里海石油可以绕过俄罗斯输往欧盟国家。

土耳其是俄罗斯、里海—中亚和海湾地区石油与天然气的重要途经地，在欧盟与中东、欧盟与南高加索关系中起桥梁作用，地缘战略优势得天独厚。欧盟多样化能源战略新管道规划进一步增强了土耳其作为里海、中亚的油气到欧盟的过境国的地位。已经开通的巴库（阿塞拜疆）—第比利斯（格鲁吉亚）—杰伊汉（土耳其）的石油管道、巴库—第比利斯—埃尔祖鲁姆（土耳其）天然气管线，以及规划建设的跨里海的纳布科天然气管道，都在土耳其境内交会，每年可把 310 亿立方米产自里海沿岸阿塞拜疆、伊朗等国的天然气输送到欧洲。

地中海南岸的产油国也是欧盟重要的能源合作对象之一，欧盟曾经制定"南地中海战略"，重点发展与地中海沿岸国家的关系。1995 年欧盟和地中海南岸 12 个国家在巴塞罗那举行会议，签署了《巴塞罗那宣言》，决定要建立政治、经济"全面伙伴关系"，欧盟承诺在五年内向地中海 12 个国家提供 60 亿美元的援助。该次会议还建立了"欧洲地中海能源论坛"及其他专门的能源对话和合作机制。在 2000 年召开的第三次欧洲地中海能源论坛会议上，欧盟提出了多项优先合作领域，其中包括鼓励地中海南岸国家加入《能源宪章条约》、对能源工业实行私有化、建立与欧盟连接的能源基础设施等。

（五）欧盟具有很强的能源谈判能力，吸引中东欧国家加入

欧盟是世界上经济最发达的地区之一，经济一体化的逐步深化又促进了该地区经济的进一步繁荣。在德国和法国等发达国家的带领下，欧盟的经济不断发展。欧盟的经济总量在 1998 年为美国的 1.06 倍，在 2002 年约为美国的 89%。1995—2000 年，欧盟经济增速达 3.0%，人均国内生产总值上升到 2.06 万美元。欧盟的经济总量从 1993 年的约 6.7 万亿美元增长到 2002 年的近 10.0 万亿美元。各国的人口总数合计超过 5 亿人，是一个高度发达的大市场。1998—2019 年欧盟与美国 GDP 规模对比情况见表 4-8。

表 4-8　1998—2019 年欧盟与美国 GDP 规模对比　　　　单位：万亿美元

	1998 年	1999 年	2000 年	2001 年	2002 年	2019 年
欧盟	9.5	9.4	8.8	8.9	9.7	18.41
美国	9.0	9.6	10.0	10.6	10.9	19.36
欧盟/美国	1.06	0.98	0.88	0.84	0.89	0.95

资料来源：世界银行，http://data.worldbank.org.cn/indicator/NY.GDP.MKTP.CD.

欧洲的发达国家经历过两次工业革命，经济发展较快。经过战后几十年的发展，欧盟的经济总量与美国相当，1998—2002 年，欧盟的经济规模一直为美国经济规模的 84% 以上，2002 年，欧盟人口为 49 050 万人，是美国人口 28 763 万人的 1.7 倍，可见庞大的市场与巨大的经济规模，使欧盟成为世界第二大能源消耗国。2003 年，欧盟的能源消耗量达到了约 75.63 千兆英热，约为美国的 77%。2018 年，美国能源消耗为 101.162 千兆英热，欧盟为 61 933 935 焦耳。具体见表 4-9。

表 4-9　1999—2018 年美国和欧盟 15 国的能源消费量对比

单位：千兆英热，焦耳

	1999 年	2000 年	2001 年	2002 年	2003 年	2018 年
美国	96.65199	98.81445	96.16815	97.64515	97.94337	101.162
欧盟 15 国	72.96701	73.61885	75.22204	74.64327	75.62795	61 933 935

注：2018 年欧盟数据来自欧盟统计局网站，单位为焦耳。

资料来源：美国能源部。

由此可见，欧盟在国际能源市场上一直有着举足轻重的地位，巨大的能源消耗量使其成为国际能源市场上巨大的买主，因为国际能源市场上卖家繁多，所以欧盟的组合比单个国家进行能源谈判有更强的谈判议价能力。

中东欧国家的能源消耗量与当时 15 国组成的欧盟相比，能源市场规模相对较小，捷克、爱沙尼亚、匈牙利、拉脱维亚、立陶宛、波兰、罗马尼亚、斯洛伐克和斯洛文尼亚 1999 年全年的能源消费总量仅为当时欧盟 15 国的 13.095%，2003 年为当时欧盟 15 国的 12.580%。20 世纪 80 年代末 90 年代初世界政治格局巨变，随着苏联、经互会的解体，脱离了经互会的中东欧国家经济上经历着痛苦的变革，社会变革的阵痛还没有消失，各个国家的经济发展相对比较缓慢，社会不稳定，综合国力不强，在国际社会上的地位还没有稳固，中东欧各国由于历史遗留等问题互相之间不信任，民族、宗教矛盾也时有发生，中东欧各国的市场还是分散的，也没有能力组成一个集体，无法利用外部经济优势，无法用"一致的声音"在国际能源市场上进行讨价还价，为自己谋求最大的利益。1999—2003 年中东欧各国与欧盟能源消耗量对比见表 4-10。

表 4-10　1999—2003 年中东欧各国与欧盟能源消耗量对比　单位：千兆英热

	1999 年	2000 年	2001 年	2002 年	2003 年
捷克	1.33374	1.39590	1.44135	1.44003	1.50510
爱沙尼亚	0.08869	0.08365	0.09558	0.09914	0.09515
匈牙利	1.05058	1.02225	1.05705	1.06097	1.08734
拉脱维亚	0.14799	0.15412	0.16092	0.15400	0.16045
立陶宛	0.30442	0.29730	0.31679	0.34054	0.35260
波兰	3.97659	3.62445	3.45492	3.45334	3.57164
罗马尼亚	1.59261	1.58611	1.71549	1.68366	1.62925
斯洛伐克	0.76946	0.78498	0.82434	0.83801	0.81392
斯洛文尼亚	0.29096	0.28826	0.29876	0.30069	0.29883
总量	9.55504	9.23702	9.36520	9.37038	9.51428
欧盟 15 国	72.96701	73.61885	75.22204	74.64327	75.62795
总量/欧盟 15 国	0.13095	0.12547	0.12450	0.12554	0.12580

资料来源：美国能源部。

欧盟本身对能源的需求量大，以车用汽油的消耗为例，1993—2002 年，也就是大部分中东欧国家未加入欧盟之前，中东欧国家每天的车用汽油的能源消耗还不到欧盟每天汽油消耗量的 10%，具体见表 4-11。巨大的能源消耗量使得欧盟比一般的小额能源采购者拥有更强的议价权，巨大的需求可以让能源供应商签订一系列的能源合作协议，以降低能源采购的价格。欧盟与俄罗斯等国签订的能源合作协议如《欧洲能源宪章》就足以说明团结的力量。

表 4-11　1993—2002 年欧盟 15 国与部分中东欧国家车用汽油消耗量

单位：千桶/天

	1993 年	1994 年	1995 年	1996 年	1997 年	1998 年	1999 年	2000 年	2001 年	2002 年
欧盟 15 国	3 085.17	3 060.56	3 060.56	3 070.24	3 073.15	3 069.65	3 055.22	2 934.56	2 909.98	2 856.05
捷克	31.21	37.90	37.90	42.55	42.62	42.04	44.54	42.90	44.01	44.59
爱沙尼亚	5.44	5.74	5.74	6.49	7.05	6.82	6.51	6.54	7.78	7.15
匈牙利	34.45	33.04	33.04	31.06	31.32	32.09	32.46	30.84	32.20	32.99
拉脱维亚	10.96	10.42	10.42	10.18	8.41	8.06	4.51	13.95	13.47	6.68
立陶宛	11.15	14.65	14.65	15.06	15.17	14.82	11.54	14.86	23.37	16.92
波兰	90.52	101.49	101.49	105.46	114.50	115.71	128.46	115.55	107.17	97.84
罗马尼亚	30.08	38.09	38.09	38.30	42.58	43.30	36.13	36.26	44.19	44.82
斯洛伐克	10.93	12.38	12.38	11.20	14.91	15.44	14.89	13.90	14.17	16.81
斯洛文尼亚	15.95	19.01	19.01	21.33	21.16	18.47	17.92	18.63	18.52	17.75

资料来源：欧盟统计局。

欧盟巨大的能源议价能力是吸引中东欧国家加入欧盟的一个重要因素。同时，中东欧国家拥有 1 亿多人口，110 多万平方公里的土地，加入欧盟后，不仅增加了欧盟能源市场的广度和深度，而且正如上一节提到的有利于建立一个"泛欧能源共同体"。因为在苏联时期中东欧国家曾经与苏联共同修建了石油和天然气管道运输基础设施，如"友谊"石油管道系统和"兄弟"天然气管道系统，这些管道系统除了保证中东欧国家自身的基本能源需求之外，还承担着向欧洲市场输送能源的过境运输责任，利用中东欧国家原有的输油管道进行能源的输送，更加保证了自己的能源供应安全。

欧盟出于自身能源安全的考虑，也愿意接纳中东欧国家的加入，这样欧盟可以构建一个共同的能源外交政策。

1. 用共同的声音与俄罗斯实施能源对话

随着国际能源形势日益紧张和欧盟能源进口对外依赖程度不断加大，单个国家凭借一己之力已无法有效应对各种能源挑战。因此，欧盟越来越认识到，为了维护能源安全，欧盟在对外方面展开共同的全方位能源外交，通过集体力量积极打造以自身为核心的跨国能源大市场，其定位是在世界上寻找价格最稳定、运输最便利、供应量稳定增长的能源。在2006年的能源绿皮书中，欧盟提出了"用一个声音说话"的概念，主张统一对外能源政策。

中东欧国家通过加入欧盟，以一种崭新的姿态重新站在了俄罗斯面前；通过加入由发达国家组成的能源需求大市场，得以用一个共同的声音来面对俄罗斯。俄罗斯不得不把欧盟大国的力量考虑进来，以一种新的眼光和态度重新审视中东欧国家的政治地位，积极调整其对中东欧国家的能源政策，而不再像以前那样，以对待附属国的态度来供应能源，可以任意调整能源的价格和供应量，导致中东欧国家能源供应安全问题严重。加入欧盟，使中东欧国家在面对俄罗斯能源较量的问题时增加了砝码，使本国在能源安全上提升了一个台阶。

在对外能源战略方面，欧盟不仅考虑经济因素，还考虑环境和地缘政治因素。随着欧盟向欧洲东部扩张，新加入的中东欧国家可以利用自己国内现存的油气管道保证欧盟陆上运输能源的安全性，既降低了欧盟此前在俄罗斯进口能源向过境国支付的各项过境费用等成本，又保证了能源的供给安全。

2. 建立定期的能源对话机制，建立起与OPEC的联系

2005年，欧盟与石油输出国组织成员国建立了定期能源对话机制，以敦促这些国家保证石油供应和建立透明稳定的价格机制。

3. 利用多边合作机制，建立与能源消费国的联系

欧盟利用八国集团、联合国等多边机构开展对话与合作，与主要能源消费国展开对话。目前，已经有51个国家签署了《欧洲能源宪章》，中国和美国也成为宪章的观察员。此外，欧盟还通过跨大西洋能源对话机制和中欧高层能源会议等形式，不断加强与美国、中国等能源消费大国的战略对话。

三、能源因素导致的经济失调促使中东欧国家加入欧盟

苏联通过成立经互会，利用自己的能源优势，在经济上对中东欧国家进行控制，一定程度上造成了中东欧国家发展的"畸形"，使中东欧国家复试了苏联式的经济体制，在苏联提出的"共同计划""生产专业化"的要求下，中东欧国家逐渐远离了自己的比较优势，步入了苏联建立的经济圈，"计划经

济"模式给中东欧国家经济的发展造成了不利影响，这也成为中东欧经济加速转轨，积极加入欧盟以寻求经济高速发展的重要因素。

在斯大林时期，经互会一味强调工业化的重要性，忽视了各参与国家所具有的比较优势。从赫鲁晓夫执政时期开始，苏联依靠自身的资源优势充当原料及能源的供应者，一直努力将经互会的贸易建立在生产专业化及比较优势上。苏联称其几乎满足了东欧国家对石油、生铁进口的全部需求，铁矿进口需求的90%，木材进口需求的80%，石油制品、金属矿材和磷肥进口需求的70%，棉花、煤、锰矿进口需求的60%，而苏联则希望东欧国家成为苏联所需的机器设备、零配件及其他制成品的供应者。为适应这种贸易结构，东欧国家的经济政策及资源配置随之倾斜。原本自然资源丰富、工业基础落后的东欧国家却要"努力创造出比较优势"，纷纷面向重型机器制造业、加工工业及燃料动力综合体，造就典型的重型结构。20世纪30年代，一些中东欧国家的工业在国民经济中的比重：保加利亚的工业占比为28%、波兰的工业占比为53%、匈牙利和捷克的工业占比分别为56%和69%，到1950年，中东欧国家的工业占比大幅度提高，保加利亚的工业占国民经济的比重增长至60%、波兰的工业占国民经济的比重为63%，罗马尼亚和捷克的工业占国民经济的比重更是高达69%和82%。

到了1970年，经互会内机械设备的出口占内部贸易的40%，苏联进口机械设备的70%来自东欧。到1985年，保加利亚的机械设备出口已占出口总额的57.6%、捷克的机械设备出口占出口总额的48.2%。这种专业化生产使得东欧国家的经济与经互会（特别是苏联）紧紧地联系在一起，因为只有苏联愿意用石油及天然气来换取东欧的"软"产品。事实表明，根据"比较优势"制定的生产专业化增加了东欧经济对经互会（特别是苏联）的依赖性、需求弹性减小。

如果说1970年苏联同经互会和西方国家的贸易条件（石油）同为100.0，那么在1981年，苏联同经互会及西方国家的贸易条件（石油）则分别为133.5和250.2（比率为0.53），也就是说，苏联要以几乎低于国际市场1/2的价格向东欧国家出口石油（苏联对每个单位量的出口补贴为1/3）。1987年，苏联与东欧的外贸中尚有6 000万转账卢布的盈余，但到1988年却出现24亿转账卢布的赤字，1989年的赤字为40.8亿转账卢布，1990年更上升至130亿转账卢布。苏联急于改变这种对己不利的贸易条件。苏联对与东欧的贸易条件越来越不满意，特别是越来越感到无力继续承受对东欧的能源出口补贴。由于苏联境内能源储备逐渐减少及开采费用的上涨，苏联满足东欧国家能源需求的能力逐渐下降。20 世纪 80 年代，苏联曾三次减少对东欧的石油供应（1980 年减少 20%、1982 年减少 10%、1989 年减少 8% ~ 10%），1990 年又宣布在 1989 年的基础上再减少 30%。

由于苏联传统的经济模式令中东欧国家的经济结构严重扭曲，形成了以重工业为主的经济结构，并且苏联为其提供能源资源，成为其主要的工业产成品进口国。但是，随着苏联经济的衰退和向中东欧输送能源的减少，经互会整体贸易水平在经过 1989 年、1990 年两年连续下降（分别为 9% 和 18%）后，1991 年的跌幅竟达 35%，其中出口跌幅（45%）大于进口跌幅（6%），东欧国家的外贸赤字增加。出口收入贸易条件的恶化给中东欧国家的经济造成了巨大损失。

传统上，波兰出口的 20% 是面向苏联市场，但在 1991 年，波兰对苏联的出口大幅度下降，在指导性订货单上，机械设备的出口下降 78%。波兰最终向苏联出口的产品只实现了原本计划的 4%。出口的下降对机械工具、电子、采矿、道路以及建筑设备的生产也产生了很大的影响。1991 年波兰的失业率为 11.3%，而 1992 年则上涨到了 13.0%；当时的捷克斯洛伐克也遭受了严重的损失。1991 年 1—5 月，捷克的工业生产下降 12%，其中的 80% 是由外贸出口下降导致的。捷克斯洛伐克失去苏联市场使领取失业救济金的人增加了 20 万 ~25 万。在波兰，约有 15 万人因为苏联工厂停工或破产而失业。有一些小城市的工厂几乎全是为苏联生产而存在的，而丢失苏联市场使那里的失业具有"全面性"，从而给市政当局带来严重的政治和社会压力。

由于苏联控制了对中东欧国家的出口，限制了中东欧国家工业产品出口的市场，外加中东欧政局剧变后，民族主义膨胀，反苏情绪强烈，政府及国民均想尽快摆脱苏联的影响，回归欧洲。

四、俄罗斯和欧盟的能源合作与欧盟东扩

（一）欧盟东扩是大势所趋，俄罗斯无力阻挠

在加入欧盟的问题上，所有的中东欧国家都是一致的。这里面既包括与俄罗斯友好的国家，也包括与俄罗斯交恶的国家。加入欧盟除了历史的、民族的原因之外，最主要是因为国家利益。因为中东欧国家普遍经济不景气，而欧盟经济发展比较好，因此有吸引力。

（二）欧盟东扩有助于俄罗斯能源市场的扩大

不仅中东欧国家能源缺乏，欧盟本身也能源缺乏。欧盟东扩之后，不仅中东欧国家需要从俄罗斯进口石油，而且会进一步延伸到欧盟其他国家。

欧盟东扩意味着欧洲共同市场的东扩，同样也意味着欧盟能源市场的扩大，从而极大地增加了俄罗斯与欧盟合作的渠道和领域。在地缘上的接近，使得欧盟与俄罗斯有更多的机会进行合作，欧盟东扩以后，有利于发挥俄罗斯在中东欧能源市场上的传统优势，俄罗斯出口到欧盟的石油和天然气份额将会增加，欧盟对俄罗斯能源的需求也将扩大，双方能源贸易因此得到进一步发展。

欧盟东扩以后，天然气需求大幅度上升，有利于俄罗斯对欧盟的天然气出口。欧盟东扩的一个重要影响就是天然气在欧俄能源合作中的作用被提升，欧盟对俄罗斯天然气的依赖程度逐步加深。新入盟的东欧十国，对俄罗斯天然气的依赖均高达90%，并有继续上升的趋势。中东欧国家天然气资源比较缺乏，国内使用的传统能源是煤炭，按照欧盟标准进行市场化改革后，能源使用和排放必须要达到欧盟的环境标准。天然气作为一种清洁能源，成为煤炭的最佳替代能源，因此在短期和长期内，中东欧国家天然气消费能力均会有大幅度提升。欧盟东扩使欧盟对俄罗斯天然气的需求量大幅提升，是欧俄能源合作的一个良好契机。所以，中东欧的能源问题对欧盟东扩产生了影响。

（三）俄罗斯的能源外交卓有成效

由于苏联时期中东欧国家修建了大量的油气管道，受中东欧国家人口和经济发展规模的限制以及苏联解体、东欧剧变以后各个国家政权更迭，国家之间在能源问题上很难达成一致并进行合作。20世纪修建的管道主要是为了满足单个国家对能源的需求，成本相对较高，管道的规模也相对较小，造成了成本偏高和资源浪费。随着"冷战"的结束，苏联和西欧国家的关系恢复正常，地区能源贸易逐步加大，之前陈旧的管道已不再适合大规模能源的需求。就中东欧国家而言，欧盟与俄罗斯展开的一系列能源合作，可以帮助中东欧国家对20世纪修建的老旧管道进行改造和扩建，在一定程度上避免了资源的浪费，保证了本国能源使用的安全。

（四）欧盟是俄罗斯首要的资金和技术来源，德国是欧盟国家中对俄罗斯投资最多的国家

由于俄罗斯国内的能源投资缺乏法制保障，税收政策也不利于外国投资者，因此欧盟国家对俄罗斯的直接投资份额比较小，只占40%，多半是以信贷与政府担保贷款构成的间接投资，这部分的投资占到了60%。欧盟东扩后，新入盟的国家都将采用欧盟的规则，俄罗斯同东欧国家之间的能源投资与出口也必须要适应新的规则，欧盟实行的能源市场一体化和自由化政策等都将有利于俄罗斯国内能源领域的改革，改善投资环境。

欧盟东扩有利于俄罗斯与欧盟在能源运输领域的合作。中东欧国家是俄罗斯天然气和石油的传统购买国，在苏联时期中东欧国家曾经与苏联一道开发了西西伯利亚的天然气田，并一同修建了石油和天然气管道运输基础设施，即"友谊"石油管道系统和"兄弟"天然气管道系统。这两个系统除了保证中东欧国家自身的基本能源需求之外，还承担着向欧洲市场输送能源的过境运输责任。

第三节　中东欧国家能源安全问题对各国社会稳定的影响

近百年来，石油促进了世界经济的发展和人类文明的进步，同时也让人类付出了惨痛的代价。尤其是20世纪中叶进入"石油时代"，全球各国为了争夺石油资源而导致的冲突和战争层出不穷。第二次世界大战结束后，美国和苏联两个超级大国为了争夺能源展开了长达40多年的"冷战"。在全球石油、天然气、煤炭供求日趋紧缺的背景下，各国对石油资源的争夺也日趋白热化。国家和地区间的能源战略暗潮涌动，全球政治风云波澜迭起，不光影响国家间的稳定，能源对一国内部的稳定也有深远影响。

一、在苏联控制下能源安全引发的社会动荡

对苏联而言能源不仅是原材料，还是苏联外交的重要砝码。在"冷战"后期，随着世界石油涨价，苏联也相应提高了石油价格，并且减少了对中东欧国家的石油出口量，造成这些国家工业停产、工人失业，人民生活困难，由此引发社会动荡不稳定。

（一）苏联的石油提价导致中东欧国家经济衰退

一切社会问题内部必定隐藏着经济因素，经济基础永远是影响上层建筑稳定与否的关键因素。东欧各国长期以来实行优先发展重工业的工业化战略，造成了国民经济比例失调，形成了畸形的经济结构。前面章节分析了苏联解体以来对中东欧能源的出口量缩减，中东欧各国的经济衰退与增长情况见表4-12。各国衰退的时间和幅度不尽相同，中东欧各国经济衰退幅度最为严重的是1990年和1991年，波兰经济衰退的最高值在1990年，GDP 降幅为11.6%。其他国家经济衰退的最高值出现在1991年，其中降幅最大的国家是阿尔巴尼亚和克罗地亚，除斯洛文尼亚之外，各国的 GDP 降幅均在两位数。直到1997年，除了波兰之外的所有中东欧国家仍然没有恢复到苏联解体前（1989年）的水平。到1998年，也仅有波兰和斯洛文尼亚两个国家完全恢复到了苏联解体前的水平。经历了苏联解体后的经济衰退，中东欧国家的平均加权国内生产总值水平只达到解体前1989年的67%。

表4-12　1990—1998 年中东欧国家的实际国内生产总值的增长　　　　（%）

国家	1990 年	1991 年	1992 年	1993 年	1994 年	1995 年	1996 年	1997 年	1998 年	1997 年（1989=100）	1998 年（1989=100）
波兰	-11.6	-7.1	2.6	3.8	5.2	7.0	6.1	6.9	6.5	111.8	119.0
匈牙利	-3.5	-11.9	-3.1	-0.6	2.9	1.5	1.3	4.3	5.4	90.4	95.2
捷克	-0.4	-14.2	-3.3	0.6	3.2	6.4	3.9	1.0	1.4	95.8	97.1
斯洛伐克	-2.5	-14.6	-6.5	-3.7	4.9	6.8	6.9	6.5	4.0	95.6	99.5
保加利亚	-9.1	-11.7	-7.3	-1.5	1.8	2.1	-10.9	-7.4	3.5	62.8	65.0
罗马尼亚	-5.6	-12.9	-8.7	1.5	3.9	7.1	4.1	-6.6	-2.1	82.4	80.7
阿尔巴尼亚	-10.1	-27.7	-7.2	9.6	9.4	8.9	9.1	-8.0	10.2	79.1	87.2
斯洛文尼亚	-4.7	-8.1	-5.5	2.8	5.3	4.1	3.1	3.3	4.1	99.3	103.4
克罗地亚	-6.9	-20.0	-11.7	-0.9	0.6	1.6	4.3	5.5	5.5	73.3	77.3
马其顿	-9.9	-12.1	-21.1	-8.4	-4.0	-1.4	1.1	1.0	2.8	55.3	56.9
中东欧平均值	-6.4	-14.0	-7.2	0.3	3.3	4.4	2.9	0.7	4.1	84.6	88.1

资料来源：OECD, Transition report 1998, B. M. K.

（二）苏联的石油提价导致中东欧国家通货膨胀严重

中东欧国家的经济结构以工业为主，波兰、捷克、保加利亚和罗马尼亚在 1990 年 GDP 的结构中工业占比达到 40% 以上，其中捷克的工业占比为 50%。由于苏联的石油提价，导致滞胀现象。在产出下降的同时，中东欧各国也遭遇了严峻的通货膨胀，见表 4-13。

表 4-13　1991—1998 年中东欧国家的通货膨胀　　　　　　　　　（%）

国家	1991 年	1992 年	1993 年	1994 年	1995 年	1996 年	1997 年	1998 年
波兰	60	44.3	37.6	29.4	21.6	18.5	13.2	10.0
匈牙利	32	21.6	21.1	21.2	28.3	19.8	18.4	14.0
捷克	52	12.7	18.2	9.7	7.9	8.6	10.0	11.5
斯洛伐克	58	9.1	25.1	11.7	7.2	5.4	6.4	7.0
保加利亚	339	79.4	63.8	121.9	32.8	310.8	578.6	17.0
罗马尼亚	223	199.2	295.5	61.7	27.8	56.9	151.6	47.0
阿尔巴尼亚	104	236.6	30.9	15.8	6.0	17.4	42.0	14.0
斯洛文尼亚	274	92.9	22.9	18.3	8.6	9.4	9.4	8.0
克罗地亚	250	983.2	1149.0	-3.0	3.8	3.4	3.8	5.0
马其顿	230	1925.2	229.6	55.4	9.3	0.2	4.6	5.0

资料来源：OECD，1998 年的数据为欧洲复兴开发银行的预测值。

在苏联解体的最初几年中，保加利亚、罗马尼亚、斯洛文尼亚、克罗地亚、阿尔巴尼亚和马其顿的通货膨胀率达到了 100% 以上，马其顿 1992 年甚至达到 1925.2%。

（三）苏联的石油提价导致中东欧国家失业率大幅上升

苏联的石油提价，导致中东欧国家生产成本大增，工厂减少和停产，最终引发工人大量失业，失业率大幅度上升。如波兰在 1990 年、1991 年、1992 年和 1993 年的失业率分别为 6.5%、11.8%、14.0% 和 16.4%；保加利亚、斯洛伐克以及斯洛文尼亚的失业率也在 1993 年达到了 16.4%、14.4% 和 15.5%，部分见表 4-14。据波兰经济学家艾科勒德克统计，中东欧国家在解体后的一段时间内失业率通常超过 20%。

表 4-14　1990 年和 1993 年中东欧国家的失业率　　　　　　　　（%）

	保加利亚	匈牙利	波兰	罗马尼亚	斯洛伐克	斯洛文尼亚	捷克
1990 年	1.8	1.7	6.5	1.3	1.6	3	0.7
1993 年	16.4	12.1	16.4	10.4	14.4	15.5	3.5

资料来源：殷红，王志远. 中东欧转型研究 [M]. 北京：经济科学出版社，2013：98.

（四）苏联的石油提价导致中东欧国家贫富分化

随着能源供应的紧缺，能源工业的逐渐衰退，中东欧国家的经济社会不得不面临艰难的转型，造成经济的衰退，各国的基尼系数明显上升，见表4-15。

表4-15　中东欧国家基尼系数

年份	捷克	匈牙利	斯洛伐克	斯洛文尼亚	波兰	保加利亚	罗马尼亚	爱沙尼亚	立陶宛	拉脱维亚
1987—1988	19	21	20	24	26	23	23	23	23	23
1993—1994	27	23	20	28	31	34	29	39	36	27

注：低贫困（<5%）；中等贫困（5%~25%）；高贫困（25%~50%）；很高贫困（>50%）。

资料来源：Deninger&Squire（1996），Milanovic（1996），联合国开发计划署（1994）和世界银行（1996）。

严重的经济衰退、大量的失业以及不断加剧的不平等造成了中东欧国家的贫困人口急剧增长。社会贫富差距不断加大，罗马尼亚在1990年后的三年中贫困人口增长了18.3%，保加利亚更是增长了31.0%。

（五）苏联的石油提价导致中东欧国家负债率上升

在与苏联的对外贸易中，苏联提高了对中东欧出口能源以及原材料的价格，进一步加剧了中东欧国家的危机，使中东欧国家的外债迅速增加，甚至陷入了债务危机。中东欧国家从20世纪80年代起向西方国家举债，波兰、匈牙利、罗马尼亚、南斯拉夫、保加利亚等国都是债务缠身，部分国家的负债率超过了国际公认的30%的外债警戒线，从而陷入了债务危机。由表4-16可知，波兰在1988年的人均负债金额达到了1 000美元，与泰国1988年的人均GDP相当，而匈牙利和民主德国的人均负债金额也分别达到了1 800美元和1 250美元。巨额的债务负担增加了人民偿债的压力，削减了人民的福利水平。另外，从政府预算可以看出，各国政府预算均为赤字，其中阿尔巴尼亚最为严重，1991年预算赤字占到31%（见表4-17）。

表4-16　1988年部分中东欧国家外债

国家	总计（亿美元）	人均（美元）
波兰	389	1 000
匈牙利	177	1 800
民主德国	204	1 250

续表

国家	总计（亿美元）	人均（美元）
南斯拉夫	227	960
捷克斯洛伐克	25	40
保加利亚	61	820
罗马尼亚	49	90

资料来源：朱晓中.转轨中的中东欧［M］.北京：人民出版社，2002：102.

表4-17　1990—1998年中东欧国家政府预算余额（占国内生产总值的百分比）（%）

国家	1990年	1991年	1992年	1993年	1994年	1995年	1996年	1997年	1998年
波兰	3.1	-6.7	-6.6	-3.4	-3.8	-3.6	-3.2	-3.0	-3.0
匈牙利	0.4	-2.2	-6.8	-5.5	-8.4	-6.7	-3.5	-4.6	-4.9
罗马尼亚	1	3.3	-4.6	-0.4	-1.9	-2.6	-3.9	-4.5	-5.0
阿尔巴尼亚	-15	-31	-20.3	-14.4	-12.4	-10.4	-11.4	-17	-14.8
斯洛文尼亚	-0.3	2.6	0.2	0.3	-0.2	0	0.3	-1.5	-1.0

资料来源：［波］格泽戈尔兹·W.科勒德克.从休克到治疗：后社会主义转轨的政治经济［M］.上海：上海远东出版社，2000：101-102.

（六）苏联的石油提价导致中东欧国家社会动荡，政府更迭

中东欧国家的经济危机最终还是发展为急剧的社会变革。20世纪90年代初期，波兰、匈牙利、捷克斯洛伐克、保加利亚、罗马尼亚、南斯拉夫和阿尔巴尼亚等国相继放弃了苏联模式的社会主义制度，开始建立多党政治。

经济的严重衰退，人民生活压力加大，能源趋紧，激起了各国人民对社会的不满以及奋起反抗，波兰剧变烧起了中东欧社会不稳定的"第一把火"。波兰团结工会暗中组织罢工，他们的罢工示威不仅提出增加工资，改善待遇等条件，还提出了更多的工会在政府层面上的政治诉求。自1988年开始波兰工会就在各大城市组织工人罢工和其他形式的抗议活动。迫于国内的压力，当时波兰统一工人党领导人做了妥协，实际上"承认了政治多元化和团结工会的合法地位"。自从波兰的政治协商会议举行完后，波兰就与苏联社会主义模式渐行渐远。紧接着，由团结工会顾问组阁的新一届联合政府成立，这是中东欧国家40年里首次出现的由非共产党领导的政府，波兰政权彻底发生了更迭。

受波兰政局变化的影响与冲击，匈牙利、捷克斯洛伐克等其他中欧国家

也相继发生了政治剧变。

（七）苏联的石油提价导致中东欧国家犯罪率上升

通过以上分析可知，经济的大幅度衰退，通货膨胀加剧等宏观经济形势不断恶化，使得居民收入锐减，福利明显下降，政府的收支出现了明显不平衡，这些现象和影响又导致了社会秩序的混乱，犯罪率上升，腐败加剧。

欧盟统计局的资料显示，在苏联解体之后，部分中东欧国家的犯罪率有明显的上升，例如，捷克的犯罪人数在1993年为398 505人，到1999年增加了28 121人，达到426 626人，增长率约为7%。爱沙尼亚的犯罪人数增加了14 376人，犯罪增长率为38.7%；立陶宛的犯罪人数增加了16 730人，犯罪增长率达到27.7%；匈牙利的犯罪人数在1999年为505 716人，相比1993年的400 935人增长了26.1%；波兰、罗马尼亚、斯洛文尼亚的犯罪增长率则分别达到了31.6%、65.7%和39.3%。高涨的犯罪率也从侧面说明了能源趋紧、政局不稳定以及民族矛盾激化情况下的中东欧社会状况不稳定。

自从加入欧盟后，中东欧国家能源的供应逐渐变得稳定与多元化，在社会、经济、政治方面中东欧各国都得到了有效的发展和转型，相比于苏联解体后的一段时间，社会稳定程度逐步提高。通过与2002年，即部分中东欧国家谈判加入欧盟的时间点对比，捷克2002年加入欧盟谈判成功，5年之后的2007年，犯罪人数相比2002年的372 341人减少了14 950人，下降了4%；爱沙尼亚的犯罪人数下降了5%；立陶宛在2002年的犯罪人数为72 646人，在2007年的犯罪人数为67 990人，下降了7%；罗马尼亚2007年犯罪人数相比2002年下降了10%；而波兰的犯罪人数减少幅度最大，降幅为18%（见表4-18）。

表4-18　2002—2007年部分国家犯罪人数　　　　　单位：人

国家	2002年	2003年	2004年	2005年	2006年	2007年
捷克	372 341	357 740	351 629	344 060	336 446	357 391
爱沙尼亚	53 293	53 595	53 048	52 916	51 834	50 375
立陶宛	72 646	79 072	84 136	82 074	75 474	67 990
匈牙利	420 782	413 343	418 833	436 522	425 941	426 914
波兰	1 404 229	1 466 643	1 461 217	1 379 962	1 287 918	1 152 993

国家	2002 年	2003 年	2004 年	2005 年	2006 年	2007 年
罗马尼亚	312 204	276 841	231 637	208 239	232 659	281 457
斯洛文尼亚	77 218	76 643	86 568	84 379	90 354	88 197
斯洛伐克	107 373	111 893	131 244	123 563	115 152	110 802

资料来源：欧盟统计局。

经济政治危机特别是福利下降也加剧了民族之间的矛盾，苏联解体初期中东欧国家的民族分裂倾向严重，极端的情形是捷克斯洛伐克的分裂以及南斯拉夫的内战。

二、能源问题激起民族矛盾，导致国家分裂与战争

一石激起千层浪，能源问题成为东欧剧变的推动器，中东欧社会的巨大变革更激化了民族矛盾，民族主义抬头，趁机煽动了联邦体系下的激进分裂势力，成为民族分裂的催化剂。

（一）捷克斯洛伐克的分裂

随着能源问题导致的经济形势不断恶化，1990 年，捷克斯洛伐克工业生产总值下降 3%，全国经济部门的生产效益下降，实现利润比 1989 年同期减少 3%。到 1990 年底，捷克斯洛伐克的失业人数达到 3 万人。

在这种情况下，1991 年 1 月捷克斯洛伐克政府开始推行激进经济改革方法"休克疗法"，即主张全盘西化，主张经济转轨"一步到位"，推行彻底私有化，全面放开物价，大幅度削减进而取消国家补贴等。

这一激进经济改革对斯洛伐克地区的经济产生了强烈的冲击，使生产大幅度下滑，失业率迅速上升，人民生活水平大大下降，这使斯洛伐克人对政府采取的这一经济政策大为不满，对现行的联邦体制更加感到不信任。由于捷克地区的工业基础雄厚，经得起这一政策的短暂冲击，但是斯洛伐克地区实现工业化的时间晚，底子薄，承受不了这种冲击。斯洛伐克地区与捷克地区的产业结构不同，斯洛伐克地区以生产和出口原材料与半成品为主，在创造产值方面处于非常不利的地位。1991 年，斯洛伐克地区人均生产总值为 35 424 克朗，捷克地区为 43 994 克朗，斯洛伐克地区比捷克地区低 19%，斯洛伐克地区主要是钢铁、石油化工企业，捷克斯洛伐克 60% 的军需工业在斯洛伐克地区，而这些工业在市场变化的时候很难掉头，几乎全部处于瘫痪状态。

斯洛伐克地区的军事用品是其出口换汇的主要工具。实行"休克疗法"后，斯洛伐克地区的经济受到了强烈打击，由于失去了苏联、东欧市场，许多企业特别是军工企业难以为生。1992 年 4 月，斯洛伐克地区的失业率已攀升到 12%，远高于同时期捷克地区 4%~5% 的失业率水平，人民生活水平大幅度下滑。同时，联邦政府激进的经济改革削弱了斯洛伐克的国力，进一步拉大了斯洛伐克与捷克地区的经济差距，出现了贫富悬殊阶层，使斯洛伐克区的形势一天比一天严峻，因此斯洛伐克族很多政党和组织纷纷要求加强斯洛伐克的民族地位，要求按斯洛伐克地区的实际情况进行经济改革。从历史来看，由于两个民族在政治上长期分离，造成了政治、经济、文化和宗教的巨大差别，致使两个民族的语言和心理逐渐发生变化，而经济的衰退将这种矛盾逐渐放大。因此，从 1990 年初一直到 1992 年中，斯洛伐克要求民族独立的运动一次比一次激烈，终于在 1992 年 11 月 25 日捷克斯洛伐克联邦共和国议会通过《解体法》，向世界宣布捷克斯洛伐克联邦共和国于 1993 年 1 月 1 日分成两个独立的继承国：捷克共和国和斯洛伐克共和国。

（二）南斯拉夫的内战

历史上南斯拉夫的解体充分说明了能源问题对国家稳定的不利影响。南斯拉夫始终扮演着西方国家和苏联之间缓冲国的角色。1973 年石油危机，OPEC 国家限制了对西方国家石油的出口，国际油价大幅度上涨，当时出于技术等方面的原因，勘探和采矿技术落后、缺乏机器设备（特别是缺乏高深度的挖掘钻机）和大口径钢管。另外，苏联国内石油生产和供应严重依靠西伯利亚地区，开发条件极端恶劣，当时铁路不够发达，运力紧张，导致苏联出口石油也面临着极大困难，南斯拉夫等国家的工业发展严重受阻，加上和西方国家的贸易阻碍，严重制约了南斯拉夫经济的增长。为了解决这些问题造成的不利影响，南斯拉夫参加了国际货币基金组织（IMF），并从其获得贷款。南斯拉夫也因此拖欠了 IMF 大量债务，作为获得贷款的条件，IMF 要求南斯拉夫实现市场自由化。截至 1981 年，南斯拉夫已经有 19.9 亿美元的外债。另外，南斯拉夫在 1980 年有 100 万的失业人口。南斯拉夫国内经济发展水平差距很大，北部较发达地区的财政收入有很大一部分被用来补贴南部欠发达地区，而南斯拉夫的经济危机加剧了这个问题，也引发了斯洛文尼亚人和克罗地亚人的不满。1979—1985 年，南斯拉夫人的实际收入水平下降了 25%。1988 年，南斯拉夫侨民从海外寄往南斯拉夫的汇款达 4.5 亿美元，

1989 年这一数字达 6.2 亿美元，占当时世界总量的 19% 以上。在经历了西方经济体对南斯拉夫十年的援助和五年的解体、战争、抵制和禁运后，南斯拉夫经济崩溃了。苏联向来在东欧政治格局中发挥重要作用，其尝试通过能源等问题对南斯拉夫进行强制干预，企图操纵不结盟的南斯拉夫的国内政治与经济格局，严重影响了他国的正常发展。从南斯拉夫当时的国内格局来看，由于领导人铁托的逝世，民族主义盛行，最后爆发了大规模的冲突，造成国家的分裂，民族的隔阂，国内局势动荡不安，社会极其不稳定。

南斯拉夫的经济以石油化工等能源密集型为主。20 世纪 80 年代以来，由于苏联自身出现的种种问题以及当时领导人铁托的逝世而削减了对经互会成员的援助，南斯拉夫陷入了转型的艰难时期，在此期间物价飞涨，通货膨胀，失业人口增长。南斯拉夫经济发展呈停滞状态，劳动生产率平均每年下降 1.5%。1979—1988 年，固定资产投资减少一半，职工工资实际下降了 1/3，失业人口增长了 46%；通货膨胀日益严重，1989 年，通货膨胀率高达 1256%。80 年代以来的经济危机是导致南斯拉夫民族矛盾激化并进而发展成为内战的重要原因。

1990 年，南共联盟十四大，斯洛文尼亚共盟代表退出大会，使十四大无限期休会。南共联盟的四分五裂，使南斯拉夫的社会主义力量遭到沉重打击。之后，各共和国的共盟纷纷改名为社会党、社会民主党、民主改革党等，1990 年 4 月至 10 月，它们在各共和国多党制选举中纷纷失败，一些右翼政党纷纷上台执政。共产党失去了执政的地位，直接丧失了对国家的控制权，各自独立的国家在民族复仇情绪的刺激下，爆发了多次战争，如克罗地亚战争和波斯尼亚战争。克罗地亚战争致使克罗地亚人口从 1992 年的 475 万人减少到 1995 年的 440 万人，2003 年终于恢复到战前 1990 年的标准，经济指标也显示国内经济开始复苏。2005 年国民生产总值为 12 364 美元，在南斯拉夫联邦各国中仅次于斯洛文尼亚。波斯尼亚战争造成了波黑 32 723 名平民死亡，31 270 名士兵死亡；塞族共和国军和南斯拉夫人民军共 3 555 名平民死亡，24 206 名士兵死亡。克罗地亚军 1903 名平民死亡，5 439 名士兵死亡。两者纷争的结果共造成了约 20 万人死亡，难民和逃难的民众约有 200 万人。

在此期间，罗马尼亚在 1989 年发生暴动，在布加勒斯特的起义士兵和群众与总统卫队发生了枪战，保安队在蒂米什瓦拉与当地居民发生冲突，致使几千人丧生，上万人被捕或失踪。

三、俄罗斯使用能源武器惩罚"疏俄亲西"的乌克兰，进而波及中东欧国家，影响其社会稳定

俄罗斯输往欧盟国家的天然气绝大部分需要从乌克兰过境。近年来，乌克兰执行亲西方的政策，与俄罗斯的关系日趋紧张。俄罗斯对欧盟国家的能源供应因此也受到威胁。俄罗斯与乌克兰天然气的争端充分显示了俄罗斯对能源武器的运用。

长久以来，乌克兰和俄罗斯的能源经济是相互依存的，俄罗斯是当今世界可与沙特阿拉伯匹敌的"能源超级大国"，尤其是其天然气资源（43.3 万亿立方米）占全球剩余探明储量的 23.4%，储产比为 72%，为世界头号天然气资源大国，年产量超出 6 000 亿立方米，并保持着占全球天然气出口总量约 35% 的份额。乌克兰则是天然气资源匮乏国，其储量仅为俄罗斯的 1/47（0.92 万亿立方米），且其产量最高也不过 200 亿立方米，远不抵其年均 600 亿~700 亿立方米的消费量，其中约 250 亿立方米通过从俄罗斯进口来弥补。同时，俄罗斯出口的天然气占欧洲天然气使用量的 1/4，而这其中 80% 途经乌克兰的天然气管道。

在历史上，俄乌两国关系久远而密切。1922 年乌克兰作为创始国，与俄罗斯等一起建立苏联，以其辽阔的国土资源和庞大的经济规模，成为苏联的"粮仓"和仅次于俄罗斯的最重要的加盟共和国。1991 年苏联"八一九事变"后，乌克兰宣布独立，而后与俄罗斯、白俄罗斯共同宣布建立取代苏联的"独联体"。直至 2004 年乌克兰大选之前，总体上乌克兰还是保持与俄罗斯的睦邻友好关系。俄罗斯念在昔日"兄弟"情分上，一直按补贴价格优惠供应乌克兰天然气。

但是，自 2004 年底乌克兰爆发"橙色革命"以及亲西方的总统上台以来，乌克兰政府扭转外交基调，执行亲美倾欧政策，追求加入北约与欧盟，与俄罗斯在克里米亚海军基地等问题上矛盾不断。俄罗斯觉得再无必要为"疏俄亲西"的乌克兰经济买单，便于 2005 年末要求将供乌的天然气价格从每千立方米 50 美元提高至 230 美元。2006 年元旦俄罗斯切断对乌克兰的天然气供应，直到 1 月 4 日双方谈判达成协议后方才恢复通气。根据协议，俄罗斯以每千立方米 230 美元的价格出售天然气给"俄乌能源公司"，该公司将俄罗斯天然气和来自中亚的天然气混合，再以每千立方米 95 美元的价格出售给

乌克兰；而俄罗斯天然气经乌克兰境内出口欧盟的过境费则由原来每百公里每千立方米 1.093 美元提至 1.600 美元。

按照乌克兰与俄罗斯之前达成的协议，乌克兰中转俄罗斯天然气的价格为每百公里每千立方米 1.093 美元，乌克兰购买俄罗斯天然气的价格为50 美元，乌克兰每年中转俄罗斯天然气的总量约为 1 100 亿立方米，这样算下来，乌克兰每年因中转俄罗斯天然气而获得的利润，可以购买 290 亿立方米的俄罗斯天然气。按俄乌达成的新协议计算，乌克兰中转俄罗斯天然气的价格为每百公里每千立方米 1.6 美元，购买"俄乌能源公司"天然气的价格为 95 美元，乌克兰因中转俄罗斯天然气所获得的收入只够乌克兰购买 220 亿立方米的天然气。也就是说，乌克兰中转费所获收入购买天然气的能力下降了 70 亿立方米，如果按现行价格计算，购买 70 亿立方米天然气需要资金 7 亿美元。

单就此次协议的内容来看，乌克兰能源的依赖性更为明显，俄乌天然气争端将给乌克兰脆弱的经济带来沉重打击。同时，俄罗斯借口国际油价大跌、卢布贬值，急需现金支持国内经济，因而向乌克兰强硬追讨所欠的 20 多亿美元债务，其中 6.14 亿美元是乌克兰石油天然气公司欠下的天然气债款。经济衰退和信贷危机也加大了乌克兰及时还债的难度，增加了人民的生活负担。乌克兰 2006 年和 2007 年的人均能源消耗量分别为 2 935.2 千克石油当量和2 953.0 千克石油当量，相比于俄乌天然气争端前的 2005 年的 3 033.3 千克石油当量，下降幅度分别达到了 3.23% 和 2.65%。

俄乌天然气争端加剧了两国边境的不稳定，乌克兰面对俄罗斯的威胁深深地对自身的安全产生了担忧，在俄乌天然气争端开始的前几年中，军费开支大幅度增加，按现价美元计算，2006 年乌克兰的军费开支为 81 亿美元，相比 2005 年的 66 亿美元增加了 15 亿美元，增幅达到了 22.73%；2007 年的军费开支，比上年增加 36 亿美元，增幅达到了 44.44%；2008 年的军费开支增幅也达到了 10% 以上。军费开支的增加，表明乌克兰对自身安全的紧张与担忧，政府对军费的预算加大，增加了政府和人民的负担，直接引起了乌克兰社会的不稳定。

由于能源问题导致乌克兰人民生活成本加大，人民饱受天然气供给量减少给生活带来的困苦，同时在社会中下层产生了对俄罗斯严重的敌对情绪。2013 年底，乌克兰亲俄派总统中止和欧盟签署政治和自由贸易协议，欲强化和俄罗斯的关系，但是民间反对声音洪大，导致了乌克兰危机，乌克兰亲欧派在首都基辅举行示威游行，反对派和政府军发生了冲突。据中新社报道，乌克兰冲突导致至少 9 098 人死亡，另有 20 732 人受伤。联合国报告估计有290 万生活在乌克兰冲突地区的人面临严重的人道主义危机，"生活在接触线附近的约 80 万民众状况尤其艰难"。据披露，在所谓"顿涅茨克人民共和国"和"卢甘斯克人民共和国"控制地区的人民持续遭受严重的侵犯人权行为，包括谋杀、虐待、缺乏集会和言论自由等。

四、苏联对中东欧国家在能源方面定价不合理，导致波兰等国的离心运动

主要是能源的定价问题，苏联出口给波兰的石油和天然气涨价，但波兰出口给苏联的煤炭和其他农产品却没有对应调价，导致相互之间价格的剪刀差比较大，从而先后激起三次民众排苏民族运动，又导致苏联的干预，形成社会动荡。

（一）1956 年的波兹南事件

1955 年下半年，由于波兰政府改变工资制度，约有 75% 的工人工资下降。政府同时向先进工作者征收过高的奖金所得税。1956 年 6 月 8 日，波兹南采盖尔斯基机车车辆制造厂 16 000 名工人首先提出增加工资和减税的要求，车辆厂职工召开全体大会，决定派 30 名代表前往华沙，向机械工业部陈述意见。两个星期过后，工人们同厂方谈判毫无结果。为此工人决定开始罢工，同时声援罢工的还有铁路修车厂的职工和市交通公司的职工。

1956 年 6 月 25 日，机车车辆厂派出工人和厂方代表一同前往华沙同机械工业部部长和工会主席谈判。6 月 27 日，铁路修车厂工人再次罢工，各工厂的代表决定在第二天组织大罢工和上街游行示威。

1956 年 6 月 28 日 6 时 30 分，采盖尔斯基机车车辆制造厂约 80% 的职工开始上街游行，从捷尔任斯基大街向波兹南市中心行进。游行者举起"要面包和自由"的标语，并喊出了"俄国佬滚回去""释放囚犯"和"打倒秘密警察"等口号，沿途有很多群众和铁路修车厂的工人加入游行队伍。

当波兹南工人走上街头的消息传到华沙后，10 时 10 分左右，波兰政治局开会研究决定派出军队进行镇压。16 时，波兰第十装甲师、第十九装甲师、

第四步兵师和第五步兵师，共约 10 300 人的部队和波兰国家安全部队奉命进入波兹南，军队配备有坦克、装甲车和野战炮。整个晚上枪声不断，直到 29 日 4 时许才平静下来。30 日，军队撤出市区，波兹南秩序得以恢复。据官方统计，波兹南事件共造成 74 人死亡（包括军警 8 人），800 人受伤，658 人被拘捕，直接物质损失高达 350 亿兹罗提。

（二）波兰十月事件

1956 年 10 月，波兰统一工人党召开二届八中全会，被批评为"有右倾民族主义倾向"的哥穆尔卡当选为波兰中央第一书记，新改组的党中央为波兹南事件平反，释放被捕者。哥穆尔卡说："把痛心的波兹南悲剧说成是帝国主义特务挑起的，这种笨拙的企图在政治上是非常幼稚的"，"波兹南工人抗议的是对社会主义基本原则的歪曲"。统一工人党二中全会的召开引起了苏联的强烈不满，赫鲁晓夫突然飞抵华沙，波兰统一工人党对苏联的干涉极为愤慨，双方发生激烈争论。在波兰强烈要求下，苏联最终将包围华沙的驻波部队全部撤回基地，并将担任波兰国防部长的苏联元帅调回苏联。

（三）1980 年波兰事件

1976 年以来，波兰经济形势日趋恶化，1980 年 7 月，政府决定用议价的办法提高肉类及其他食品的价格，引起了工人的不满，卢布林省的工人最先发起罢工，接着是华沙、西里西亚和罗兹。直到政府许诺提高工人工资，形势才有所缓和。8 月 14 日，格但斯克、格丁尼亚、索波特和什切青等地工人再次掀起罢工，后发展成为全国规模的工人大罢工。罢工期间，各地工人分别成立罢工委员会，其中影响最大的是以瓦文萨为首的三联城（格但斯克、格丁尼亚、索波特）的罢工委员会。政府同罢工委员会达成协议：政府承认新的工会组织（团结工会）为不受党和政府领导的独立工会，保证罢工的权利和罢工者的人身安全，尊重宪法保证的言论、报刊和出版自由。

罢工工人也承认波兰统一工人党在国家中的领导地位，这次大规模的工人罢工导致波兰统一工人党第一书记下台，使波兰继续陷入经济、政治危机之中。

五、波罗的海沿岸国家因历史原因脱俄独立

波罗的海国家为苏联的加盟共和国，出于历史和民族的原因，离心倾向

最为明确。第二次世界大战期间，苏德签订《苏德互不侵犯条约》，波罗的海三国被希特勒私相授受，划入苏联的势力范围。在苏德联合瓜分波兰以后，苏联为了建立和德国之间的缓冲区，吞并了爱沙尼亚、拉脱维亚、立陶宛三国。

苏联国内实施的大俄罗斯主义和政治清洗做法，引起了各民族的反感。苏联对于反苏民族的惩罚也很严厉，从苏联占领波罗的海三国开始，苏联当局就开始对反苏分子进行整治清算，许多被视作"敌对分子"或可疑对象都遭到逮捕、流放或处决，仅拉脱维亚就有 3.4 万人。据估计，1940—1953 年，波罗的海三国被流放人员有 20 多万，对于不到 600 万人口的波罗的海小国来说，这是相当高的比例。

苏联为了加强对波罗的海三国的管理，采取民族置换的方式，将立陶宛人、爱沙尼亚人、拉脱维亚人大量流放到西伯利亚地区，而将其他地区的俄罗斯人迁入波罗的海三国。直到目前，还有两个国家保持了比较高比例的俄罗斯人：拉脱维亚俄罗斯族占 27%，爱沙尼亚俄罗斯族占 24.8%。

波罗的海三国被并入俄罗斯和苏联时期，留给他们的是沉痛而苦涩的记忆，所以从苏联谋求独立一直是其愿望和目标。东欧剧变和苏联解体，使波罗的海三国重新恢复了民族国家。独立以后的波罗的海三国，政治上向西方靠拢以维护其独立，经济上谋求西方援助以获得发展，军事上希望依靠西方集体防卫确保其安全，采取向西一边倒的政策，相继加入了北约和欧盟。

在波罗的海三国独立以后，俄罗斯主要通过能源外交措施来控制这三个国家。俄罗斯"天然气工业公司"、"卢克"石油公司和"尤科斯"石油公司向波罗的海国家提供石油和天然气，还将碳氢化合物出口到世界市场。俄罗斯从 2003 年 1 月决定停止使用立陶宛维茨比尔斯港的石油管道，只有一个目的就是将这些设施控制在俄罗斯商人手中。

第四节　中东欧国家能源安全问题对各国人民生活的影响

能源是人民生活不可或缺的物质基础，人民生活水平越高，对能源的需求和依赖也就越高，能源消费对人民生活水平具有推动作用。能源的安全以及稳定供应一直是影响居民生活不可或缺的因素。本节通过分析能源供应对中东欧国家的供暖以及用电等正常生活水平的影响，来说明能源安全对中东欧各国人民生活的影响。

自从人类学会利用火以后，能源就和人类生活紧密相连。人类的衣、食、住、行都离不开能源。首先，能源为人类日常生活提供热量支持。冬天，人类需要靠能源取暖、御寒，尤其在中东欧这样的高寒地区；夏天需要靠能源纳凉、消暑。自从人类告别了茹毛饮血的野蛮时代，人类饮食便处处离不开能源，人类需要能源来生火做饭，需要能源来加工各种美味，需要能源来储存加工好的食品；人类居住环境的好坏和舒适度也离不开能源的使用，需要能源提供照明、清洗和打扫等；现代社会中人类依赖的交通工具还需要能源提供动力支持。其次，能源促进了工业文明的发展，为人类生活水平的进一步提高提供了更加丰富的物质和精神产品。

自古以来，人类就为改善自身的生存条件和促进社会经济的发展而不停奋斗。在这一过程中，能源始终扮演着极其重要的角色。从社会经济发展的历史和现状来看，能源问题已成为具有战略意义的问题。能源的消耗水平已成为衡量一个国家国民经济发展和人民生活水平的重要标志。随着现代社会生产力的发展和人民生活水平的提高，商品能源消耗的增长速度大大超过了人口的增长速度。1975 年，世界人口比 1925 年增长了一倍，世界商品能源的总消耗量增长了 4.5 倍，而且这种增长仍呈上升趋势。1987 年世界商品能源的总消耗量为 100 亿吨标准煤，比 1975 年增长了 70%。到了 2000 年，世界商品能源的总消耗量已达 200 亿吨标准煤。

一、能源供应紧张，影响到中东欧国家的供暖

虽然中东欧以温带大陆性气候为主，但其距离温暖的北大西洋较远，全区最冷月均温皆在零摄氏度以下，故河流冰封，雪橇通行，冬季漫长。由于气温甚低，空气中水汽含量稀少，故湿度甚低，空气干冷，同时出于环境污染等因素的考虑，中东欧大部分国家和地区在寒冷的冬季都实行集中供暖的方式，而集中供暖是通过热电联产实现的，就是将分布在全国各地的发电厂利用发电过程中产生的余热将水加热，并通过密布在城市地下的供暖管道向用户供暖，这种供暖方式不仅提高了燃料的利用率，还可以将对环境的污染降到最低。

二、能源供应紧张，影响生活用电规模和数量

中东欧能源供应紧张，各国都在致力实施能源供应多元化。但在新能源

并未完全投入使用且形成规模化之前，传统的化石能源仍然还是电力供应的主要燃料，也是人民生活中不可或缺的一部分。我们选取能源供应紧张的两个特殊时点，即苏联解体与加入欧盟来分析中东欧主要国家用电数量对人民生活的影响。由于数据有限，以下将选取中东欧地区波兰、匈牙利、捷克、立陶宛、斯洛伐克、爱沙尼亚、斯洛文尼亚和拉脱维亚等八个国家的人均耗电量来重点分析其对人民生活的影响，因为这八个国家脱离苏联的时间都是在1990年前后，而完成加入欧盟谈判的时间均为2002年。在1990年前后，受苏联解体的影响，中东欧能源供应受阻，20世纪90年代为中东欧国家能源供应的"寒冬"，由表4-19可以看出，1990年以来中东欧主要国家的人均能源使用量不断下降。

表4-19　1990—1994年中东欧主要国家人均能源使用量 单位：千克油当量

国家	1990 年	1991 年	1992 年	1993 年	1994 年
捷克	4 794.77	4 347.12	4 219.63	4 089.30	3 961.78
爱沙尼亚	6 232.73	5 841.39	4 283.16	3 639.27	3 752.39
匈牙利	2 774.49	2 642.92	2 423.18	2 481.45	2 406.69
波兰	2 705.61	2 641.03	2 569.18	2 624.65	2 496.17
斯洛伐克	4 024.67	3 606.58	3 410.73	3 334.79	3 260.63
立陶宛	4 344.17	4 601.70	2 978.41	2 472.22	2 220.42
斯洛文尼亚	2 857.56	2 778.95	2 584.34	2 715.39	2 827.92
拉脱维亚	2 949.28	2 791.67	2 335.41	2 058.65	1 893.96

资料来源：欧盟统计局。

捷克1994年的人均能源使用量为3 961.78千克油当量，相对于1990年的4 794.77千克油当量下降幅度达到17.37%；而上述八国平均能源使用量下降幅度为25.63%。其中能源依存度相对较高的爱沙尼亚、立陶宛和拉脱维亚的人均能源使用量下降幅度更是分别达到了39.8%、48.9%和35.8%。

加入欧盟前后各国人均能源消耗量均有所上升。如表4-20所示，2004年为各国完成入盟谈判两年后，其人均能源使用量相比入盟前三年均有所提高，平均能源使用量增长幅度为13.38%，能源对外依存度相对较高的立陶宛、拉脱维亚、爱沙尼亚的能源使用量涨幅分别达到了36.4%、

21.2%、15.4%。

表 4-20　2000—2004 年中东欧部分国家加入欧盟前后人均能源使用量

单位：千克油当量

国家	2000 年	2001 年	2002 年	2003 年	2004 年
捷克	3 996.58	4 118.49	4 171.31	4 357.05	4 459.63
爱沙尼亚	3 374.71	3 541.51	3 415.78	3 798.04	3 893.40
匈牙利	2 448.14	2 512.67	2 520.15	2 580.21	2 579.29
波兰	2 329.40	2 346.15	2 324.32	2 384.68	2 392.02
斯洛伐克	3 292.61	3 456.71	3 483.87	3 468.78	3 416.25
立陶宛	2 037.62	2 384.74	2 574.35	2 709.25	2 779.20
斯洛文尼亚	3 224.38	3 381.11	3 424.45	3 463.52	3 571.19
拉脱维亚	1 618.46	1 759.16	1 763.26	1 889.95	1 961.10

资料来源：欧盟统计局。

电力作为二次能源，在人们的日常生活中发挥着重要的作用，为人们的
生活提供便捷与帮助。随着科技的不断进步与发展，一个国家的人均用电量
正逐渐成为衡量其经济发展水平和人民生活水平的重要标志。美国作为世界
上最发达的国家，1971 年的人均耗电量已经达到了 7 571.3 千瓦时。欧盟的
重要成员德国的人均耗电量在 1990 年也高达 6 600 千瓦时。从居民生活用电
所需能源消耗量的投入方面来看，进入 20 世纪以来，中东欧部分国家的居民
用电能源投入量不断提高（见图 4-2）。

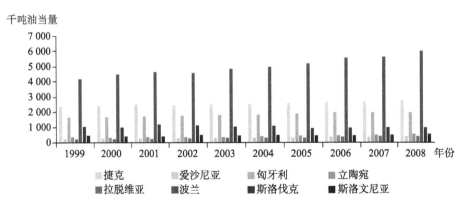

图 4-2　1999—2008 年中东欧各国居民生活用电所投入的能源量

资料来源：欧盟统计局。

根据《欧盟能源统计年鉴》提供的数据，1999 年，捷克、爱沙尼亚、匈牙利、立陶宛、拉脱维亚、波兰、斯洛伐克和斯洛文尼亚居民生活所消耗的能源总量分别是 2 334 千吨油当量、244 千吨油当量、1 672 千吨油当量、349 千吨油当量、248 千吨油当量、4 149 千吨油当量、1 059 千吨油当量和 437 千吨油当量。通过对比可知，在正式加入欧盟之后，截至2003 年，相比于 1999 年，各国的居民能源消耗量都有不同程度的提高，比较典型的有：爱沙尼亚的增幅达到 29.1%，捷克和波兰的增幅也分别达到了 21.3% 和 20.0%，立陶宛和拉脱维亚的增幅也分别达到了 18.6% 和 16.5%。

综上所述，中东欧地区国家耗电量总体呈现持续上升的趋势，但自 1990 年苏联解体后，苏联供应的一次能源大幅减少，出现能源供应危机且导致电力等二次能源供应稳定性受阻，由此也印证了在苏联解体后的最初几年间，东欧国家人均耗电量都存在不同程度的下降。随着各国经济结构的转型与加入欧盟带来新的经济发展动力，能源输入越来越多样化，包括进口来源的多样化以及新能源的引入，由图 4-3 可知，截至 2009 年，大部分国家的人均耗电量相对于 1990 年苏联解体时都有不同程度的提高。

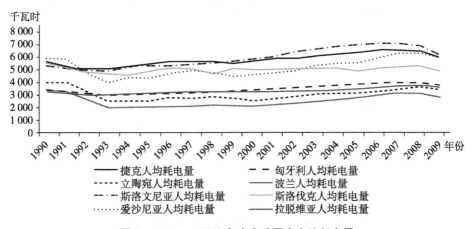

图 4-3 1990—2009 年中东欧国家人均耗电量

资料来源：欧盟统计局。

现代社会生活中的方方面面都离不开电，居民用电量的多少也成为衡量人民生活水平的重要指标，其主要包含了居民日常取暖和家用电器所使用的电量。从微观方面来看，通过观察各国家庭用电量来看分析能源的供应对人民生活的影响，更能直接反映出能源问题对人民生活的影响。具体见图 4-4。

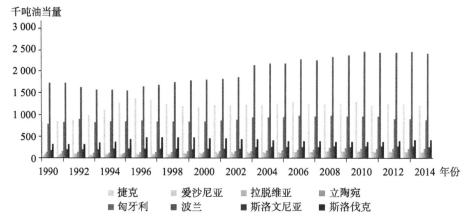

图 4-4　1990—2014 年中东欧各国家庭用电消耗量

资料来源：欧盟统计局。

通过对比同时期德国、法国和英国的居民用电消耗量，不难看出，居民耗电量的多少与经济发展程度、人民生活水平有密切关系（见图 4-5）。下面将在微观层面逐个分析不同国家人均耗电量的变化，见图 4-6 至图 4-13。

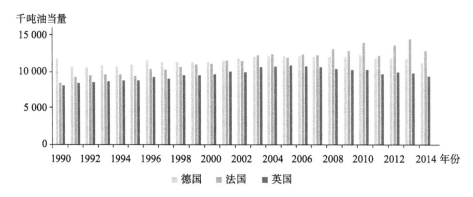

图 4-5　1990—2014 年德英法三国居民用电消耗量

资料来源：欧盟统计局。

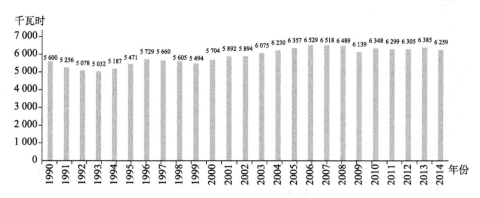

图4-6 1990—2014年捷克人均耗电量

资料来源：世界银行。

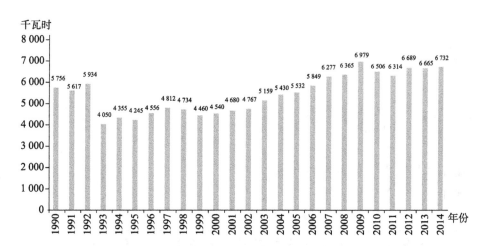

图4-7 1990—2014年爱沙尼亚人均耗电量

资料来源：世界银行。

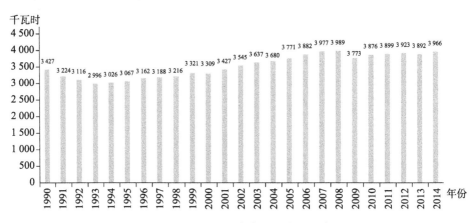

图 4-8　1990—2014 年匈牙利人均耗电量

资料来源：世界银行。

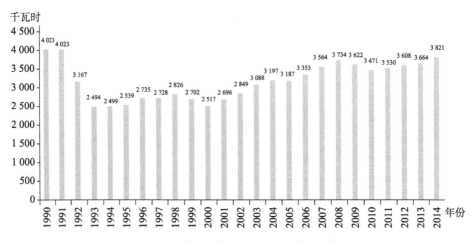

图 4-9　1990—2014 年立陶宛人均耗电量

资料来源：世界银行。

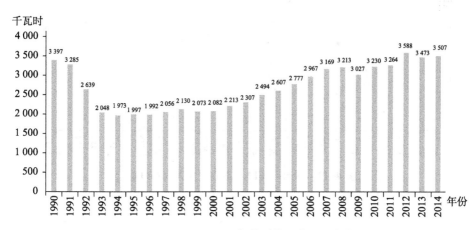

图 4-10　1990—2014 年拉脱维亚人均耗电量

资料来源：世界银行。

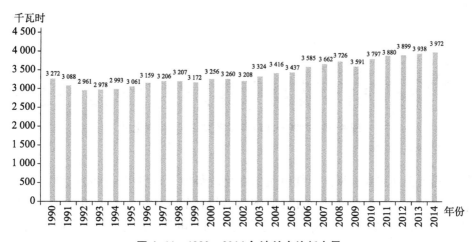

图 4-11　1990—2014 年波兰人均耗电量

资料来源：世界银行。

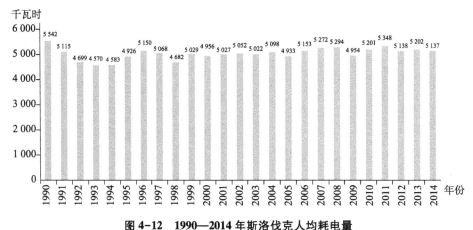

图4-12 1990—2014年斯洛伐克人均耗电量

资料来源：世界银行。

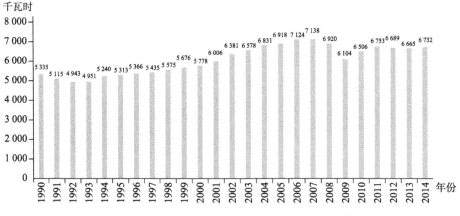

图4-13 1990—2014年斯洛文尼亚人均耗电量

资料来源：世界银行。

通过上述主要国家人均耗电量的变化趋势图可以看出，1990—2002年人均耗电量存在明显的变化。在苏联解体后最初的几年里，人均耗电量呈不断下降趋势，于1993年达到低谷，捷克的人均耗电量从解体前的5 600千瓦时降到了1993年最低的5 032千瓦时；匈牙利从解体前的3 427千瓦时降到2 996千瓦时；斯洛伐克从解体前的5 542千瓦时降到4 570千瓦时；立陶宛从解体前的4 023千瓦时降到2 494千瓦时；爱沙尼亚从解体前的5 756千瓦时降到4 050千瓦时；斯洛文尼亚从解体前的5 335千瓦时降到4 951千瓦时；拉脱维亚从解体前的3 397千瓦时降到2 048千瓦时。除了匈牙利、波兰和斯洛文尼亚等自身可以生产煤炭能源外，大部分国家的人均耗电量下降幅度超过 10%，且随着能源供应紧张，电力价格一路攀升，增加了中东欧国家人民的生活成本。据波兰通讯社报道，20 世纪 90 年代初期是波兰能源匮乏、供电取暖较为紧张的一个时期，其国民用于取暖的开支占收入的 20% 以上，为居住成本的 40%，严重影响着人民的正常生活。

中东欧国家加入欧盟后，人均耗电量都有了明显的提高，通过对比欧盟内部的发达国家，德国 2002 年的人均耗电量为 6 901 千瓦时，爱沙尼亚 2002 年的人均耗电量为 4 767 千瓦时，为德国人均耗电量的 69%，而在 2012 年，爱沙尼亚的人均耗电量为德国人均耗电量的 97%。

正式入盟 10 年后，中东欧能源供应量逐渐稳定。2014 年德国的人均耗电量为 7 035 千瓦时，匈牙利、立陶宛、拉脱维亚和波兰的人均耗电量分别为 3 966 千瓦时、3 821 千瓦时、3 507 千瓦时和 3 972 千瓦时，达到了德国的 56%、54%、50% 和 56%，捷克、爱沙尼亚和斯洛文尼亚的人均耗电量已经逐渐接近德国的人均耗电量。相比英国而言，以上三国的人均耗电量于入盟后的第 5 年超过英国（见图 4-14）。

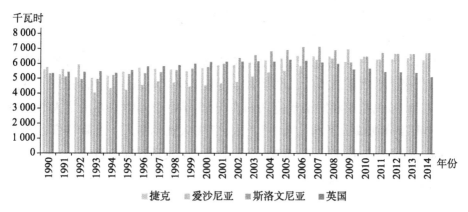

图 4-14　1990—2014 年捷克、爱沙尼亚、斯洛文尼亚和英国人均耗电量对比

资料来源：欧盟统计局。

三、能源供应紧张，导致出生率下降

能源供应稳定与否直接反映在能源的价格上面，在不考虑通货膨胀率的前提下，能源供应充裕的年代，能源价格相对低廉，能源消费支出占人民总体消费支出的比例小；而能源供应紧张的年代，人民的生活成本上升，能源消费支出占人民总体消费支出的比例变大。生活负担加重，从而会对一个地区的出生率产生影响，生活成本上升、生活负担加重的时候，更少

的人愿意生养小孩，而在生活充裕、压力小的年代人民生育的意愿会更加强烈。

在苏联解体后的 10 年间，人民在能源方面的开支大幅度提升，以日常取暖用的燃气油来说，立陶宛每百升的价格由 1993 年的 4.68 欧元上升到 2000 年的 17.67 欧元，涨幅达到了 278%，匈牙利的日常取暖所用燃气油的价格在 2001 年达到了 74.72 欧元，相较 1992 年的 19.85 欧元，涨幅超过 200%，达到了 276%。斯洛文尼亚在 1990—2001 年的 10 年间燃气油的价格也上升了 63.3%，达到了 34.18 欧元。相比同一时间的人均 GDP，以 1991 年为基期，截至 2001 年，匈牙利的人均 GDP 增幅为 23.0%；斯洛文尼亚的人均 GDP 增幅为 35.6%；但立陶宛的人均 GDP 相比 1991 年反而下降了 13.0%。中东欧普遍对外能源依存度较高，能源价格的上涨比人民收入的增长幅度更大，严重增加了人民的生活负担。同时，能源的严重匮乏还会影响一国的医疗卫生和基础设施建设，一个最直接的后果就是对人口数量的影响，尤其是对一国人口出生率的影响。我们选择出生率作为反映人口增长情况的一个指标，出生率表示一年内平均每千人中的活产婴儿数，侧面反映人民生活水平是否有保障，人民是否有意愿进行生育。

通过图 4-15 的数据可以发现，随着能源供应量的逐渐减少，能源价格的提高，人民生活成本的加大，出生率也逐渐呈现下降趋势，爱沙尼亚、立陶宛、波兰、拉脱维亚和斯洛伐克四国在 1995 年每千人中婴儿出生人数相较 1985 年而言分别减少了 6.1 人、6.7 人、7.1 人和 6.0 人，下降幅度达到了 39.4%、43.5%、38.8%、34.3%，在出生率方面呈现骤降的趋势。

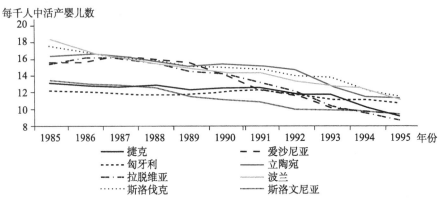

图 4-15　1985—1995 年中东欧八国出生率

资料来源：世界银行。

通过图 4-16 的数据可知，1996—2006 年，波兰、匈牙利、捷克、斯洛伐克、立陶宛、爱沙尼亚、斯洛文尼亚和拉脱维亚等八国的出生率出现了不同程度的上升，尤其是 2002 年以后，出生率上升态势明显。捷克和爱沙尼亚的出生率提升了 17%；拉脱维亚的出生率提高幅度达到了 27%。可见加入欧盟，能源结构多元化使中东欧国家能源危机得到缓解，人均能源使用量和人均耗电量提高，人民生活水平提高，更多的人在物质上有能力去养育新生儿。

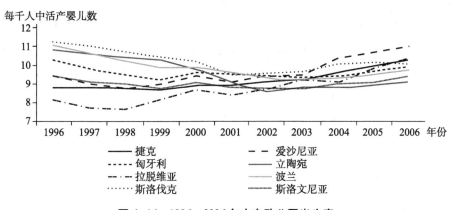

图 4-16　1996—2006 年中东欧八国出生率

资料来源：世界银行。

与出生率相对应的是婴儿出生时的预期寿命，苏联解体时以及之后的几年中，由于能源问题导致电力出现问题，人民工资收入以及生活水平下降，甚至医疗卫生条件下降，导致了婴儿预期寿命下降，所分析的八个国家中部分国家出现了预期寿命下降的现象，见表 4-21 和表 4-22。

表 4-21　1986—1991 年中东欧八国婴儿出生时预期寿命　　　　单位：岁

国家	1986 年	1987 年	1988 年	1989 年	1990 年	1991 年
捷克	71.00	71.45	71.64	71.68	71.38	71.90
爱沙尼亚	70.09	70.64	70.70	70.04	69.48	69.37
匈牙利	69.17	69.65	70.02	69.46	69.32	69.38
立陶宛	72.08	71.93	71.76	71.43	71.16	70.36
拉脱维亚	70.62	70.69	70.62	70.16	69.27	69.03
波兰	70.85	70.90	71.33	71.04	70.89	70.59

续表

国家	1986 年	1987 年	1988 年	1989 年	1990 年	1991 年
斯洛伐克	71.02	71.09	71.21	71.03	70.93	70.88
斯洛文尼亚	71.80	72.00	72.45	72.70	73.20	73.35

资料来源：联合国人口司。

以 1986 年作为基期，爱沙尼亚的新生儿预期寿命减少了 0.72 岁，立陶宛的新生儿预期寿命减少了 1.72 岁，拉脱维亚的新生儿预期寿命减少了 1.59 岁，波兰和斯洛伐克的新生儿预期寿命则分别减少了 0.26 岁和 0.14 岁。

表 4-22　2000—2004 年中东欧八国婴儿出生时预期寿命　　　　单位：岁

国家	2000 年	2001 年	2002 年	2003 年	2004 年
捷克	74.97	75.17	75.22	75.17	75.72
爱沙尼亚	70.42	70.26	70.90	71.32	71.91
匈牙利	71.25	72.25	72.35	72.30	72.65
立陶宛	72.02	71.66	71.76	72.06	71.96
拉脱维亚	70.31	70.76	70.96	71.27	72.03
波兰	73.75	74.20	74.50	74.60	74.85
斯洛伐克	73.05	73.40	73.60	73.60	73.96
斯洛文尼亚	75.41	75.76	76.01	76.86	77.21

资料来源：联合国人口司。

选择 2002 年作为参照时点发现，在 2002 年后大部分国家的新生儿预期寿命都有所提高。捷克的新生儿预期寿命在 2006 年相较 2000 年的 74.97 岁增加了 1.56 岁。爱沙尼亚则在 2006 年相较 2000 年的新生儿预期寿命增加了 2.27 岁。匈牙利、拉脱维亚、波兰、斯洛伐克和斯洛文尼亚的新生儿预期寿命则分别增加了 1.85 岁、0.55 岁、1.40 岁、1.15 岁和 2.67 岁。

四、能源供应紧张，导致城镇化率下降

中东欧国家的城镇人口数量也随着能源供应的变动而变动，中东欧国家历来为发展中的工业国家，有着悠久的工业发展历史，工业的发展远远领先于农业，所以人口主要集中在城镇地区。

由于城市生活成本高，出现了"返城镇化"现象，城镇人口变化率发生了明显的变化，而由城镇人口变化率反映出的城镇化率，则反映了一国的现

代化程度和居民的生活水平。1988—1994 年，中东欧八国的城镇人口出现明显的下降态势，在苏联解体后的几年，尤其是在 1994 年，捷克、爱沙尼亚、匈牙利、立陶宛和拉脱维亚的环比下降幅度分别为 0.23%、2.03%、0.33%、0.86% 和 1.63%，为连年下降的最大幅度，而波兰、斯洛伐克和斯洛文尼亚的城镇人口增长率也是逐年下降。2002 年后，城镇人口的减少幅度明显下降，说明加入欧盟后，随着能源供应变得越来越稳定和多样化，城镇人口的减少率出现了明显的下降。具体见图 4-17。

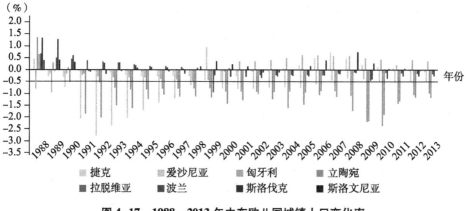

图 4-17　1988—2013 年中东欧八国城镇人口变化率

资料来源：世界银行。

五、能源、汽车拥有量和汽油使用量

一国的汽车拥有量与经济发展、经济活跃程度、国内生产总值、人均国内生产总值的增长，以及道路建设的发展有着密切的联系，通过每千人汽车拥有量这个指标来衡量。汽车特别是用于消费的私人轿车保有量，会随着经济的持续快速发展以及人民收入水平的不断提高而增加。汽车保有量也反映了一国人民生活水平、生活质量的高低。

汽油和汽车存在互补关系，油价低，汽车的购买量和拥有量自然增加，因此，汽油消费量可以作为汽车消费的一个间接代理变量。具体见图 4-18、图 4-19。

汽油消费量呈现出不断上升的态势，捷克、爱沙尼亚和匈牙利等国的汽油消费量分别增长了 13%、14% 和 18%。汽油消费量的增加同样说明了能源供应的充足，人们的收入水平完全可以满足开私家车的需求，从而对公共交

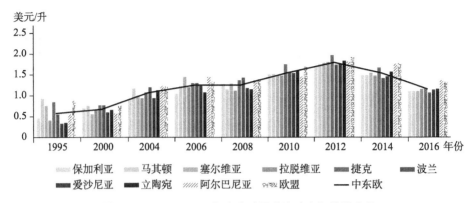

图 4-18　1995—2016 年中东欧国家汽油市场价格变化

资料来源：欧盟统计局。

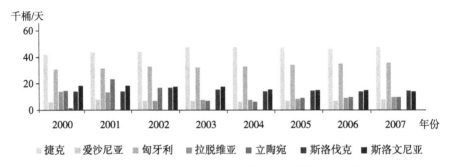

图 4-19　2000—2007 年中东欧国家汽车用汽油消费量

资料来源：欧盟统计局。

通的需求下降。

　　根据世界银行数据库提供的资料，自 2003 年以来，爱沙尼亚、立陶宛、拉脱维亚、匈牙利、波兰、斯洛伐克和斯洛文尼亚每千人拥有汽车的数量每年呈现不断上升的趋势。加入欧盟后的十年中，以上八国中每千人汽车保有量最大的是立陶宛，由 2003 年的每千人 370 辆汽车增加到 2013 年的 580 辆，增长幅度达到 56.8%。波兰作为汽车保有量增长速度最快的国家，由 2003 年刚入欧盟一年的 294 辆，到 2012 年每千人汽车保有量达到了 486 辆，增长幅度为 65.3%，近 10 年汽车数量增长了 1.7 倍。爱沙尼亚和斯洛伐克的汽车保有量增长速度也分别达到了惊人的 43.4% 和 33.7%。在立陶宛、波兰、斯洛文尼亚、爱沙尼亚中等国家中，平均每两个人中就拥有一辆汽车，而拉脱维亚、匈牙利、斯洛伐克等国平均每三个人就拥有一辆汽车。较高的汽车保有量和增长速度反映了汽油在一国的稳定供应程度和价格较小的波动性。具体见图 4-20。

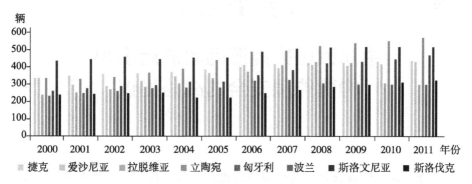

图 4-20　2000—2011 年中东欧国家每千人汽车拥有量

资料来源：欧盟统计局。

　　本节主要通过分析人均耗电量、人口的出生率、新生儿预期寿命、城镇人口变化率以及每千人汽车拥有量等指标在苏联解体和加入欧盟两个特殊时点的变化，来说明能源问题对人民生活的影响。通过分析不难看出，1990 年，即苏联解体时，中东欧国家能源供给紧张，人民的生活水平下降，可以通过人均耗电量以及出生率和新生儿预期寿命等指标看出。到了 2002 年，八个国家加入欧盟在谈判阶段达成一致共识，中东欧国家的能源供应紧张局势得到一定的缓解。通过对比数据可以发现，在入盟后的几年中，中东欧国家的人均耗电量、人口的出生率、新生儿预期寿命以及最能反映人民生活水平的每千人汽车拥有量都有不同程度的提高。城镇人口的数量虽然受欧洲整体负自然增长率的影响，但不难看出，在能源供应稳定的时期，城镇人口的下降速度是有所减缓的。通过以上不同国家、不同指标的分析我们不难得出，能源问题对中东欧国家人民的生活存在着影响。当能源供应充足的时候人民的生活水平相对较好，当能源供应短缺，发生能源危机的时候，人民的生活水平会下降，进而通过较低人均耗电量与较低的预期人均寿命反映出来。

第 五 章

中东欧国家能源问题的启示和
构建能源安全的战略建议

中东欧国家能源安全问题形成原因比较复杂,有些是自然因素,先天存在不足;有些是"冷战"时期的产物,也是历史的宿命。其跨越时代留下的启示还是很多的,对于我国来说,借鉴还是很有必要的。尤其是自然因素可以通过贸易甚至是替代的方式加以解决。改变单一的能源生产结构,改变单一的能源贸易结构,建立能源储备制度,对能源消费进行鼓励和引导,提高能源利用效率,降低能源需求。

第一节　中东欧国家单一能源结构脆弱性的启示

一、单一能源生产结构脆弱性的表现

从能源资源分布上来看,中东欧国家能源资源以煤炭为主。除罗马尼亚有一定的石油资源,罗马尼亚和波兰有一定的天然气资源外,其他中东欧国家的石油、天然气全部依赖进口。因此,中东欧国家这种能源的蕴藏结构自然导致其能源的生产结构单一,特别是对于能源比较丰富的国家,如波兰和捷克。单一的能源生产结构是脆弱的,具有高度的不稳定性,对生产效率、产业转型、能源可持续发展和环境保护等造成不良影响。

(一)导致粗放型生产方式,能源生产效率低下

表5-1反映了20世纪50年代中东欧煤炭生产大国波兰、捷克与西方煤炭生产强国美国、德国生产效率情况。通过对比发现,中东欧煤炭生产大国波兰与西方煤炭生产强国美国煤炭的生产效率差异较大,1955年美国的人均日产煤量为3.7吨,为同期波兰的3倍;1957年波兰人均日产煤量仅为1.2吨,原因

在于波兰的机械化水平低。1955 年美国采煤机械化水平达到了 85%，而 1957 年波兰的机械化水平仅为 45%，只有美国的一半。但是，波兰在中东欧国家中机械化水平还算较高的，1955 年捷克的机械化水平仅为 5.4%，仅为美国 5% 的水平，波兰 10% 的水平。由于机械化水平低，生产效率低下，最终导致两个严重后果：一是煤炭就业人数较多，1957 年波兰煤炭就业人数为 31.6 万人，相当于总人口的 1%，比美国煤炭就业人口还多，1955 年美国仅为 28.0 万人；二是矿难死亡率高，从 20 世纪 30 年代到 50 年代美国的矿难死亡率稳定在百万分之一，即每生产一百万吨煤死亡一人，而同期波兰每百万吨煤生产死亡人数高达 4.89人，是美国的近 5 倍。同时，由于单一的煤炭经济，国家将煤炭生产作为国民经济支柱产业，不愿意市场化，也不愿意实施煤炭的国际贸易，这样容易动员全国的力量开展煤炭生产，即便有些地区煤炭生产条件不好，技术水平不高，但是为了生产出煤炭，可能会采取原始的人工方式，生产效率自然低下。

表 5-1　20 世纪 50 年代中东欧主要煤炭生产国与西方发达国家煤炭生产条件和效率对比

	波兰	捷克	美国	德国
产量	1950 年 0.780 亿吨硬煤 1957 年 0.941 亿吨硬煤	1945 年 0.271 亿吨（包括木质煤） 1955 年 0.611 亿吨（包括木质煤）	1947 年 6.24 亿吨 1950—1960 年保持在 4.0 亿~5.5 亿吨	1956 年 1.575 亿吨 1957 年 1.390 亿吨
生产率	1948 年煤矿平均日产量 0.29 万吨 1950 年人均日产煤量 1.3 吨 1957 年人均日产煤量 1.2 吨		1955 年人均每月产煤量 110 吨（按照前面的口径折算成人均日产煤量，大概为 3.7 吨，为同期波兰的 3 倍）	
就业人数	1950—1957 年增加 1.3 万人 1957 年煤炭就业 31.6 万人（总人口不到 3000 万人）		1955 年矿工人数约 28.0 万人	1958 年底，就业人数减少 2.1 万人
机械化程度	1957 年机械化水平为 45%	1955 年机械化水平为 5.4%	1955 年采煤机械化水平为 85%	
突出的问题	靠增加人数来增产，而非新技术 照搬苏联，中期陷入停滞			1958 年煤炭危机，煤炭工业形势严峻，滞销 900 万吨，廉价美国煤炭带来竞争压力

	波兰	捷克	美国	德国
矿难死亡率	1956 年每生产百万吨煤死亡 4.89 人		1931—1951 年每生产百万吨煤死亡 1 人	

资料来源：周跃东. 迅速发展的波兰煤炭工业 [J]. 世界经济，1979；В. ЭРЕНБЕРГЕР，孟刚. 捷克煤炭工业三十年的成就 [J]. 煤炭技术，1988；樊劲. 美国煤炭工业发展和煤矿安全相关性数据分析研究 [J]. 中国煤炭，2016；马威. 德国鲁尔区煤炭工业重组研究 1958—1975 [D]. 西安：陕西师范大学，2012.

（二）导致煤炭生产转型非常困难

转型可能导致大量工人失业，大量设备淘汰和浪费。以波兰为例，波兰从 1998 年到 2003 年先后进行了两次煤炭生产转型。

1998 年，波兰政府批准了一项"1998—2000 年采煤业改革计划"。该计划主要目的是按市场经济体制要求，通过调整结构、清算无效益的企业以及减员等途径，促进劳动生产力和经济效益的提高。改革取得一些成绩，但也导致一些新的问题产生，煤炭产量下降、出口下降，效率低下，失业问题严重。

2000 年波兰硬煤产量为 1.03 亿吨，比 1999 年下降 8%；褐煤产量为 0.59 亿吨，比 1999 年下降 2.5%。1999 年硬煤出口 252 万吨，比 1998 年下降 9.0%。波兰共有 41 座国有硬煤矿和 6 座国有褐煤矿。1999 年采煤业就业人数 198731 人，比 1998 年下降 15.0%。

2003 年 1 月 28 日，波兰内阁起草了《2003—2006 年硬煤采矿业重组方案》，使用了反危机法，开始将一些煤矿私有化。

这轮改革最重要的成绩就是改进了传统的采煤方法，采用了目前国际通行的现代综合机械化采煤方法。这种采煤方法在专业上被称为"长壁式采煤方法"，具有安全、高效和回收率高等特点，使得波兰煤炭企业劳动生产率有很大提高。长壁式采煤日产量不断提高，见图 5-1。但矿工人数不断减少，见图 5-2。波兰重要的煤炭企业在逐步增加投资，改善管理，进行集约化经营以提高效益，例如，波兰 Kompania Weglowa 煤炭公司作为波兰和欧盟最大的硬煤生产企业，目前有 17 座煤矿和 5 个附属企业，5 300 万吨的生产能力占波兰硬煤产量的一半以上。2005 年销售煤炭 5 100 万吨，其中出口 1 500 万吨，年利润 2.36 亿兹罗提（约合 7 000 万美元）。2005 年该企业投资额比 2004 年增长 33.4%，达到 6.51 亿兹罗提。2006 年该企业仍维持 5 200 万吨的产量，但盈利水平有所下降。

改革使煤炭企业的生产效率大幅度提高，虽然波兰煤炭工业扭亏为盈，但一段时期仍将处于缓慢恢复状态，波兰经济部报告 2005 年波兰采矿业盈利 10.85 亿兹罗提（约合 3.42 亿美元），比 2004 年减少较多，并表示波兰采矿业下降趋势将持续。

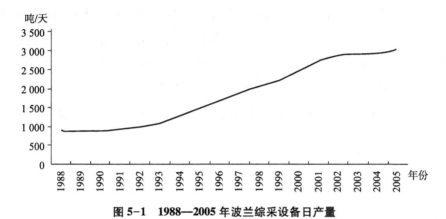

图 5-1　1988—2005 年波兰综采设备日产量

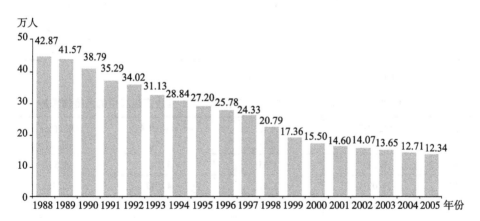

图 5-2　1988—2005 年波兰硬煤生产雇佣人数

资料来源：波兰工业发展署卡托维茨分部报告。

（三）导致环境问题严重

如果一国过于依赖单一的能源生产，那么能源生产必定成为该国的支柱产业，由此能源生产在 GDP 中占比最高，就业人数也最多，那么该行业的总体生产效率必定不高。因为全国各地均从事能源生产，但由于自然条件的差异，各地能源生产效率存在差异，而能源产品定价只能按照生产效率最低的企业生产的产品进行定价，生产效率高的企业存在级差地租，这里表现为超额利润。如果按照生产效率高的企业生产的产品进行定价，那么生产效率低的企业就容易被淘汰，出现垄断现象。如果市场开放，替代产品出现，竞争性加强，市场出现能源多元化生产和供给，垄断就会被打破。中东欧国家能源生产既没有对外开放，也没有出现垄断局面。由此可见，单一能源生产，整个行业的生产效率较低，维持粗放型生产方式，资源能源消耗过高，在生产过程中对环境污染较为严重，如波兰和捷克是中东欧国家中煤炭生产占比较高的单一性能源生产大国，其固体燃料和其他能源在工业生产过程中的污染物排放较高，环境污染严重，见表5-2、表5-3。

表5-2　1990—2015年波兰固体燃料和其他能源在工业生产过程中的污染物排放

年份	氮氧化物排放（千吨）	占欧盟百分比（%）	硫氧化物排放（千吨）	占欧盟百分比（%）
1990	7.76	3.65	18.09	2.47
1995	8.11	4.88	15.25	6.01
2000	6.47	4.28	12.20	10.99
2005	3.84	2.66	5.44	6.85
2010	2.82	2.44	5.18	12.19
2015	0.86	0.85	0.99	3.32

资料来源：http://dataservice.eea.europa.eu.

表5-3　1990—2015年捷克固体燃料和其他能源在工业生产过程中的污染物排放

年份	氮氧化物排放（千吨）	占欧盟百分比（%）	硫氧化物排放（千吨）	占欧盟百分比（%）
1990	5.64	2.65	62.88	8.58
1995	4.00	2.41	40.00	15.75
2000	5.66	3.75	13.02	11.73
2005	5.40	3.74	9.78	12.31
2010	5.86	5.07	3.12	7.34
2015	3.53	3.47	3.61	12.07

资料来源：http://dataservice.eea.europa.eu.

（四）导致能源消费单一的格局

煤炭的主要构成元素有碳、氢、氧、氮和硫等，燃烧时会产生氮氧化物、硫氧化物、一氧化碳、烟尘等污染物和二氧化碳等温室气体。石油和天然气等化石燃料中碳的比例较煤低，而氢的比例较煤高，含硫、氮及杂质较煤少很多，相比于煤炭污染物和温室气体的排放都更少。以化石燃料，尤其是煤炭为主要能源来源的国家，环境问题通常更为严重，波兰、罗马尼亚和捷克三国煤炭的消费比较单一，导致各自空气污染严重，见表5-4、表5-5。

表5-4　2017年部分欧洲国家能源消费空气污染气体排放量

国家	国土面积占欧盟百分比（%）	NOx		PM10		PM2.5		SOx	
		排放量（千吨）	占欧盟百分比（%）	排放量（千吨）	占欧盟百分比（%）	排放量（千吨）	占欧盟百分比（%）	排放量（千吨）	占欧盟百分比（%）
波兰	7.4	714	9.2	221	11.5	125	9.7	690	24.8
罗马尼亚	5.4	214	2.8	151	7.8	112	8.7	152	5.5
捷克	1.8	165	2.1	35	1.8	23	1.8	123	4.4
德国	8.2	1187	15.3	221	11.5	99	7.8	352	12.7
法国	12.6	835	10.8	266	13.8	165	12.8	153	5.5

资料来源：http://dataservice.eea.europa.eu.

表5-5　2017年部分中东欧国家温室气体排放

国家	排放量（千吨）	占欧盟百分比（%）
保加利亚	62 021	1.39
捷克	128 821	2.89
爱沙尼亚	18 115	0.41
克罗地亚	23 858	0.54
拉脱维亚	11 650	0.26
立陶宛	20 343	0.46
匈牙利	61 640	1.38
波兰	387 733	8.71
罗马尼亚	117 810	2.65
斯洛文尼亚	16 906	0.38
斯洛伐克	41 415	0.93

注：表中温室气体包括CO_2、N_2O、CH_4、HFC、PFC、SF_6、NF_3，均以CO_2等量计。

资料来源：欧盟统计局。

二、单一能源生产结构的脆弱性给我国能源生产带来的启示

（一）挖掘能源资源的潜力，减少对外能源的依赖

罗马尼亚作为欧洲最早的产油国之一，其石油工业的发展中有成功的经

验值得借鉴。罗马尼亚早在19世纪就通过引进外资进入发展石油工业，经历了第一次世界大战破坏后的恢复，迎来1926年到1934年的"黄金时代"。这一时期一些新石油公司成立，新技术得到应用，同时又发现和开发了大量新油田，石油产量迅速增加。第二次世界大战后，罗马尼亚建立了完整的石油工业体系，开展了大规模的石油勘探，建造了海上钻井平台。

在苏联时期，一些中东欧国家已经开始挖掘其他能源资源的潜力。罗马尼亚在1980年水力资源利用率达到30%，1990年达到65%。保加利亚和捷克重视核能发展，以缓解能源对外依赖性。加入欧盟后，匈牙利利用有利的地理条件，大力发展生物质能，成为该项技术领先的国家。拉脱维亚的水电、爱沙尼亚的生物质能发电都是在近十几年快速发展的。

我国的石油工业也经历了艰难的发展历程。1949年以前，中国大陆地区只开发出了陕西延长、新疆独山子和甘肃老君庙3座油田以及四川自流井、石油沟、圣灯山3座气田。中华人民共和国成立初期，在苏联专家的协助下，我国积极进行石油勘探，先后在准噶尔盆地发现了克拉玛依油田，在柴达木盆地发现了油泉子、油砂山以及冷湖5号、4号、3号油田，在玉门发现了鸭儿峡油田。20世纪60年代大庆、胜利、大港、辽河等油气田的发现使我国甩掉了"贫油国"的帽子，证明了我国陆相地层不仅可以形成油田，而且可以形成世界级的大油田。截至1999年，我国发现了大庆湖盆三角洲巨型油田，以及胜坨、任丘等27个亿吨以上的大型油田。

从20世纪60年代开始，我国原油生产量和消费量都大幅增加，大型油田的发现也使得我国原油依存度迅速减小，从1957年的53.3%减至1965年的16.8%。70年代到90年代，我国原油生产量大于消费量，摆脱对外国的原油依赖，原油生产量持续快速增长，使我国从原油进口国逐渐变为出口国。90年代以后，经济快速发展，原油生产增长速度不及原油消费增长速度，最终在1993年原油消费大于原油生产（见表5-6）。此后，原油消费增长更为迅速，我国原油依存度不断提高，此后一直为石油净进口国。

表5-6　1957—1999年我国原油生产及消费统计

年份	原油消费总量 （万吨标准煤）	原油生产总量 （万吨标准煤）	消费、生产差值 （消费-生产）	依存度 （差值/消费量）
1957	444	207	237	53.3
1962	1 092	825	267	24.4
1965	1 947	1 619	328	16.8

续表

年份	原油消费总量 （万吨标准煤）	原油生产总量 （万吨标准煤）	消费、生产差值 （消费-生产）	依存度 （差值/消费量）
1970	4 306	4 370	-64	-1.5
1975	9 585	11 018	-1 433	-15.0
1978	12 972	14 876	-1 904	-14.7
1980	12 477	15 169	-2 692	-21.6
1985	13 113	17 879	-4 766	-36.4
1986	13 906	18 682	-4 776	-34.3
1987	14 727	19 166	-4 439	-30.1
1988	15 809	19 543	-3 734	-23.6
1989	16 576	19 616	-3 040	-18.3
1990	16 385	19 745	-3 360	-20.5
1991	17 747	20 130	-2 383	-13.4
1992	19 105	20 271	-1 166	-6.1
1993	21 111	20 768	343	1.6
1994	21 356	20 896	460	2.2
1995	22 956	21 420	1 536	6.7
1996	25 011	22 545	2 466	9.9
1997	28 187	22 907	5 280	18.7
1998	28 426	22 986	5 440	19.1
1999	30 188	22 990	7 198	23.8

资料来源：根据《中国统计年鉴》（2010 年、2011 年）计算得出。

（二）开发多种能源，丰富能源结构

通过图 5-3 和图 5-4 对比发现，我国的能源生产结构单一问题严重，主要是以煤炭生产为主的单一生产结构。近 10 年煤炭生产占能源生产的比重下降缓慢，天然气和可再生能源生产比重有少量增加。通过比较发现，中东欧国家煤炭生产占比只有 60% 左右，并且还在缓慢下降，而我国煤炭生产比例为 80% 左右，可再生能源生产增长赶不上中东欧国家发展水平，可再生能源生产仅占能源总生产的 10% 左右，而中东欧国家可再生能源生产增长超过 20%。中东欧国家之所以能够丰富能源结构，是因为长期以来深受单一能源生产结构所带来的危害。中东欧国家能够大力发展核能和生物质能是因为受本国资源限制，并且受到欧盟的支持和引导，中东欧国家在能源多元化道路上的发展速度比我国要快，这值得我国学习和借鉴。

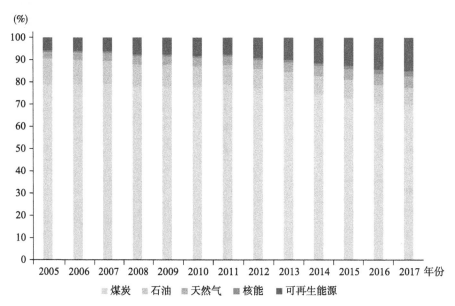

图 5-3　2005—2017 年中国能源生产结构

资料来源：《BP 世界能源统计年鉴》（2019 年）。

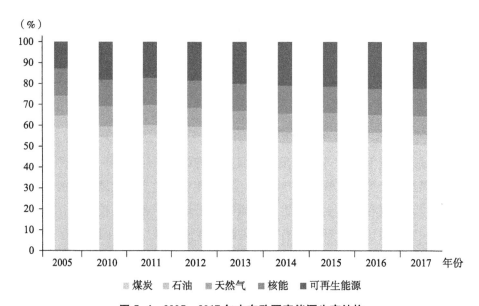

图 5-4　2005—2017 年中东欧国家能源生产结构

资料来源：欧盟统计局。

（三）大力发展清洁能源，承受住来自国际社会碳减排的压力

中东欧国家在发展清洁能源方面承受了巨大的压力，尤其是那些煤炭资源比较丰富的国家，如波兰。如果需要发展清洁能源就意味着必须放弃自己的优势能源——煤炭，就会带来一系列的转型，如能源生产的产业转型、能源消费的结构转型。这对于一个经济不发达的国家来说，转型成本巨大，最终导致波兰发展清洁能源速度非常缓慢，并且清洁能源发展政策的出台会引起一系列社会政治经济的动荡，如核能源发展的危机、页岩气发展的危机等。

中东欧国家的能源转型对我国有很大的借鉴和启示意义。我们在发展清洁能源的过程中也带来了阵痛，减少煤炭生产的单一能源结构，导致煤炭能源生产大省山西经济困难。进入 21 世纪以来，山西煤炭经历了最辉煌的时期。山西煤炭产业的贡献率不断提高，省级可用财力、利税，以及工业产量多年来均占到山西全省经济收入的 40% 以上，成了山西名副其实最大的产业、支柱性产业。从 2012 年底开始，煤炭行业持续低迷，山西整体经济降速，煤炭企业面临停产，大部分煤炭产业工人面临失业。山西省各市的财政数据显示，山西省 80% 的城市财政收入出现负增长，经济发展进入衰退区间。2013—2015 年，山西省焦炭生产量从 9 022 万吨减至 8 040 万吨，采矿业就业人数从 103 万人减至 95.3 万人，净减少 7.7 万人，见图 5-5。

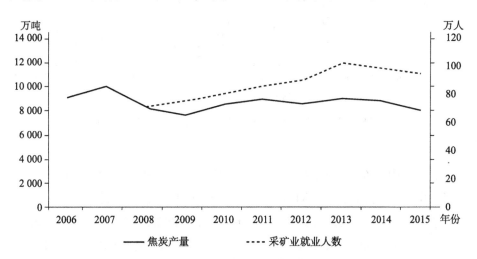

图 5-5　2006—2015 年山西省焦炭生产量与采矿业就业人数

资料来源：《中国统计年鉴》（2016 年）。

（四）提高能源生产效率，逐步杜绝能源的粗放型生产

中东欧国家能源利用效率普遍低于欧盟，以能源强度作为能源效率的指标，从图5-6发现，波兰、捷克的能源强度远远高于欧盟，尤其是波兰，1995年的能源强度为524.51公斤标准油/千欧元，捷克为398.61公斤标准油/千欧元，欧盟为176.65公斤标准油/千欧元。为此，中东欧国家在提高能源效率方面压力巨大。中东欧国家在提高能源效率方面也走了弯路，比如波兰为了应付欧盟发展清洁能源战略，提高生物质能比重，用燃烧柴火代替煤炭，遭到欧盟的批评。最后，中东欧国家下定决心，在欧盟的监督和指导下，按照欧盟的标准，不断提高能源效率。到2017年波兰能源强度比捷克还低，大幅接近欧盟水平。2017年波兰能源强度为232.09公斤标准油/千欧元，捷克能源强度为238.69公斤标准油/千欧元，欧盟能源强度为120.95公斤标准油/千欧元。

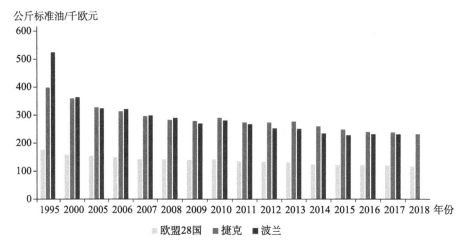

公斤标准油/千欧元

图5-6　1995—2018年欧盟与中东欧煤炭大国波兰、捷克能源强度对比

资料来源：欧盟统计局。

中东欧国家在提高能源效率方面的经验，对我国有很强的启示作用，值得我国学习与借鉴。长期以来，我国能源利用效率很低，表5-7、图5-7中1990年我国的能源强度为0.560公斤标准油/千欧元，远高于欧盟的0.164公斤标准油/千欧元，也高于波兰的0.316公斤标准油/千欧元和捷克的0.247公斤标准油/千欧元。经过近30年的努力，我国的能源强度得到大幅度的降低，2014年降低到0.190公斤标准油/千欧元，但还是高于欧盟，2014年，欧盟、波兰和捷克的能源强度分别为0.105公斤标准

油/千欧元、0.115 公斤标准油/千欧元和 0.151 公斤标准油/千欧元。可见，我国提高能源效率还需要花更大的力气。

表 5-7　1990—2014 年中国与欧盟、捷克、波兰能源强度对比

单位：公斤标准油/千欧元（2005 年不变价格）

年份	欧盟	中国	捷克	波兰
1990	0.164	0.560	0.247	0.316
2000	0.137	0.274	0.214	0.176
2005	0.130	0.267	0.187	0.159
2009	0.117	0.217	0.159	0.134
2010	0.119	0.221	0.166	0.139
2011	0.113	0.214	0.156	0.133
2012	0.112	0.206	0.158	0.127
2013	0.111	0.199	0.156	0.124
2014	0.105	0.190	0.151	0.115
1990/2014	−1.8	−4.4	−2.0	−4.1
2000/2014	−1.9	−2.6	−2.5	−3.0

注：本表中数据为以购买力平价（PPP）调整为欧盟产业结构标准的初级能源强度。

资料来源：欧盟统计局。

公斤标准油/千欧元（2005年不变价格）

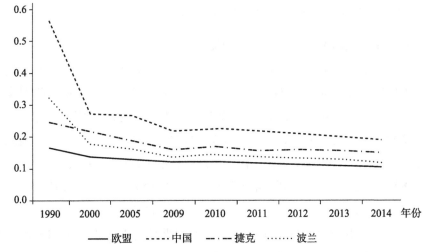

图 5-7　1990—2014 年中国与欧盟、捷克、波兰能源强度对比

资料来源：欧盟统计局。

（五）清洁能源生产需要因地制宜，挖掘本地优势

中东欧国家在清洁能源发展方面，各具特色，探索到一条适合本国能源发展的道路。比如，地中海沿岸国家主要发展生物能源，多瑙河沿岸国家主要发展水力资源。山区国家发展风力和太阳能。如波兰的太阳能计划、匈牙利的生物质能发电及能源草项目，捷克的废弃木质颗粒利用等。罗马尼亚、立陶宛和爱沙尼亚等国积极发展风能，罗马尼亚、斯洛文尼亚、克罗地亚、波黑、黑山、立陶宛和拉脱维亚等国积极发展水能。

中东欧国家在因地制宜发展清洁能源方面，一直不是很成功，所以导致大多数国家能源供应不足，造成能源供给安全问题，这给我国提供了借鉴作用。我国在发展水力资源方面比较成功，尤其是在西南地区水力也发展得很好。位于中国重庆到湖北宜昌之间长江干流上的三峡大坝，是世界上规模最大的水电站。100年来，我国水电事业历经坎坷。新中国成立初期，全国水电装机容量仅有36万千瓦，到2010年我国水电装机容量已经突破2亿千瓦大关，成为世界水电第一大国。

我国水力资源发展的成功经验值得中东欧国家学习。令人欣慰的是，目前中东欧国家在水力资源发展方面已经开始行动，大力发展水力资源，尤其是多瑙河沿岸水力资源丰富的国家。

三、单一能源消费结构脆弱性的表现

由于中东欧国家（尤其是波兰和捷克）能源生产单一，以煤炭生产为主，引致能源消费结构单一，以煤炭消费为主。对比图5-8和图5-9可知，我国和中东欧国家能源消费都是以煤炭为主，石油消费占20%左右，但是我国能源消费结构单一较中东欧国家更加明显。2018年，我国成为世界能源消费第一大国，能源消费占世界能源消费总量的23.6%，排名第二的为美国（占世界能源消费总量的16.6%）。2018年，我国一次能源消费总量3 273.5百万吨，其中，煤炭消耗1 906.7百万吨，煤炭消耗总量3 772.1百万吨（50.5%）；石油消耗641.2百万吨，总量4 662.1百万吨（13.8%）；天然气消耗243.3百万吨，总量3 309.4百万吨（7.35%）。共消耗$4.3×10^9$吨标准煤，其中煤炭消费总量$2.752×10^9$吨标准煤（64%），石油消费总量$7.783×10^8$吨标准煤（18.1%），天然气消费总量$2.537×10^8$吨标准煤（5.9%），水电、核电、风电消费总量$5.16×10^8$吨标准煤（12%）。

中华人民共和国成立初期，因缺乏探明的油气资源，加上西方的石油禁

运，1952 年我国的一次能源消费中煤炭消费占 96.7% 之多。1955 年发现克拉玛依油田和 1959 年发现大庆油田，结束了我国的贫油历史，能源消费结构在 1960—1970 年开始发生质的变化。

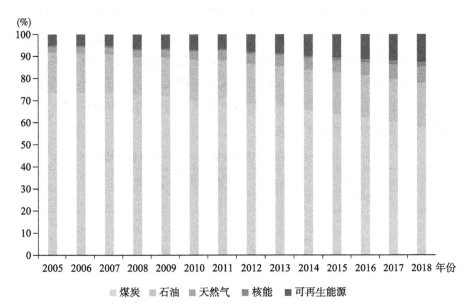

图 5-8　2005—2018 年中国能源消费结构

资料来源：《BP 国际能源统计年鉴》（2019 年）。

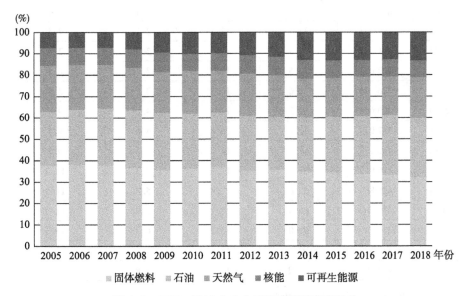

图 5-9　2005—2018 年中东欧国家能源消费结构

资料来源：欧盟统计局。

我国的能源消费结构极不平衡，煤炭在国内市场的份额很大，清洁能源不足。这使政策制定者承受着能源消费结构从煤炭向清洁能源转变的压力。表5-8表明，1952年我国煤炭消费占能源消费总量的96.7%，到1970年为81.6%，1980年为72.2%，2010年为69.2%，2018年为59.0%，能源结构单一问题得到改善。出于能源资源条件的限制及能源安全的考虑，中国的煤炭消费在一段时间内仍难以大幅下降。同时，非化石能源消费占比不大。在核能、水能等可再生能源中，除水能消费占比略超过世界平均值外，其他两项均低于世界平均值，可见中国的新能源政策仍大有可为。2000—2015年中国能源消费消费结构变化见表5-9。

表5-8　1952—2018年中国一次能源消费总量及消费结构

年份	能源消费总量（万吨标准煤）	占能源消费总量的比重（%）			
		煤炭	石油	天然气	一次电力及其他能源
1952	4 871	96.7	1.3	0	2.0
1960	9 637	95.6	2.5	0.5	1.4
1970	3 099	81.6	14.1	1.2	3.1
1980	60 275	72.2	20.7	3.1	4.0
1990	98 703	76.2	16.6	2.1	5.1
1995	131 176	74.6	17.5	1.8	6.1
2000	146 964	68.5	22.0	2.2	7.3
2005	261 369	72.4	17.8	2.4	7.4
2006	286 467	72.4	17.5	2.7	7.4
2007	311 442	72.5	17.0	3.0	7.5
2008	320 611	71.5	16.7	3.4	8.4
2009	336 126	71.6	16.4	3.5	8.5
2010	360 648	69.2	17.4	4.0	9.4
2011	387 043	70.2	16.8	4.6	8.4
2012	402 138	68.5	17.0	4.8	9.7
2013	416 913	67.4	17.1	5.3	10.2
2014	425 806	65.6	17.4	5.7	11.3
2015	430 000	64.0	18.1	5.9	12.0
2016	435 819	62.0	18.5	6.2	13.3
2017	448 529	60.4	18.8	7.0	13.8
2018	464 000	59.0	18.9	7.8	14.3

资料来源：《中国统计年鉴》（2019年）。

表 5-9　2000—2015 年中国能源消费结构变化　　单位：百万吨标准煤

年份	能源消费总量	煤炭消费总量	石油消费总量	天然气消费总量	水电、核电、风电消费总量
2000	1 469.64	1 006.70	323.32	32.33	107.28
2001	1 555.47	1 057.72	329.76	37.33	130.66
2002	1 695.77	1 161.60	356.11	39.00	139.05
2003	1 970.83	1 383.52	396.14	45.33	145.84
2004	2 302.81	1 616.57	458.26	52.96	175.01
2005	2 613.69	1 892.31	465.24	62.73	193.41
2006	2 864.67	2 074.02	501.32	77.35	211.99
2007	3 114.42	2 257.95	529.45	93.43	233.58
2008	3 206.11	2 292.37	535.42	109.01	269.31
2009	3 361.26	2 406.66	551.25	117.64	285.71
2011	3 870.43	2 717.04	650.23	178.04	325.12
2010	3 606.48	2 495.68	627.53	144.26	339.01
2012	4 021.38	2 754.65	683.63	193.03	390.07
2013	4 169.13	2 809.99	712.92	220.96	425.25
2014	4258.06	2 793.29	740.90	242.71	481.16
2015	4 300.00	2 752.00	778.30	253.70	516.00
年均增长率	7.42	6.93	6.03	14.72	11.04

我国的能源禀赋具有多煤、少油、少气的特点，在一次能源生产和消费结构中，煤炭比重分别高达 72.1% 和 64.0%，是世界上煤炭比重最高的国家。虽然 1949 年以来我国能源消费结构有所改善，但煤炭仍一直是最主要能源品种。与发达国家相比，我国能源消费结构不合理问题十分突出，并且已经带来一系列负面效应。据有关部门统计，"全国燃煤过程中烟尘排放量占 70%，二氧化硫排放量占 90%，氮氧化物占 67%，二氧化碳占 70%"，"煤炭消费成为中国最大的污染来源"。改善中国以煤为主的能源消费结构刻不容缓。

单一的煤炭消费结构导致以下问题：人民生活单一，生活的多元性能源需求得不到满足；人民生活水平低下，高热能的能源需求无法满足；能源消费单一，容易受到外部冲击的影响，从而消费受到影响甚至中断；以煤炭消费为主，清洁能源需求得不到满足；单一能源消费结构容易受到国际价格的影响；等等。

（一）人民生活单一，生活的多元能源需求得不到满足

人民衣食住行需要各种不同的能源，照明用电、取暖用天然气、沐浴用太阳能、交通用汽油等。单一的能源消费结构加上大多数能源需要依赖进口，造成在能源供应紧张时，很多生活需求得不到满足。

以供暖设施为例。据统计，1998 年，波兰全国共有 1140 万套住房，其中城市 760 万套，76.6% 采用集中供热；农村 380 万套，4.7% 采用集中供热。在大城市，区域供热的热源为热电联产。在小城市，建设规模不等的锅炉房。供热能源以煤炭为主，但呈逐年下降趋势。煤炭的比重从 1995 年的 96.3% 逐渐下降到 2002 年的 92.1%。天然气、可再生能源的比重从 1995 年的 0.6%、0.5% 分别提高到 2002 年的 4.5%、0.8%。

在计划经济时期，中东欧国家普遍汽油匮乏，导致汽车工业不能发展甚至倒退。直到 20 世纪 90 年代末，波兰、捷克、匈牙利和斯洛伐克等国家加入欧盟大力发展汽车工业，汽车销量大幅增长，生活质量得到提高。

（二）人民生活水平低下，高热能的能源需求得不到满足

中东欧国家的主要能源为煤炭，相比石油，煤炭的热含量低，热能转化效率低，无论是做饭还是供热都时间较长，给人民生活带来很大的不便。

20 世纪 80 年代计划经济时期，由于能源匮乏，中东欧国家实行能源消费定额制，规定比较严格的能源消费量。国家通过降低房间室内采暖温度来节约能源，例如，匈牙利规定，工作房间温度不应超过 20℃，走廊为 16℃；罗马尼亚规定住宅和办公室的温度不应超过 18℃，车间和工业厂房为 16℃。同时，这些国家采取行政手段规定汽车用油的严格限额，限制行车速度。如罗马尼亚各部门汽车和轿车在七八十年代减少了 50%，并将部门运输的汽油限额减少一半。这种方式实际上是通过降低生活质量来解决短期能源供应不足问题，从长期来看是对发展的制约。

（三）能源消费单一，容易受到外部冲击从而使消费受到影响甚至中断

使用的能源如果来自外部供应，外部危机出现就会导致能源供应中断，如俄乌危机导致中东欧一系列国家的天然气供应中断。这种供应中断对于能源消费国影响巨大，不仅影响消费国国民的生产，还会影响能源消费国居民的生活。由于能源消费单一，能源消费设施也单一，比如，专门使用煤炭的锅炉，或者专门使用天然气的煤气灶，在能源中断期间，很难改造为使用其他能源的设施。随着消费的中断，轻则给当地居民生活带来不便，重则给本国国民健康造成损害。关于能源外部冲击所造成的危害，在能源高依存度影响部分有专门的阐述。

（四）煤炭消费为主，清洁能源需求得不到满足

由于煤炭资源丰富、煤炭价格较低等，清洁能源在波兰的发展一直比较缓慢，无论是页岩气和核能都阻力重重，根本原因就是受以煤炭为主的能源生产结构和消费结构影响。波兰90%的电力供应和89%的供热都依赖煤炭，波兰的煤炭工业创造了超过60万个就业机会，煤炭问题在波兰十分敏感。根据世界卫生组织估计，欧盟受污染最严重的城市中，有2/3位于波兰，且主要集中在燃煤废气弥漫的上西里西亚矿区。

（五）单一能源消费结构容易受到国际能源价格的影响

将1990—2015年国际能源价格波动分成三个阶段，其中，1990—2000年，布伦特原油价格、美国阿巴拉契亚煤炭现货价格和西北欧煤炭市场价格等三大能源价格波动比较平稳；2000—2007年，三大能源价格快速上升；2007—2015年，三大能源价格急剧波动（见图5-10）。中东欧国家煤炭消费受国际能源波动尤其是受西北欧煤炭市场价格波动的影响较大。随着国际能源价格的上涨，中东欧国家的煤炭消费量逐步下降。由于中东欧能源消费大国主要是以煤炭消费为主的单一能源消费结构，所以煤炭的消费弹性相对较小，导致2006—2008年西北欧煤炭市场价格急剧上涨，但煤炭的消费量减少较小。由于单一煤炭消费结构导致煤炭消费的刚性，西北欧煤炭市场价格较其他两个能源价格上涨幅度更大。从图5-10中我们可以进一步发现，煤炭消费量变动要滞后于煤炭价格变动，这可能和煤炭销售合同有关。

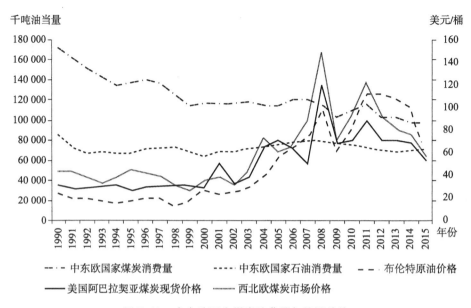

图 5-10　中东欧国家煤炭消费量与能源价格

注：中东欧国家石油消费量不包括黑山、波黑和马其顿。

资料来源：欧盟统计局、BP 世界能源统计。

四、单一能源消费结构的脆弱性给我国能源消费带来的启示

（一）能源消费结构应该以提高人民生活水平为目的

能源消费结构和人民生活水平之间存在一一对应的关系，一般而言，社会发展水平越低，人民生活水平越低，所使用能源层级就越低，从天然能源到开采能源，再到加工能源。原始农牧生活依赖的是太阳、风、水和柴火能源；到工业化阶段，演变为石油、天然气和煤炭等地下资源的开采利用；到现代工业阶段，开始重新利用核能、太阳能和生物能，见表 5-10。随着新的能源不断被利用和开发，人民生活水平也逐步提高，如交通工具从使用自然畜力的牛车和马车，到燃烧煤炭提供动力的火车，到使用提炼汽油的汽车和飞机，再到核动力的太空飞船，交通工具的发展速度越来越快，人们通行越来越方便。又如，通过燃烧木炭取暖，到燃烧煤炭个体取暖，到锅炉集中供暖系统，到各种能源发电，通过电力驱动冷暖合一空调，再到高能供应中央空调系统，人们的生活越来越舒适。

表 5-10　社会发展与能源演变

能源结构	薪柴时代	煤炭时代	石油时代	新能源时代
能源转型时期	以火的利用开启	18 世纪后半叶	19 世纪末到 20 世纪初	进入 21 世纪后开启
代表性能源	水、风、薪柴、畜力	煤炭	石油、天然气、电力	核能、太阳能、生物能
代表性产业	农业文明	第一次工业革命：纺织、钢铁、机械、铁路运输等近代工业	第二次工业革命：电力、石油、化工、汽车、通信等新工业部门及旧工业部门升级	第三次工业革命：新能源技术、智能技术、信息技术、网络技术
代表性国家	中国：大一统农业帝国	英国：日不落帝国	美国：率先建立现代工业体系	美国
人们主要的生活方式	畜力工具	地球时代	太空时代	外太空时代和虚拟空间时代并存

资料来源：胡森林. 能源大变局：中国能否引领世界第三次能源转型［M］北京：石油工业出版社，2015.

（二）能源消费结构应该多元化、平衡化

能源消费结构多元化指的是在能源消费结构中各种能源都应该有，并且各种能源消费占比应该平衡，不能一种能源消费占比太高，出现消费结构畸形的现象。人民的生活需求丰富多彩，需要有多元化的能源消费与之对应。如果某种能源消费占比过高，容易受到外部波动的冲击，进而影响到国民经济和百姓生活。

（三）能源消费应该提高清洁能源消费的比重

清洁能源是降低碳排放的重要路径，提高清洁能源消费比重是各个国家的重要任务。中东欧国家加入欧盟的前提条件之一就是发展清洁能源，清洁能源可以说是中东欧国家加入欧盟的门槛。欧盟给中东欧各国都制定了清洁能源发展的目标，规定各自的年度发展任务。2005—2015 年，中东欧国家清洁能源消费占能源总消费的比重与欧盟的差距不大，而与此同时，我国清洁能源消费占能源总消费的比重差距较大（见图 5-11）。我国与中东欧国家厨房使用清洁能源比重的差距主要表现在农村地区，中东欧国家农村厨房使用清洁能源比重平均占比为79%，而我国占比只有19%，差距巨大。在城市层面，我国占比70%，也远远低于中东欧国家。中东欧国家除塞尔维亚是89%外，其余均为95%。中东欧国家除塞尔维亚外，城乡差别较小，其中波兰、

捷克、斯洛伐克和斯洛文尼亚城乡没有差别（见表5-11）。这点值得我国学习和借鉴，提高清洁能源消费比重从农村开始，消灭城乡差距。令人欣慰的是，我国发展清洁能源的政策已经发生了质的变化，之前是非常被动地发展清洁能源，后来慢慢变得主动，如2015年12月12日签署《巴黎协定》，发展清洁能源，减少碳排放变成我国的自主贡献。

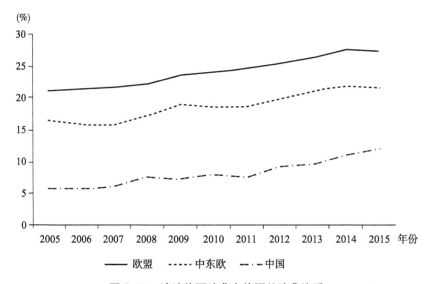

图5-11　清洁能源消费占能源总消费比重

注：清洁能源取除化石能源外的能源消费总和。

资料来源：根据欧盟统计局数据和《中国统计年鉴》（2016年）数据计算。

表5-11　厨房使用清洁能源（家庭使用非固体燃料）比重 （％）

国家	城市地区比例	农村地区比例
克罗地亚	95	82
捷克	95	95
爱沙尼亚	95	69
拉脱维亚	95	78
波兰	95	95
罗马尼亚	95	63
塞尔维亚	89	41
斯洛伐克	95	95
斯洛文尼亚	95	95
中国	70	19

资料来源：World Energy Resources 2016.

（四）核能是能源缺乏国家的主要消费方向

中东欧国家中绝大部分是能源缺乏的国家，因此，发展核能是这些国家主要的能源生产方向，由此可以提高核能的消费比例。我国与中东欧国家相比，核能消费比重明显偏低，2005—2015 年，我国核能消费占比只有 1% 左右，而同期中东欧国家核能消费占比为 8% 左右，是我国的 8 倍（见图 5-12）。我国与中东欧国家在核能发电占总发电比重的差距见表 5-12，我国核能发电仅占 3.0%，而中东欧国家则基本在 30.0% 以上，其中匈牙利和斯洛伐克在 50.0% 以上。

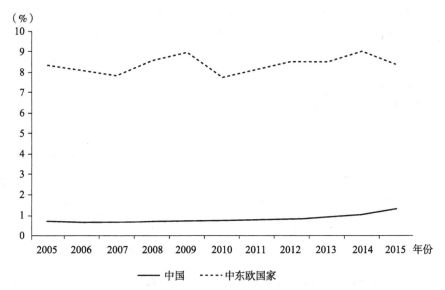

图 5-12　2005—2015 年中国与中东欧国家核能消费占总能源消费比重

资料来源：欧盟统计局，《中国统计年鉴》（2016 年）。

表 5-12　中国与中东欧国家核电建设及运行情况国家

国家	运行反应堆		在建反应堆		核电生产量（吉瓦时）	核电生产占比（%）
	数目（个）	净容量（吉瓦）	数目（个）	净容量（吉瓦）		
保加利亚	2	1.9			14 701	31.3
捷克	6	3.9			25 337	32.5
匈牙利	4	1.9			14 960	52.7
罗马尼亚	2	1.3			10 710	17.3
斯洛伐克	4	1.8	2	0.9	14 084	55.9
斯洛文尼亚	1	0.7			5 372	38.0
中国	31	26.8	24	24.1	161 202	3.0

资料来源：World Energy Resources 2016.

（五）提高能源消费效率，有助于能源消费结构的优化

中东欧有些煤炭大国如波兰煤炭能源效率过低，导致煤炭的利用率过低，煤炭消费量过大。因此，可以通过技术改造，比如通过煤炭液化和气化等手段，来提高煤炭的能耗水平和转化率，实际上是通过煤炭资源的石油化来降低煤炭消费结构比例过高的现象，从而优化能源的消费结构。

煤炭地下气化（UCG）最早由德国科学家威廉·西门子在 1868 年提出，是将处于地下的煤炭进行有控制的燃烧，通过煤的热作用及化学作用产生可燃气体的新采煤方法。UCG 技术优于井工和露天采煤方法，建设煤炭地下气化站与露天开采、井工开采相比，投资降低较多；劳动生产率与露天开采相当，比井工开采高 4 倍，最终生产成本与露天开采相当，比井工开采低很多。这种新型煤炭开采方式省略了煤炭的运输过程，直接实现煤炭的深加工，且将灰分留在地下，既解决了煤炭燃烧污染问题，又避免了地表沉降。根据毛飞（2016）的研究，中东欧国家中的保加利亚和波兰正准备进行煤炭地下气化研究，而欧盟也在关注这一技术的发展。乌兹别克斯坦的安格林项目是全世界唯一在运行的煤炭地下气化项目。我国煤炭地下气化试验研究发展主要在 20 世纪 80 年代以后，目前由实验室研究、现场试验研究逐渐转向工业示范生产应用，已有气化站达到工业化生产要求。

煤炭物理开采和地下气化后续过程能量转化效率对比见表 5-13。

表 5-13　煤炭物理开采和地下气化后续过程能量转化效率对比　　　　（%）

能量转换方式	采煤——常规发电	采煤——超超临界发电	UCG——IGCC	UCG——煤化工
采矿回收率	66	66	90	90
能量转换效率	35	45	55	70
综合能效	23	30	50	63

注：超超临界发电是蒸汽的温度和压力高于水临界参数的发电，比常规发电热效率高。IGCC 为整体煤气化联合循环发电系统，是将煤气化技术和高效的联合循环相结合的先进动力系统，包括煤的气化与净化部分和燃气—蒸汽联合循环发电部分。详见 https：//baike. baidu. com/item/IGCC/3315813?fr=aladdin.

资料来源：毛飞. 煤炭地下气化是我国化石原料供给侧创新方向 [J]. 天然气工业，2016 (36)：103-111.

第二节　中东欧国家能源对外高依存度的不稳定性的启示

一、中东欧国家能源对外高依存度的表现

能源对外依存度就是能源净进口量在能源消费中所占的比重，反映了一国能源消费对国外能源的依赖程度。

（一）中东欧国家石油对外依存度高

石油对外依存度，即净进口石油占整体石油消费的比重。中东欧国家从1990年到2018年对国外石油产品的依存度在80%之上。2000年之后依存度上升较快，2005年到达顶点，接近90%，此后快速回落，到2010年到达一个低谷，2015年又快速上升，2017年超过90%（见图5-13）。总体来说，1990—2018年中东欧国家分国别的石油产品对外依存度均非常高，达到或接近100%及以上的国家有10个，分别是保加利亚、捷克、拉脱维亚、立陶宛、波兰、斯洛文尼亚、斯洛伐克、马其顿、黑山和波黑。对外依存度在50%以下的仅有阿尔巴尼亚。有的国家对外依存度波动幅度较大，最突出数克罗地亚，1990年其石油产品对外依存度仅有43.2%，2018年一下子上升到82.1%。大多数国家的依存度呈上升趋势，也有少数下降比较厉害的，如爱沙尼亚从1990年的106.0%逐步下降到2018年的84.3%。在所有国家中只有罗马尼亚的对外依存度相对较低且比较稳定，长期稳定在50%左右，这和罗马尼亚石油资源比较丰富有关（见表5-14）。

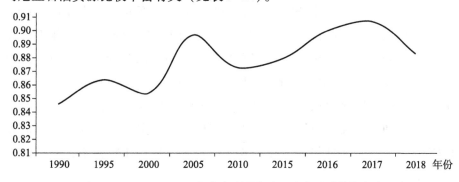

图5-13　1990—2018年中东欧国家总石油产品对外依存度

资料来源：欧盟统计局。

表 5-14　1990—2018 年中东欧各国总石油产品对外依存度　（%）

国家	1990 年	1995 年	2000 年	2005 年	2010 年	2015 年	2016 年	2017 年	2018 年
保加利亚	88.4	104.3	96.0	102.5	101.9	101.8	100.5	101.6	96.2
捷克	95.4	98.0	95.3	97.5	96.5	97.8	97.3	97.1	99.5
爱沙尼亚	106.0	86.3	86.3	78.0	68.8	101.7	101.5	115.4	84.3
克罗地亚	43.2	56.0	61.2	79.8	80.6	81.4	79.0	77.1	82.1
拉脱维亚	113.9	110.6	95.4	119.9	109.9	102.9	109.1	100.1	98.1
立陶宛	105.7	119.7	104.6	96.7	104.2	100.7	97.9	95.0	98.4
匈牙利	75.5	71.0	76.0	81.2	84.7	93.7	89.7	86.6	85.9
波兰	107.9	96.8	100.2	99.0	97.6	99.5	95.0	98.6	98.7
罗马尼亚	59.9	48.6	34.2	38.5	52.0	54.2	57.3	61.3	63.1
斯洛文尼亚	102.8	97.8	101.5	102.1	99.9	99.6	100.3	103.2	99.2
斯洛伐克	100.0	100.6	90.5	88.2	89.6	100.6	102.0	97.5	101.3
黑山	—	—	—	100.0	100.0	97.7	104.5	101.9	100.7
马其顿	100.0	117.1	97.1	102.5	97.8	99.8	101.9	99.7	99.2
阿尔巴尼亚	0.9	16.2	71.7	73.9	50.6	6.4	26.4	40.3	33.3
塞尔维亚	—	—	—	85.3	75.0	64.1	72.5	75.4	76.1
波黑	—	—	—	—	—	104.8	104.8	100.3	97.0

资料来源：欧盟统计局。

（二）中东欧国家天然气对外依存度高

天然气对外依存度，即净进口天然气占整体天然气消费的比重。1990—2018 年，中东欧国家天然气消费对外依存度较高，在 70%～80%（见图 5-14），分国别情况见表 5-15。大部分国家在 1990—2018 年天然气对外依存度偏高，超过 90% 的国家有 9 个，分别为保加利亚、捷克、爱沙尼亚、拉脱维亚、立陶宛、斯洛文尼亚、斯洛伐克、马其顿和波黑。有 2个国家对外依存度比较低，分别为罗马尼亚和克罗地亚，在 20% 左右。波兰、匈牙利和塞尔维亚天然气对外依存度稍微低一点，在 80% 左右。但波动幅度比较大，尤其是匈牙利和克罗地亚。波兰相对比较稳定，始终保持在 70% 左右。

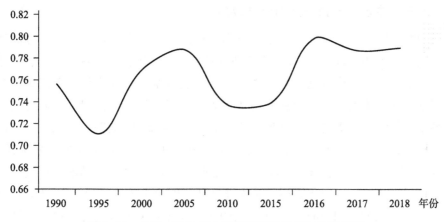

图 5-14　1990—2018 年中东欧国家天然气对外依存度

资料来源：欧盟统计局。

表 5-15　1990—2018 年中东欧各国天然气对外依存度　　　　　　　　　　（%）

国家	1990 年	1995 年	2000 年	2005 年	2010 年	2015 年	2016 年	2017 年	2018 年
保加利亚	100.6	99.5	93.5	87.7	92.6	97.0	96.5	97.6	98.7
捷克	91.0	98.0	99.8	97.8	84.8	95.1	95.7	101.8	96.8
爱沙尼亚	100.0	100.0	100.0	100.0	100.0	100.0	100.0	100.0	100.0
克罗地亚	26.2	11.6	41.0	23.7	18.1	27.1	33.5	53.8	53.3
拉脱维亚	107.6	99.0	101.9	105.6	61.8	98.6	82.9	102.0	98.8
立陶宛	100.0	100.0	100.0	100.7	99.7	99.7	100.6	99.3	98.9
匈牙利	58.0	60.3	75.4	81.1	78.7	69.7	78.9	96.3	77.9
波兰	75.4	64.6	66.3	69.7	69.3	72.2	78.4	77.8	77.6
罗马尼亚	20.6	24.9	19.8	30.1	16.8	1.8	13.0	9.7	12.0
斯洛文尼亚	94.8	100.6	99.3	99.6	99.3	99.6	99.4	99.0	98.1
斯洛伐克	105.2	86.8	98.8	97.5	99.0	95.1	92.9	105.6	89.6
马其顿	—	—	99.3	99.5	100.0	100.0	100.0	100.1	100.1
阿尔巴尼亚	0	0	0	0	0	0	0	0	0
塞尔维亚	79.6	49.7	59.3	88.3	84.5	79.2	75.6	82.1	82.1
波黑	100.0	100.0	100.0	100.0	100.0	—	100.0	100.0	100.0

资料来源：欧盟统计局。

（三）中东欧国家核能对外依存度高

中东欧国家核能对外依存度非常高，可以从核技术和核燃料两个方面加以说明，表5-16表明中东欧六个主要的核能消费大国保加利亚、捷克、匈牙利、罗马尼亚、斯洛伐克和斯洛文尼亚的核反应堆技术完全依赖第三国，其中保加利亚、捷克、匈牙利和斯洛伐克等4个国家依赖于俄罗斯，罗马尼亚依赖于加拿大，斯洛文尼亚依赖于美国和日本。表5-17表明在中东欧核能消费大国中，充当核燃料的矿产铀也主要依赖于进口。在六个核能消费大国，按照2016年铀生产量，根据2017年铀需求量，估计2017年铀的进口量，捷克、保加利亚、匈牙利和罗马尼亚的进口量分别为432吨、327吨、356吨和129吨，其中捷克进口量最大。这六个国家中只有捷克和罗马尼亚探明有铀储量，但铀生产能力有限，供不应求，需要大量进口。表5-18表明匈牙利和斯洛伐克的铀燃料主要从俄罗斯进口，捷克20世纪80年代主要从俄罗斯进口，90年代有过波动，改为从美国进口，但因为美国供应不足，从2010年起，又继续由俄罗斯提供。

表5-16　中东欧国家正在运行的核电站概况　　　　单位：MWe

国家	反应堆	型号	净容量	初次并网	反应堆技术
保加利亚	Kozloduy 5	VVER V-320	963	1987年11月	俄罗斯
	Kozloduy 6	VVER V-320	963	1991年8月	
捷克	Dukovany1	VVER V-213	468	1985年2月	
	Dukovany2	VVER V-213	471	1986年1月	
	Dukovany3	VVER V-213	468	1986年11月	
	Dukovany4	VVER V-213	471	1987年6月	
	Temelin1	VVER V-320	1026	2000年12月	
	Temelin2	VVER V-320	1026	2002年12月	
匈牙利	Paks1	VVER V-213	470	1982年12月	
	Paks2	VVER V-213	473	1984年9月	
	Paks3	VVER V-213	473	1986年9月	
	Paks4	VVER V-213	473	1987年8月	
罗马尼亚	Cernavoda1	CANDU 6	650	1996年7月	加拿大
	Cernavoda2	CANDU 6	650	2007年5月	

续表

国家	反应堆	型号	净容量	初次并网	反应堆技术
斯洛伐克	Bohunice3	VVER V-213	471	1984 年 8 月	俄罗斯
	Bohunice4	VVER V-213	471	1985 年 8 月	
	Mochovce1	VVER V-213	436	1998 年 7 月	
	Mochovce2	VVER V-213	436	1999 年 12 月	
斯洛文尼亚	Krsko	WE 212	688	1981 年 10 月	美国/日本

资料来源：World Energy Resources 2016.

表 5-17 中东欧国家铀的生产与需求

国家	2016 年铀生产量（吨）	2017 年铀需求量（吨）	预计 2017 年铀进口量（吨）	铀储量（tU）<US$130/kg
保加利亚	0	327	327	—
捷克	138	570	432	1 300
匈牙利	0	356	356	—
罗马尼亚	50	179	129	3 100
斯洛伐克	—	367	—	—
斯洛文尼亚	—	137	—	—

注：其中预计 2017 年铀进口量为近似估计，是 2017 年铀需求量与 2016 年铀生产量的差值。

资料来源：World Energy Resources 2016.

表 5-18 中东欧国家核燃料进口情况

国家	核燃料进口情况
匈牙利	1999 年，匈牙利帕克什核电站与俄罗斯签署为期 10 年的合同，按固定价格从俄罗斯进口核燃料；2008 年 6 月 4 日，俄罗斯特维尔原子能销售公司与匈牙利帕克什核电站签署新的协议，俄罗斯向匈牙利供应新设计的第二代钆铀燃料
斯洛伐克	如今斯洛伐克正在运行的核电站由俄罗斯提供技术援助和核燃料。2008 年，俄斯两国签署新的协议，俄方将核燃料供应合同期延长 5 年，俄罗斯在斯洛伐克核燃料市场地位得到巩固
捷克	杜科瓦内核电站从 20 世纪 80 年代建设开始，一直使用俄罗斯提供的核燃料。捷麦林核电站最初的设计是使用苏联核燃料，90 年代后改用美国西屋电气公司提供核燃料。由于美国西屋电气公司不能提供足够的核燃料，从 2010 年起，捷克重新要求俄罗斯向捷麦林核电站供应核燃料

资料来源：朱晓中.近年来俄罗斯与中东欧国家的能源合作 [J].欧亚经济，2014（5）：5-19+126.

（四）中东欧国家能源供给对单一国家的依存度高

1973—1982年，中东欧部分国家从苏联进口能源从68.0%上升到78.0%。1973—1981年始终是上升的，1981年为最高峰，然后迅速下降（见图5-15）。从国别看（见表5-19），保加利亚、捷克斯洛伐克、波兰和匈牙利四国对苏联能源依存度较高，在80.0%以上，并且是逐步上升的，最高为保加利亚，1981年上升到96.7%。罗马尼亚的能源对苏联依存度相对较低，只有15.0%左右，最高年份为1981年，也只有26.2%，这和罗马尼亚能源资源丰富有关。

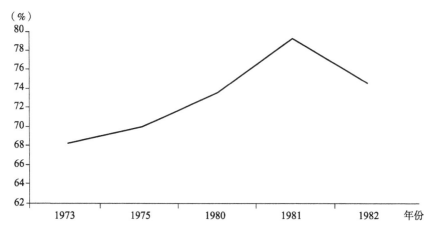

图5-15　1973—1982中东欧部分国家能源进口中苏联所占比重

注：以上数据包括保加利亚、捷克斯洛伐克、波兰、罗马尼亚和匈牙利5国。

资料来源：经互会国家对外贸易统计。

表5-19　1973—1982年中东欧部分国家能源进口中苏联所占比重　　　　（%）

年份	保加利亚	捷克斯洛伐克	匈牙利	波兰	罗马尼亚	五国平均
1973	81.6	82.3	73.5	88.3	15.3	68.2
1975	94.1	85.9	74.2	83.5	11.1	69.8
1980	92.4	92.1	84.4	81.6	16.6	73.4
1981	96.7	92.8	87.1	92.8	26.2	79.1
1982	96.0	90.0	80.0	93.0	13.9	74.6

资料来源：经互会国家对外贸易统计。

图5-16反映了1990—2015年中东欧国家对俄罗斯总石油产品的依存度，从1990年始中东欧国家对俄罗斯石油产品的依存度从20.0%左右迅速上升，2002年达到73.1%的高点后，始终在70.0%左右徘徊，到2010年到达

82.2%，又上升到 2012 年的 85.8%，然后有所回落，在 80.0% 左右。分国别情形（见表 5-20）各国差异较大。其中，波兰、保加利亚、立陶宛和斯洛伐克石油产品对俄罗斯依存度在 100% 以上，以立陶宛为甚，最高 2010 年达到 367.9%。依赖中等程度的国家有捷克、拉脱维亚、罗马尼亚和塞尔维亚，低于 50%，在 40% 左右。爱沙尼亚、克罗地亚为较低依存度的国家，只有 20% 左右，其中克罗地亚波动较大。斯洛文尼亚、黑山和马其顿属于低依存度国家，在 10% 以下。

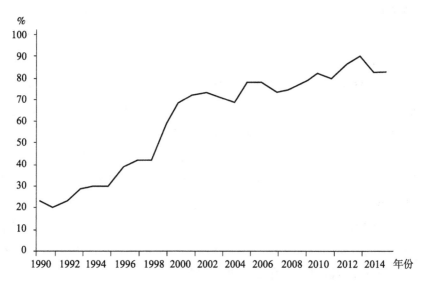

图 5-16　1990—2015 年中东欧国家对俄罗斯总石油产品依存度

资料来源：欧盟统计局。

表 5-20　1990—2015 年中东欧各国对俄罗斯总石油产品依存度 （%）

国家	1990 年	1995 年	2000 年	2005 年	2010 年	2015 年
保加利亚	85.6	127.3	124.2	108.8	146.6	133.3
捷克	0.0	0.0	61.0	55.7	54.1	45.9
爱沙尼亚	1.2	1.5	50.9	29.4	13.8	29.8
克罗地亚	0	0.0	49.9	75.8	61.8	28.0
拉脱维亚	0	0.0	32.9	23.2	27.1	40.6
立陶宛	0	0.6	218.0	331.3	367.9	288.1
匈牙利	0	0.0	84.4	98.1	102.9	80.3
波兰	98.5	81.8	90.4	84.7	87.4	103.6

续表

国家	1990 年	1995 年	2000 年	2005 年	2010 年	2015 年
罗马尼亚	0	0.0	35.6	47.7	30.7	45.4
斯洛文尼亚	0	0	2.0	1.9	0.8	0.7
斯洛伐克	0	0		145.6	143.3	167.0
黑山	—	—	—	9.2	9.9	0
马其顿	0	0	0	0	0	0.8
阿尔巴尼亚	0	0	0	0	0	0
塞尔维亚	0	0	0	0	46.8	49.4

资料来源：欧盟统计局。

1990—2015 年中东欧国家对于俄罗斯天然气的依存度比较高，且比较稳定，始终在 60%~70%（见图 5-17）。分国别看（见表 5-21），保加利亚、捷克、爱沙尼亚、拉脱维亚、立陶宛、斯洛伐克、斯洛文尼亚和马其顿在 100%以上，除马其顿外普遍呈现下降的趋势。斯洛文尼亚下降最快，从 1990 年的 105.3%下降到 2015 年的 33.2%，其次为捷克，从 1990 年的 101.1%下降到 2015 年的 69.0%，其余国家下降均不明显。波兰、匈牙利和塞尔维亚三国为较高依存度的国家，依存度在 50%~90%，但波动趋势各不相同，匈牙利是向上波动的，波兰是向下波动的，塞尔维亚是上下波动的。罗马尼亚和克罗地亚属于低依存度的国家，依存度在 20%左右。

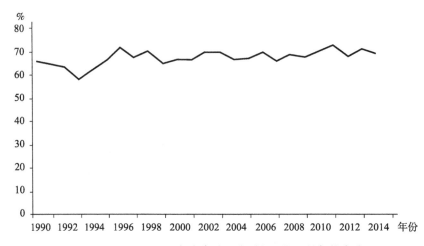

图 5-17　1990—2015 年中东欧国家对俄罗斯天然气依存度

资料来源：欧盟统计局。

表 5-21　1990—2015 年中东欧各国对俄罗斯天然气依存度　　　（%）

国家	1990 年	1995 年	2000 年	2005 年	2010 年	2015 年
保加利亚	111.8	110.6	103.9	97.4	102.9	107.9
捷克	101.1	108.8	86.9	83.4	84.1	69.0
爱沙尼亚	111.1	111.1	111.1	111.1	111.1	111.1
克罗地亚	29.1	12.9	45.5	43.4	35.8	0
拉脱维亚	119.5	110.0	113.2	117.3	68.6	109.5
立陶宛	111.1	111.1	111.2	111.8	110.8	95.0
匈牙利	64.7	67.0	73.9	66.2	84.3	80.0
波兰	83.8	71.4	60.0	51.3	69.2	58.5
罗马尼亚	22.8	27.7	22.0	33.4	18.3	1.8
斯洛文尼亚	105.3	67.2	66.2	66.2	51.9	33.2
斯洛伐克	116.9	96.5	109.8	114.2	111.0	105.6
马其顿	—	—	110.3	110.6	111.2	111.2
阿尔巴尼亚	0	0	0	0	0	0
塞尔维亚	88.5	55.3	65.9	98.1	84.3	87.6

资料来源：欧盟统计局。

二、中东欧国家能源对外高依存度所带来的不稳定性

（一）出现能源供给危机

欧盟约 1/4 的天然气从俄罗斯进口，其中 80% 经由乌克兰输送。自 2006 年以来，俄乌两国天然气争端不断，让欧盟利益严重受损。如 2009 年的俄乌 "斗气" 对匈牙利、捷克、波兰、斯洛伐克和保加利亚等中东欧国家影响非常大，尤其是对于高度依赖俄罗斯天然气供应又缺乏其他进口渠道的国家，如罗马尼亚、波兰、保加利亚等国由于缺乏天然气储备，立刻受到不同程度的冲击。具体见表 5-22。

表 5-22　俄罗斯能源断供对中东欧国家的影响

"断气" 时间	直接原因	受影响中东欧国家	影响
2006 年 1 月 1 日起	价格因素	克罗地亚、匈牙利、罗马尼亚、斯洛伐克	停供 3 日
2009 年 1 月 5 日起减少供气，7 日起完全断气	价格、债务、过境费	匈牙利、保加利亚、斯洛伐克等十多个中东欧国家	完全停止向欧盟国家输送天然气，带来欧洲能源危机

（二）造成能源开支大幅增加

经互会时期，苏联以低于国际市场 30%～40% 的价格供应中东欧国家石油，使本来能源贫乏的中东欧国家能源对其依存度大幅提高，见表 5-23。1960—1978 年，保加利亚、匈牙利、波兰、罗马尼亚和捷克等国对外能源依存度普遍上升了 20%～30%，其中罗马尼亚还从对外出口国变成对外进口国。1973 年以后，国际石油价格一再上涨，苏联也大幅度提高油价，导致中东欧国家能源开支大幅增加，如表 5-24 所示，1970—1975 年，保加利亚、波兰、捷克和匈牙利能源平均开支增长了 28% 左右，1975—1980 年四国能源开支继续增长 27% 左右。

表 5-23 1960 年、1978 年经互会中东欧国家能源对外依存度　　　（%）

国家	1960 年	1978 年
保加利亚	45	74
匈牙利	23	49
波兰	−24	−9
罗马尼亚	−28	15
捷克	5	34

资料来源：李立奎，周洁清. 经互会东欧国家的能源问题 [J]. 今日苏联东欧，1984（1）：6+11-13.

表 5-24 1970—1978 年部分中东欧国家从苏联进口石油开支

单位：万转账卢布，%

国家	1970 年	1975 年	1978 年	1970—1975 年平均增长率	1975—1980 年平均增长率
保加利亚	10 863	39 324	89 120	29.3	31.4
捷克	16 065	54 240	100 260	27.6	22.7
波兰	13 158	45 087	96 918	27.9	29.1
匈牙利	7 344	25 425	50 687	28.2	25.9

注：根据相关资料整理而得。

（三）造成经济危机

中东欧国家因苏联石油提价，出现普遍经济困难和严重的经济危机。如表 5-25 所示，1971—1978 年，经互会内部油价从 13.6 卢布/吨上升到 54.7 卢布/吨。与此相对应，经互会四个成员国保加利亚、匈牙利、罗马尼亚和捷克斯洛伐克的经济增长速度出现不同程度的下降，其中匈牙利、罗马尼亚和捷克斯洛伐克三国比较突出。图 5-18 更为直观，1971—1978 年经互会内部油价一直在上调，1975 年有个拐点，油价从 18.1 卢布/吨直接上调到 32.8 卢布/吨，对匈牙利和罗马尼亚的经济影响较大，均有 2%的降幅。后面随着油价的进一步上调，经济增长继续快速下调，可见油价对中东欧国家经济的拖累较大。

表 5-25　1971—1978 年经互会内部油价与经互会成员国社会总产值增长速度比较

年份	保加利亚增长速度（%）	匈牙利增长速度（%）	罗马尼亚增长速度（%）	捷克斯洛伐克增长速度（%）	油价（卢布/吨）
1971	6.0	7.0	11.0	6.0	13.6
1972	5.7	4.7	9.9	5.7	15.6
1973	6.3	6.3	10.7	6.3	16.0
1974	5.0	7.6	11.9	5.0	18.1
1975	8.2	5.5	9.3	5.6	32.8
1976	6.9	3.7	9.7	3.8	34.0
1977	6.5	7.9	8.3	5.1	43.8
1978	5.5	4.6	7.7	4.2	54.7

资料来源：根据经互会秘书处《经互会成员国统计年鉴》的资料计算。

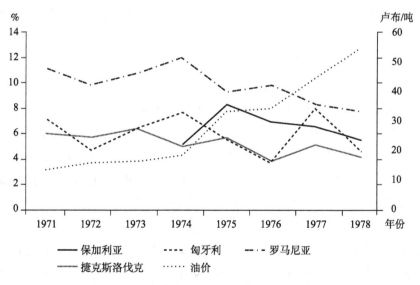

图 5-18　1971—1978 年经互会内部油价与经互会成员国社会总产值增长速度比较

资料来源：根据经互会秘书处《经互会成员国统计年鉴》的资料计算。

（四）形成人道主义灾难和健康问题

几次断气问题恰逢中东欧国家的寒冬，造成所在国国民普遍受冻，带来人道主义灾难和健康问题。保加利亚的冬季供暖受到很大影响，27 所学校和一些幼儿园因供暖不足停课，大部分供暖公司不得不改用柴油作燃料。空中和陆路交通受阻。为应对"断气"危机，各国掀起抢购电暖气的浪潮，很多人甚至劈柴引炉取暖。波黑 1/3 国民缺乏供暖，依靠德国的救急用气。根据《中国经济时报》2009 年 1 月 14 日的报道，东欧地区 2009 年 1 月 9 日至少有 13 人被冻死。

（五）容易造成生产安全问题

由于断供，能源缺乏，导致大量生产中断，形成生产的安全问题，或者产生安全隐患。比如，很多在建的基础设施，因为缺乏能源不得不停建。很多企业因为缺乏能源不得不停止生产。2009 年 1 月，仅"断气"第一周，斯洛伐克有大约 1 000 家企业被迫停产或减产，保加利亚企业用气实行配给制，造成的直接经济损失达 7 200 万美元。根据新华网 2009 年 1 月 17 日的报道，保加利亚甚至准备重启之前已经停用的科兹洛杜伊核电站 3 号反应堆，而这是此前因存在安全隐患被关闭的反应准。

三、中东欧国家能源对外高依存度的不稳定性给我国带来的启示

（一）自力更生挖掘本国能源的潜力

第一，提高能源的勘探技术和水平。中华人民共和国成立时，原油产量仅 12 万吨，全国只有 8 台钻机，石油专业技术力量十分薄弱。1941 年，潘钟祥教授撰写的《中国陕北及四川白垩系石油的非海相成因》一文发表在美国石油地质学家协会会志上，文中首次提出了我国的陆相地层可以生油这一崭新的概念。1954 年 3 月 1 日，地质部部长李四光《从大地构造看我国石油资源的勘探》的报告中认为，中国石油勘探远景最大的区域有三个：一是青、康、滇、缅大地槽；二是阿拉善—陕北盆地；三是东北平原—华北平原。在这些理论的指导下，中国制订了勘探任务五年计划，确定重点勘探盆地，从而先后发现克拉玛依油田、大庆油田、胜利油田等重要油田，从此摘掉了"贫油国"的帽子，不再依靠"洋油"。

第二，提高开采技术和水平。同样以石油为例，按照国外传统的开采技

术，我国的石油开采寿命，或者说开采年限相对较低，开采量也比较有限，浪费比较严重。比如，大庆油田采取倒灌等新技术和新方法，使油田的开采寿命得到延长，解决了世界油田开发上的几大技术难题。

第三，运用新的能源理论寻找和发现新能源。波兰政府向美国、加拿大等国的大公司发放页岩气勘探许可证，鼓励运用新技术勘探发展非常规能源。

（二）实施能源品种的多元化战略

中东欧国家实施能源品种多元化战略，主要从两方面入手（见表5-26）。一是将传统能源通过新技术多元化，比如，提高石油的冶炼和分解技术，炼出更多高品质的石油能源产品；又如，将煤炭通过技术手段使之液化和气化，提炼出更多新的煤炭能源新品类，提高利用水平和效率。二是因地制宜大力开发新能源，使新能源品类多元化。除了新能源品类多元化之外，同种新能源可以生产方式和开采方式的多元化，比如，生物能源可以使用地中海的草，也可以使用传统的麦秸秆发酵。

表 5-26　中东欧国家的能源品类发展

国家	1950—1980 年	1980—2000 年	21 世纪
波兰	传统化石能源为主	煤炭消费比重下降，石油、天然气消费比重增加	核电计划 太阳能计划 开发页岩气
匈牙利		1984—1988 年核能发展	核能成为第三大能源 可再生能源技术先进 生物质能发电，能源草项目
捷克斯洛伐克		核能较快发展	
捷克			核能成为第四大能源 可再生能源发展迅速，达到总发电量的 10% 生物质能发展，废弃木质颗粒利用 风能发展
斯洛伐克			核能成为第二大能源，占能源构成的 26%
罗马尼亚		水力发电量占年发电总量约 18%	可再生能源发展很好，2012 年达 14.6% 水能、风能得到充分发掘

国家	1950—1980 年	1980—2000 年	21 世纪
保加利亚		核能发电量占年发电总量约 25% 水力发电量占年发电总量约 6%	2010 年核能成为第二大能源 恢复并发展核电 勘探深水油气
南斯拉夫	传统化石能源为主		斯洛文尼亚：核能充分利用，大力开发水电 克罗地亚、波黑、黑山：水能发展 塞尔维亚、马其顿：能源结构单一
立陶宛		核能	2009 年核电站关闭 可再生能源（主要是水电和风电）发展迅速
拉脱维亚			可再生能源（水电为主）迅速发展
爱沙尼亚			可再生能源发展可观，自给有余，20% 可供出口 风能、生物质能突出

（三）实施能源来源渠道的多元化战略

中东欧国家实施能源进口的国别多元化，由原来单一依靠苏联，后来依靠俄罗斯，再到依靠中东、北欧、独联体等其他国家，见表 5-27。从原来单纯的进口，到后来的合作生产，或者是合作加工，特别是俄罗斯的石油管道过境国，在当地有很多油库和油料加工厂。由于油料加工中有利益分成，石油输出国不好随便断供，比起单纯进口石油安全多了。此外，苏联解体以后，分成很多国家，利用这些国家与俄罗斯的矛盾，主动发展与这些产油国的关系，从这些国家进口石油和天然气也是一种新的方式和渠道多元化的策略。

表 5-27　中东欧国家能源来源渠道

时间	国家	合作方式
1964 年建成	俄罗斯→波兰、斯洛伐克、捷克、匈牙利	"友谊"石油管道
1967 年建成投产	俄罗斯→斯洛伐克、捷克、匈牙利	"兄弟"天然气管道
1978 年建成投产	俄罗斯→罗马尼亚、保加利亚、马其顿	"联盟"天然气南线

时间	国家	合作方式
1985 年建成	俄罗斯→波兰、立陶宛	"北极光"天然气管道
20 世纪 90 年代开始	乌克兰、挪威、德国→波兰	进口天然气
	俄罗斯→匈牙利、捷克、斯洛伐克	进口核燃料
1999 年建成投产	俄罗斯→波兰	"亚马尔—欧洲"天然气管道
2000 年开始	OPEC、非洲、阿尔及利亚、挪威→捷克	进口石油
	哈萨克斯坦→罗马尼亚	
2008 年	俄罗斯→塞尔维亚	油气合作项目，俄罗斯天然气工业石油公司参股塞尔维亚石油工业公司
2009 年	奥地利→斯洛伐克	协议连接两国石油、天然气管道，加强两国能源安全合作
2014 年	日本→立陶宛、爱沙尼亚、拉脱维亚	日立公司为核电项目提供反应堆并共同控股
	挪威→立陶宛	通过"独立"LNG 终端从挪威进口天然气
2015 年	荷兰→保加利亚	荷兰皇家壳牌公司在保加利亚黑海以外海域进行深水油气勘探
	中国→罗马尼亚、塞尔维亚等	"16+1 合作"核电、水电项目商谈合作
2017 年	美国→波兰、克罗地亚	"三海合作"倡议峰会，协商签署液化天然气长期采购合约

（四）实施能源运输渠道的多元化战略

中东欧国家实施能源运输渠道的多元化战略见表 5-28。改变单一依赖苏联时期铺设的管道输送石油和天然气，不断拓展新的渠道，天然气运输采用了浮式 LNG 终端渠道，随着新渠道的打开，进口国家范围进一步扩大，不再局限于俄罗斯。2014 年，立陶宛采用该方式从挪威进口天然气，波兰则从美国进口天然气。石油进口渠道扩大到油轮运输，波兰则于 2016 年通过此渠道从美国进口石油。

表 5-28   中东欧国家能源运输渠道发展

能源运输渠道	时间	代表事件
管道运输	苏联时期与社会主义兄弟国家时期	"兄弟"天然气管道
	苏联解体后与新独立中东欧国家时期	"亚马尔—欧洲"天然气管道
	俄罗斯与东扩后的欧盟时期	"南溪"天然气管道项目
浮式 LNG 终端	2014 年	立陶宛独立号 LNG 终端从挪威进口 LNG
	2016 年	波兰希维诺乌伊希切 LNG 终端从美国进口 LNG
石油进口终端	2016 年	波兰 Naftowy PERN 石油终端开放，油轮"亚特兰大"从伊朗抵达波兰港口

第三节　中东欧国家能源生产和消费低效率的启示

一、中东欧国家能源生产低效率的表现

（一）能源生产低效率的界定及主要指标

1. 劳动生产效率

劳动生产效率有两种衡量标准。一种是指单位时间内产品生产数量，一般来说，单位时间内产品数量越多，劳动生产效率越高，两者呈正比关系。另一种是单位产品所耗费的劳动时间，单位产品所耗费的劳动时间越短，劳动生产效率越高，两者呈反比关系。

2. 产出率

产出率指的是投入产出比，相同的要素投入，产出的差异决定了产出率的高低，产出越高说明效率越高，产出率越高。煤炭的生产效率用"吨/工"表示。

（二）中东欧国家能源生产低效率的主要表现

首先，我们用总能源矿产、煤炭（包括煤、褐媒和泥炭）和原油天然气劳动生产率与欧洲发达国家英国和德国进行对比分析，在这里用人均生产总值代表劳动生产率。如表 5-29 所示，与英国相比，中东欧国家的总能源矿产和原油、天然气的劳动生产率差距太大，其中，总能源矿产英国是中东欧国

家的 50~100 倍。原油、天然气英国是中东欧国家的 10~20 倍。匈牙利效率
更低，出现负效率的现象。煤炭（包括煤、褐煤和泥炭）稍微好一些，但英
国也是中东欧国家的 2~8 倍。与德国相比，这三项指标差距相对小一些。总
能源矿产劳动生产率，德国是中东欧国家的 2~8 倍，原油、天然气德国是中
东欧国家的 2~6 倍。煤炭（包括煤、褐煤和泥炭）的劳动生产率德国是中东
欧国家的 1~6 倍。

表 5-29　2007 年雇员人均生产总值

单位：劳动生产率，千欧/人

	总能源矿产	煤、褐煤、泥炭	原油、天然气
保加利亚	10.4	9.4	41.0
捷克	33.2*	32.8*	—
爱沙尼亚	20.4	—	—
拉脱维亚	14.4	14.4	—
立陶宛	36.4	11.9	119.5
匈牙利	−26.1	22.4	−35.8
波兰	27.5	27.0	57.6
罗马尼亚	37.1	15.8	45.2
斯洛伐克	33.2	—	—
英国	1 006.6	78.6	1 191.0
德国	81.7	57.9	247.8

注：*表示 2006 年数据。

资料来源：欧盟统计局，表中数据为 Apparent labour productivity，由要素成本价值增值除以雇佣
人数得出。

其次，用中东欧国家的燃煤供热和发电效率与 OECD 国家及我国进行对
比，说明中东欧国家能源生产效率低下。从表 5-30 可见，中东欧国家使用煤
炭发电或供热的效率普遍较低，7 个国家效率低于 OECD 国家，9 个国家低于
我国水平，只有 4 个国家高于欧洲 OECD 国家。效率最低的是波黑，其次为
黑山。

表 5-30　1971—2011 年燃煤供热和发电效率及份额

国家	煤炭(Mtce)	电力(TWh)	热力(PJ)	效率(%)	煤炭发电及供热量占总发电及供热量比例（%）					
					1971 年	1980 年	1990 年	2000 年	2010 年	2011 年
捷克	14.57	49.89	84.38	43.3	84.8	71.1	77.1	71.2	61.9	60.6
爱沙尼亚	3.33	11.34	4.52	32.5	x	x	59.3	62.3	64.8	65.4
匈牙利	1.86	6.57	7.08	39.4	60.3	43.0	31.1	27.4	15.9	17.2
波兰	38.27	141.44	265.73	48.4	90.6	91.2	93.2	95.2	87.8	86.4
斯洛伐克	1.26	4.04	11.31	49.1	37.2	27.5	37.9	22.7	17.9	17.8
斯洛文尼亚	1.40	5.31	5.61	42.3	x	x	36.5	37.8	36.7	36.9
波黑	3.84	10.81	3.52	26.4	x	x	69.9	49.1	52.4	69.1
保加利亚	7.60	27.54	22.84	38.3	82.6	51.7	29.4	43.6	45.9	51.1
克罗地亚	0.56	2.58	—	39.8	x	x	5.3	11.2	13.7	18.4
拉脱维亚	0.01	0	0.29	56.3	x	x	6.7	0.8	0.7	0.6
立陶宛	0	—	0.11	74.4	x	x	0.7	0.3	0.2	0.2
马其顿	1.32	5.29	0.08	34.5	x	x	75.7	60.8	58.0	69.6
黑山	0.42	1.45	—	29.9	x	x	..	..	31.6	54.7
罗马尼亚	7.20	24.80	25.41	38.1	30.5	42.3	37.9	27.4	31.5	35.6
塞尔维亚	7.32	28.79	10.01	37.1	x	x	73.8	56.1	57.8	63.7
OECD	850.34	3 609.33	809.16	38.8	41.6	42.6	42.1	38.7	33.7	32.9
欧洲 OECD	216.86	887.49	654.48	42.4	49.1	47.2	43.4	31.2	24.7	25.4
中国	987.73	3 723.24	2 923.25	39.5	70.5	64.7	72.9	80.1	79.5	81.0

资料来源：IEA Coal Information 2013.

最后，通过比较中东欧国家与美国、加拿大褐煤的平均净热值，说明中东欧国家能源效率低，并且进一步解释了效率低的自然原因。褐煤（含油页岩）一般指热值低于 17 435 千焦/千克，含挥发质大于 31% 的一种非聚附煤（无烟煤热值大于 23 865 千焦/千克，无灰，是一种高品质煤）。波兰作为东欧的褐煤生产大国，其褐煤热值很低，相当于美国的 59.9%，加拿大的58.5%。匈牙利的褐煤热值相当于美国的 51.7%；爱沙尼亚的褐煤热值也偏低，为美国的 63.8%；只有捷克的褐煤热值较高，为 12 203 千焦/千克，但还是小于美国和加拿大的净热值（见表 5-31）。

表 5-31　2011 年部分国家褐煤平均净热值　　　　单位：千焦/千克

国家	净热值
捷克	12 203
匈牙利	7 209
波兰	8 362
爱沙尼亚	8 900
美国	13 950
加拿大	14 286

资料来源：IEA/OECD Coal Statistics.

（三）中东欧国家能源生产低效率的主要启示

中东欧国家能源生产效率普遍较低，比如，褐煤的平均热值较低，影响其发热量和发电量，在煤炭转化为热和电时，效率自然不高。此外，一些煤矿的矿井条件差，煤层薄，经常受到机械故障、瓦斯危害和地质坍塌的影响。

更多的是人为原因。煤炭开采条件较差，机械化和自动化水平较低，波兰是煤炭生产大国，煤炭机械化水平只有 45%，捷克的煤炭生产和消费占比也很高，但机械化水平只有 5%，因此存在较大的机械化水平提升空间。

另外，由于过度开采，一些条件较差、暂时不具备开采条件的煤矿也被提前开采出来，必然导致成本过高、效率过低。

二、中东欧国家能源消费低效率的启示

（一）能源消费的低效率界定及主要指标

能源消费效率的界定，主要是单位能源的产出率，有两类指标：能源效率和能源强度。能源效率是指单位能源的 GDP 产出量，能源强度是指单位 GDP 的能源消耗量。

（二）中东欧国家能源消费低效率的主要表现

1. 中东欧国家能源强度普遍高于欧盟的水平，能源效率较低

如表 5-32 所示，用 2014 年中东欧国家的初级能源强度和终级能源强度两个指标与欧盟、德国、日本和中国进行对比。从初级能源强度看，欧盟、德国和日本均在 0.1 千克石油当量/美元左右，其中德国最低，日本最高，欧盟居中。按照这一标准，中东欧国家中只有阿尔巴尼亚和克罗地亚达标，阿

241

尔巴尼亚低于 0.088 千克石油当量/美元，克罗地亚刚好达标。其余国家均超过标准，其中爱沙尼亚强度最大，为 0.232 千克石油当量/美元。当然，中东欧国家除爱沙尼亚之外，初级能源强度普遍比我国低。再从终级能源强度可以看出，欧盟、德国和日本均在 0.060 千克石油当量/美元左右，也是德国最低，日本最高，欧盟居中。这项指标，中东欧国家全部高于欧盟，统统不达标，不过低于我国，各国之间普遍差异不大，与欧盟差距也小于初级能源强度。值得欣慰的是，各国能源强度下降较快。从年均增长率来看，能源效率提升较快的国家是斯洛伐克和罗马尼亚。需要警惕的是，能源强度最大的爱沙尼亚，能源强度下降的幅度并不大，其能源强度要达到欧盟标准尚需时日。终级与初级能源强度比是被各部门最终使用的能源与能源输入的比值，反映了能源转化过程中的损失。能源损失较大的有保加利亚、爱沙尼亚等国家。

表 5-32　2014 年部分国家能源效率指标

国家	初级能源		终级能源		终级与初级能源	
	能源强度（koe/ $ 2005）	2000—2014 年年均增长率（%）	能源强度（koe/ $ 2005）	2000—2014 年年均增长率（%）	终级与初级能源强度比（%）	2000—2014 年年均增长率（%）
保加利亚	0.193	-3.4	0.092	-3.2	50.7	-0.2
克罗地亚	0.105	-2.1	0.078	-1.5	80.3	0.3
阿尔巴尼亚	0.088	-2.2	0.077	-1.8	90.5	0.3
爱沙尼亚	0.232	-1.7	0.110	-2.2	49.0	-0.8
捷克	0.157	-2.5	0.086	-3.1	62.1	-0.2
匈牙利	0.123	-2.6	0.079	-2.5	72.7	0.3
拉脱维亚	0.128	-2.8	0.112	-2.5	89.3	0.3
立陶宛	0.117	-4.3	0.079	-2.5	82.2	2.1
塞尔维亚	0.174	-3.1	0.100	-2.4	61.0	0.9
波兰	0.127	-3.1	0.080	-2.9	68.7	0.3
斯洛伐克	0.128	-4.8	0.079	-4.7	67.2	-0.1
罗马尼亚	0.126	-4.4	0.084	-3.9	71.9	0.5
斯洛文尼亚	0.128	-1.6	0.089	-1.5	70.9	-0.1
欧盟	0.105	-1.9	0.068	-1.7	70.9	0
德国	0.101	-1.7	0.066	-1.4	72.0	0.1

国家	初级能源		终级能源		终级与初级能源	
	能源强度 （koe/＄2005）	2000—2014年 年均增长率 （％）	能源强度 （koe/＄2005）	2000—2014年 年均增长率 （％）	终级与初级 能源强度比 （％）	2000—2014年 年均增长率 （％）
日本	0.109	-1.9	0.069	-1.7	72.8	0.3
中国	0.206	-2.7	0.129	-3.3	68.1	-0.5

注：初级能源强度计算方法为能源总消费/GDP，单位为千克石油当量/美元（2005年不变价格），其中GDP采用购买力平价。终级能源强度计算方法为终级能源总消费/GDP，其中终级能源是由工业、交通、居民、服务和农业等终端消费部门统计的。

资料来源：https：//www.worldenergy.org/.

2. 低效率的原因

粗放型的生产和消费。如北温带海洋气候国家波兰，其纬度相当于我国的黑龙江，居民住宅及公用设施每年供暖时间长达7个月。统计表明，其建筑物能源消耗相当于全国能源总消耗量的35%。波兰在1995年供热计量改革以前，集中供热按照住宅面积收热费，生活用热水按每户人数收取，并由国家财政部补贴，供热体制垄断。开始供热改革后，情况得到明显改善。波兰引入大量热量分配表，避免了过去室内温度升高时居民开窗放热所造成的浪费。

老式苏式建筑中采用的保温保暖技术都不够好，导致能耗率高。波兰在20世纪90年代经济转型之前建筑节能工作远落后于西方。房屋建筑为混凝土砌块，热损失大。很多居民家玻璃窗都是单层的，大量热能通过墙壁和门窗被浪费。采暖及生活用水的单位建筑面积能耗约为发达国家的2倍。

供暖供热锅炉都比较落后，能耗比较高，没有资金进行技术改造。热网条件较差，效率低，许多采暖锅炉需要更换，缺乏测量仪表。在管道输送方面，保暖技术落后，能源利用率不高，而政府缺乏资金，包括世界银行在内的外国金融机构也不愿意投资，导致改造工作开展较晚。

家用电器能耗标准低，厨房设备落后，能源传输损失大等问题也导致低效率。如表5-33所示，德国能源基础设施传输损失为3.7%，日本为4.8%，而中东欧国家中只有斯洛伐克能够达到这个水平，其余国家均高于这个水平，传输损失在10%以上的国家有5个，分别为保加利亚、克罗地亚、爱沙尼亚、罗马尼亚和塞尔维亚，其中塞尔维亚损失最大，为15.9%。

表 5-33　中东欧国家及德日能源基础设施的效率对比　　　　（%）

国家	传输损失
德国	3.7
日本	4.8
保加利亚	12.0
克罗地亚	11.2
捷克	6.5
爱沙尼亚	10.2
拉脱维亚	8.2
立陶宛	7.5
波兰	7.0
罗马尼亚	13.4
塞尔维亚	15.9
斯洛伐克	3.4
斯洛文尼亚	6.3

注：能源基础设施的效率用能源传输和分配损失的电能与电能消费的比值来衡量。

资料来源：World Energy Resources 2016.

（三）中东欧国家能源消费低效率的主要启示

1. 能源消费的低效率必定带来一系列的危害

能源消费的低效率必定加剧能源危机的风险，加大环境污染和温室气体排放的规模。

二氧化碳强度数值越大，单位 GDP 碳排放越多。在所有中东欧国家中，按照欧盟的标准，只有阿尔巴尼亚、拉脱维亚、匈牙利和立陶宛四个国家达标，按照瑞典标准，没有国家达标（见表 5-34）。各国之间碳排放强度差距较大，爱沙尼亚、塞尔维亚和保加利亚单位 GDP 碳排放最大，是欧盟平均水平的 2 倍以上。爱沙尼亚是人均二氧化碳排放量最大的国家。最大二氧化碳排放强度的国家爱沙尼亚是最小排放强度国家阿尔巴尼亚的近 5 倍。其他人均二氧化碳排放量较大的国家还有捷克和波兰。根据 Knoema 统计，人均能源消费的二氧化碳排放总量排名靠前的中东欧国家（2011 年）有：黑山（世界第 6 位）、捷克（世界第 34 位）、波兰（世界第 40 位）和斯洛文尼亚（世界第 41 位）。中国的二氧化碳强度和人均二氧化碳排放均较中东欧国家高，尤其是人均二氧化碳排放年均增长率特别高。如何节能减排，实现低碳发展，应积极寻求先进国家的经验。

表5-34　2014年二氧化碳强度及人均排放

国家	二氧化碳强度 （kCO$_2$/＄05p）	2000—2014年 年均增长率（%）	人均二氧化碳排放 （tCO$_2$/cap）	2000—2014年 年均增长率（%）
保加利亚	0.467	-3.2	6.04	0.8
克罗地亚	0.220	-2.6	3.56	-0.8
阿尔巴尼亚	0.157	-2.0	1.43	2.7
爱沙尼亚	0.737	-1.9	14.7	2.1
捷克	0.371	-4.1	9.26	-2.0
匈牙利	0.214	-4.1	3.96	-2.1
拉脱维亚	0.190	-4.0	3.27	0.9
立陶宛	0.196	-3.7	4.02	1.7
塞尔维亚	0.499	-3.8	5.33	0.3
波兰	0.380	-3.7	7.32	-0.3
斯洛伐克	0.240	-5.3	5.37	-1.5
罗马尼亚	0.275	-5.0	3.53	-0.6
斯洛文尼亚	0.239	-2.6	6.01	-1.1
欧盟	0.216	-2.4	6.34	-1.3
瑞典	0.098	-4.2	3.62	-2.9
中国	0.595	-2.6	6.52	6.2

注：其中二氧化碳强度计算方法为燃料燃烧释放的二氧化碳量/GDP，单位为千克二氧化碳/美元（2005年不变价格），使用购买力平价方法。人均二氧化碳排放单位为吨。

资料来源：https：//www.worldenergy.org/.

在中东欧国家中只有捷克、爱沙尼亚和波兰三国的人均碳排放水平超出欧盟28国的平均水平（见图5-19）。但需要特别注意的是，波兰和捷克在中东欧属于人口大国，由于人均碳排放位于前列，斯洛文泥亚和波兰的碳排放总量在中东欧国家中分别居第一位和第二位（见图5-20）。为此，这两个国家受到环境污染的影响较大，并且经常受到欧盟和国际的批评，减排压力较大，这两个国家为此也付出了不小的代价。

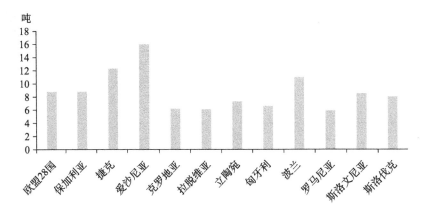

图 5-19   2017 年部分中东欧国家温室气体（等量 CO$_2$ 计）人均排放量

资料来源：欧盟统计局。

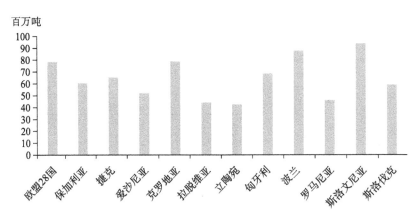

图 5-20   2017 年部分中东欧国家能源消费的二氧化碳排放总量

资料来源：Knoema.

首先，能源低效率导致高排放，造成环境污染。历史上中东欧国家不乏环境污染带来巨大危害的教训，其中，1980 年的欧洲"黑三角事件"便与能源消费有直接关系。1980 年，寒流袭击使德国、捷克、斯洛伐克和波兰接壤处的苏台山脉"黑三角地带"被酸雨腐蚀的枯黑林木纷纷倒下，使这里成为"森林的墓地"。这一地区曾经是炼钢厂、煤矿、化工厂集中的地方，煤炭等化石燃料燃烧排放的大量硫化物和氮化物引发了酸雨，使这里降水的酸度比正常高出十几倍。酸雨严重破坏生态环境，使土壤酸化，林木枯死，河流湖泊水质酸化，水生生物死亡，还会腐蚀建筑物。虽然"黑三角事件"已发生近 40 年，以煤炭为主要能源来源的中东欧国家如波兰、捷克等仍应密切关注污染排放可能带来的环境危害。

其次，中东欧国家为了应对欧盟和国际环境保护压力，环境污染治理费用较高。从图 5-21 可以看出，2013 年，捷克和波兰的环境保护支出分别占 GDP 的 0.96% 和 0.85%，在中东欧国家中居第二位和第三位。

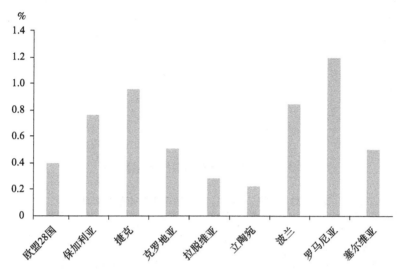

图 5-21　2013 年部分中东欧国家工业部门环境保护支出占 GDP 百分比

资料来源：欧盟统计局。

2. 对我国的启示

中东欧国家能源生产效率低，能源强度大，对于我国有很强的借鉴意义。我国的能源强度比中东欧国家还要高，约为欧盟平均水平的 2 倍（见图 5-22 和表 5-35），也明显高于中东欧国家。我国能源消费效率也比较低，如表 5-35 所示，我国空调能效比低于 2.6，属于五级能效，远远低于美国、欧盟和日本，它们各自为四级能效、二级能效和超一级能效。2006 年，彩电待机能耗为 9 瓦，美国 2005 年规定为 1 瓦，日本早在 2003 年就规定为 1 瓦，我国是它们的 9 倍。由于能源生产和消费的低效率，能源浪费严重，最终导致我国人均碳排放量比较大。加上我国人口基数大，所以碳排放总量居全世界第一位，见图 5-23。

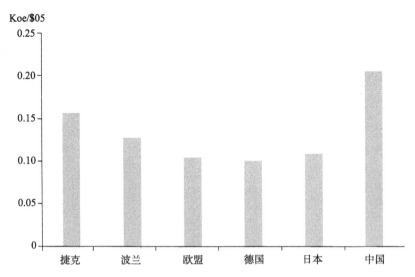

图 5-22　2014 年部分国家初级能源强度

表 5-35　中国、美国、欧盟和日本家电能耗标准

家电种类	中国	美国	欧盟	日本
空调	能效比低于 2.6（五级能效）不准在市场销售（2005 年）；最低能效指标 3.2（二级能效）（2009年）	能效比低于 2.8（四级能效）不准在市场销售	不能销售能效比低于 3.2（二级能效）的产品	能效比 4.0 左右（超一级能效，一级能效要求能效比不低于 3.4）
彩电	待机能耗不高于 9瓦（2006 年）；5 瓦以下（2009 年）	美国能源之星要求1瓦以下（2005 年）	自愿性协议规定销售的型号平均待机能耗在 6 瓦以下（2000 年）；在 3 瓦以下（2009 年）	待机能耗小于 1 瓦（2003 年）

注：我国根据家电能效比实行能效标识制度，共分为五级能效，其中一级能效为最节能。

资料来源：高俊. 能效标准和标识促进家电消费全面节能环保化——国内外家电实施能效标准和标识分析［J］. 福建质量信息，2006（8）.

2014 年，中国二氧化碳排放量 93.77 亿吨，占世界排放总量的 27.88%。排名前五的国家二氧化碳排放占世界排放总量的 58.61%。

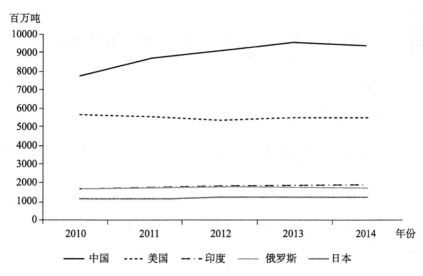

图 5-23　2010—2014 年能源消费二氧化碳排放总量

资料来源：Konema.

严重的污染给我国人民造成巨大损失，以北京为例，如表 5-36 所示，2003—2013 年，雾霾给北京造成总损失从 13.24 亿元上升到 31.21 亿元，人均损失从 211.86 元上升到 526.51 元。

表 5-36　2003—2013 年雾霾给北京造成的损失

年份	总经济损失（亿元）	人均损失（元）	占当年 GDP 比例（%）
2003	13.24	211.86	0.62
2004	16.69	252.19	0.63
2005	18.10	300.72	0.68
2006	23.69	354.56	0.71
2007	25.80	363.07	0.64
2008	22.84	350.10	0.59
2009	25.15	382.40	0.61
2010	28.52	389.38	0.61
2011	29.30	388.59	0.57
2012	29.83	477.73	0.68
2013	31.21	526.51	0.72

资料来源：曹彩虹，韩立岩. 雾霾带来的社会健康成本估算 [J]. 统计研究，2015，32（7）：19-23.

第四节 通过自主开发、国际贸易和能源储备等 方式改变单一能源结构

一、通过自主开发方式改变单一能源结构

（一）挖掘本国传统能源的潜力，在品类上增加，从而实现能源结构的优化

波兰的煤炭资源为该国的基础能源，2015年9月波兰经济部部长表示，在2050年之前，这一趋势不会改变。虽然面对全球的"去煤化"趋势，波兰也在努力降低煤炭资源占比，2014年煤炭占初级能源的比重已经降低到65%。尽管煤炭资源总体占比下降，但煤炭资源对波兰意义重大，该国充分挖掘煤炭资源使用潜力，使煤炭用途多元化，该国96%的电力供应来自煤炭，89%的供热也依赖煤炭。但在煤炭高效转化使用方面还做得不够。煤炭的液化和气化技术要求相对较高，需要的资金投入也较多，波兰几乎无力胜任。波兰煤炭地下气化技术相对成熟，其在这方面进行过尝试，效果似乎不太好。中东欧其他单一煤炭资源大国情况和波兰类似，如保加利亚也做了煤炭地下气化的探索，但未能形成规模。中东欧国家在煤炭利用渠道方面做得相对较好，煤炭利用能够做到多元化，但在煤炭利用效率方面未能做到品类的多元化，从而实现结构优化和效率的提高。

（二）根据本国自然资源的优势，通过挖掘资源潜力，将资源转化为能源

多瑙河沿岸国家水力资源丰富，波罗的海沿岸国家风力资源丰富，可以将水力资源和风力资源转化为能源，从而优化能源结构。克罗地亚、斯洛文尼亚、黑山、马其顿、阿尔巴尼亚、塞尔维亚和波黑等7国的水力发电占国内能源消费比重较高，在5%及之上，见表5-37。这些国家均位于多瑙河的干流和支流水力资源丰富的区域。波罗的海沿岸的爱沙尼亚、立陶宛、波兰和罗马尼亚风能利用相对较高，占比在1%及以上。这说明，中东欧国家在挖掘本国自然资源潜力、将本国优势资源转化为能源方面做得较好。

表 5-37　2015 年可再生能源消费占国内能源总消费比例　　　　　　　（%）

国家/地区	年均增长率	可再生能源	固体生物燃料	水力发电	风能	城市垃圾	沼气	生物汽油、柴油	光电、光热	地热能
欧盟	5.7	13.0	5.9	1.8	1.6	1.2	1.0	0.9	0.8	0.4
保加利亚	6.1	10.8	5.6	2.6	0.7	0.1	0.1	0.8	0.8	0.2
捷克	7.4	10.1	6.8	0.4	0.1	0.3	1.4	0.7	0.5	0
爱沙尼亚	4.4	14.5	13.2	0	1.0	1.1	0.2	0.1	0	0
克罗地亚	0.6	23.0	14.8	6.4	0.8	0	0.4	0.3	0.2	0.1
拉脱维亚	0.4	35.1	28.7	3.7	0.3	1.1	2.0	0.6	0	0
立陶宛	4.9	20.5	17.4	0.4	1.0	0.5	0.3	1.0	0.1	0
匈牙利	9.7	12.0	9.8	0.1	0.2	0.5	0.4	0.7	0.1	0.4
波兰	7.2	9.4	7.1	0.2	1.0	0	0.1	0.8	0.1	0
罗马尼亚	1.9	18.4	10.8	4.4	1.9	0	0.1	0.6	0.5	0.1
斯洛文尼亚	3.2	16.1	9.0	5.0	0	0	0.5	0.5	0.5	0.7
斯洛伐克	6.9	9.6	5.4	2.0	0	0.2	0.9	0.6	0.3	0
黑山	0.2	30.0	17.5	12.5	0	0	0	0	0	0
马其顿	2.0	15.6	8.9	5.9	0.4	0	0.1	0	0.1	0.3
阿尔巴尼亚	0.8	34.3	9.3	23.1	0	0	0	1.4	0.6	0
塞尔维亚	0.5	13.1	7.2	5.9	0	0	0	0	0	0
波黑	−3.7	26.4	—	26.4	0	—	—	—	—	—

注：年均增长率是指 2005—2015 年可再生能源国内消费的年均增长率。

资料来源：欧盟统计局。

（三）紧跟国际能源发展的趋势与潮流，开发新型能源

页岩天然气多蕴藏于地下深层岩石结构中，曾一度被认为难以开发，但随着钻探技术的不断发展，页岩天然气在美国、加拿大等国已经成为能源结构中的重要组成部分。在 2000 年，页岩天然气产量只占美国天然气产量的 1%，而目前已经达到了 25%，在未来的 10 年间，这一比例将继续提升至 50%。

受此鼓舞，波兰也决定大力促进页岩天然气的开发。截至目前，波兰环境部已向美国、加拿大以及波兰等公司发放总共 70 多份页岩气开采许可。专家表示，如果欧洲国家的页岩天然气得到有效开发，将一举改变欧洲的能源地图，像波兰等储量丰富的国家，甚至可以成为重要的天然气出口国。

美国能源部（EIA）2011 年 4 月的数据显示，波兰页岩气储量达到 5.3

万亿立方米，按照每年 140 亿立方米天然气的消耗量，相当于波兰本国 300 年的消费量。波兰拥有三大页岩气盆地，分别位于波罗的海、波德拉谢以及卢布林地区，技术上可获得页岩气储量为 187 兆立方英尺（约 5.3 兆立方米），居欧洲各国之首。

2014 年，波兰在页岩气勘探领域投资 15.7 亿美元。当年 8 月，波兰 Legs 能源公司于 Lublewo 地区实施了一口水平井参数井，并进行了压裂试油。当年 9 月，英国 SanLeon 公司在波兰喀尔巴阡地区启动了 3 口页岩油气探井，但并未获得突破。此外，由于 2014 年末原油价格下跌，雪佛龙、埃克森美孚、道达尔和马拉松等跨国能源公司先后宣布停止在波兰境内的页岩气勘探作业。

2017 年 4 月 4 日，波兰副总理兼发展和财政部部长表示："未来几年内波兰可能重启页岩气开采工作。"

早些时候，美国在向波兰出口页岩气方面表现出"开放和友善"的态度，向美国采购天然气"是提升波兰天然气运输多样性和波兰能源安全的重要因素"。波兰的页岩气储量很大，但其存储深度为 3~5 公里，比美国的页岩气存储深度更深。

（四）根据本国生物资源的特征，自主开发出不同的生物能源

地中海沿岸国家依靠种植能源草来发展生物质能源。能源草并不是一种植物草的名称，而是多年生高大草本植物或半灌木，甜高粱、柳枝稷、芒属作物等高大草本都是理想的能源草。能源草多为耐旱、耐盐碱、耐瘠薄、适应性强的草种，种植和管理简单，在干旱、半干旱地区、低洼易涝和盐碱地区、土壤贫瘠的山区和半山区均能种植。它们对土质和气候要求不高，耐寒、抗冻、适应性强，生长快，产量高，农田每亩一年干草最高产量可达 3.4 吨，产草期长达 10~15 年。

匈牙利大力种植"能源草"项目是匈牙利萨尔瓦什研究所自 20 世纪 90 年代就开始推行的。匈牙利"能源草"是盐碱地里生长的一种草种与中亚地区生长的一些草种杂交和改良培育出的一个新草种，这种草生长快，产量高，每公顷每年可产干草 15~23 吨，产草期长达 10~15 年。这种能源草的种植和使用可以大大提高可再生资源的利用率。

匈牙利萨尔瓦什研究所是欧洲最早的生物能源草研究和推广单位。法国环境与能源控制所发现地中海地区盛产另一种能够发电的能源草，即有刺茎的菊科植物。这些野生植物往往可以长到 3 米多高，它们不但生长期短，而

且可以割后再生。经法国、西班牙等国研究证实，这些植物产生的能源远远高于它们生长所消耗的能源，完全可以作为新能源得到大力开发。法国有关方面表示，地中海地区国家发展常年生菊科植物发电是非常有前景的尝试，法国将与其他地中海沿岸国家一道，积极种植这种植物来发电。

传统上用来发电的生物能源主要是麦秸秆。麦秸秆发电方式在欧美发达国家比较流行。丹麦已建有 130 多座秸秆发电站，秸秆发电等可再生能源已占该国能源消耗总量的 24%，丹麦 BWE 发电技术也在西班牙、英国、瑞典、芬兰、法国等国投产运行多年，其中英国坎贝斯的生物质能发电厂是目前世界上最大的秸秆发电厂，装机容量 3.8 万千瓦；其他如日本的"阳光计划"、美国的"能源农场"和 350 座生物质能发电站。中东欧其他国家运用则相对比较少。我国的秸秆发电技术虽然起步较晚，但发展较快，国内在建农作物秸秆发电项目 136 个，分布在河南、黑龙江、辽宁、新疆、江苏、广东、浙江、甘肃等省份。根据我国新能源和可再生能源发展纲要提出的目标和国家发展改革委的要求，至 2020 年，五大电力公司清洁燃料发电要占到总发电量的 5%以上。

二、通过国际贸易方式改变单一能源结构

（一）单纯的能源进口方式

目前，中东欧国家大部分采取单纯的能源进口方式。这种方式的优点是简单便利，容易操作。不足在于容易受制于人，容易受到国际政治和国际关系变动的影响；占用大笔外汇，对于经济发展水平不高的中东欧国家有些难以承受，并且容易受到国际油价波动的影响。

（二）易货贸易方式进口能源

这种方式不大容易执行，因为需要双方都能提供对方需要的产品，这对于中东欧国家比较困难。在历史上，苏联和中东欧国家长期采取这种方式，当时是基于苏联主导的经互会经济分工模式，双方产品的互补性较强。但自苏联解体后，经互会解散，这种分工模式不复存在，各自按照市场化发展本国的工业体系，而且，在苏联解体后，大部分中东欧国家先后加入了欧盟，工业体系按照欧盟体系重新构建，和俄罗斯差距较大，互补性较弱。

（三）技术贸易方式开发新能源

欧盟在清洁能源方面具有世界领先的技术，中东欧国家在加入欧盟之后，

可以在欧盟的清洁能源框架下，引进欧盟相关国家的清洁能源技术，因地制宜开发适合本国特色的新清洁能源。

引进美国的页岩油气开发技术，发展本国的页岩油、页岩气。根据美国能源信息署的研究报告，波兰拥有 5.3 万亿立方米的页岩气储量，高居欧洲第一。美国在页岩气开采方面拥有成功经验，因此波兰政府希望同美国进行页岩气开采方面的技术合作，让美国帮助本国勘探和开采页岩气，从而改变本国的能源结构，实现能源完全自给。在过去四年间，波兰政府先后向埃克森美孚、雪佛龙、马拉松等美国石油能源巨头颁发了 100 多张天然气勘探许可证，允许它们在波兰境内勘探、开采页岩天然气。四年的时间里这些公司已经完成和在建的勘探井共有 67 口，只有 1 口位于北部滨海省地区的勘探井可以进行水平钻井和水力压裂技术开采。专家估计，要完全了解波兰页岩气的潜力至少需要钻 200 口勘探井。希望利用技术贸易开发页岩气的中东欧国家还有爱沙尼亚和立陶宛等。

出于经济与环保的考虑，中东欧大多数国家如保加利亚、罗马尼亚、爱沙尼亚、立陶宛、捷克和波兰等希望大力发展核能。然后以本国的核能市场来换取核技术强国参与开发本国核能技术，从而引发新一轮核技术合作高潮。如波兰核能开发引来了美国的西屋电气公司、法国的阿海珠集团、日本的三菱集团、意大利的希尔公司、法国的电力集团、德国的电力和燃气公司以及莱茵集团等核能公司的参与。其中，使用的技术包括美国西屋公司研发的"非能动型压水堆核电技术"、法国的 EPR 核电技术、加拿大的重水反应堆技术和苏联、俄罗斯设计的水冷却反应堆技术。但中东欧国家的核电站改造、升级主要使用俄罗斯的水冷却反应堆技术，近年也逐步引进了我国的压水堆技术。

三、通过能源储备方式改变单一能源结构

（一）能源国际储备的含义

能源储备是指政府和企业拿出一部分专项资金，用于购买国内外石油、油品和煤炭，储存备用。

（二）能源储备的类型

根据人类对能源消耗的需求进行划分，能源储备内容目前主要包括煤炭储备、石油储备和天然气储备等。针对这些一次性能源的储备，其具体储备

又分为开采成为商品前的矿产资源储备和对市场流通的能源商品的储备。具体的能源储备方式根据不同类型可以采用自有储备或委托储备。

（三）煤炭资源丰富的国家采取矿产资源储备来降低单一能源结构

由于煤炭污染大，效率低，开采条件日益提高，在目前条件下开采是不经济的。因此，可以采取进口石油天然气能源来代替煤炭能源的方法，以缓解能源结构的单一性。

也可以通过进口国外优质煤的方式，来代替国产劣质煤以改变劣质煤炭的能源消费结构。如斯洛伐克主产褐煤，褐煤的消费结构占比较高（见表5-38），1973年褐煤消费占总煤炭的68.7%。由于褐煤污染大，热值低，对工业生产和环境均不利，所以斯洛伐克通过增加进口高热值、污染相对较小的焦煤来降低褐煤的消费比重（见表5-39）。焦煤进口量从1978年的2.08百万吨标准煤增加到1990年的2.99百万吨标准煤，从而导致褐煤消费比重从1973年的68.7%下降到2012年的43.3%。

表5-38　褐煤消费占总煤炭消费比例　　　　　　　　　　　　（%）

国家	1973年	1980年	1990年	2000年	2010年	2012年
捷克	73.2	76.9	78.2	82.5	84.8	85.3
爱沙尼亚	—	—	98.5	99.3	99.7	99.7
匈牙利	92.6	82.1	88.2	89.0	81.2	83.9
波兰	21.9	17.7	35.9	41.6	40.0	45.9
斯洛伐克	68.7	74.9	68.0	47.5	42.3	43.3
斯洛文尼亚	—	—	95.7	90.9	89.9	90.4
阿尔巴尼亚	90.1	89.9	85.9	100.0	100.0	100.0
波黑	—	—	100.0	45.4	46.3	45.5
保加利亚	81.1	80.9	84.0	88.4	90.3	93.8
克罗地亚	—	—	39.2	11.4	5.0	0.3
拉脱维亚	—	—	0.3	—	—	—
马其顿	—	—	98.1	99.1	97.8	97.9
立陶宛	—	—	—	0.8	0.3	0.3
黑山	—	—	—	—	100.0	100.0
罗马尼亚	67.6	69.5	79.8	91.7	97.5	95.9
塞尔维亚	—	—	99.7	99.2	99.6	99.8

资料来源：IEA Coal Information 2013.

表5-39 斯洛伐克煤炭生产及进口

	煤炭种类	1978年（百万吨标准煤）	1990年（百万吨标准煤）	2000年（百万吨标准煤）	2005年（百万吨标准煤）	2010年（百万吨标准煤）	2011年（百万吨标准煤）	1978—1990年增长率（%）	1990—1911年增长率（%）
进口量	总煤炭产品	9.67	8.87	4.95	5.56	4.59	4.56	-0.72	-3.12
	无烟煤/烟煤	3.24	2.33	1.92	2.23	1.18	1.31	-2.71	-2.70
	焦煤	2.08	2.99	2.58	2.74	2.49	2.49	3.07	-0.87
	褐煤	3.15	2.96	0.31	0.33	0.31	0.30	-0.52	-10.33
	煤炭产品	1.21	0.6	0.14	0.26	0.61	0.47	-5.68	-1.16
生产量	褐煤	2.43	2.00	1.45	0.91	0.88	0.86	-1.61	-3.94

资料来源：IEA Coal Information 2013.

（四）石油天然气比较缺乏的国家，应该大量储备石油天然气来缓解能源结构单一问题

由于石油和天然气消费具有刚性，增加进口具有必然性。石油天然气价格波动较大，为了避免受国际能源价格波动的影响，应该在价格较低时大量储备石油和天然气。

其中，丹麦、罗马尼亚、英国作为石油生产国与其他中东欧国家形成对照。1973年国际能源署提出60天石油储备，20世纪80年代提出90天石油储备，从表5-40中可以看出，满足60天石油储备的只有捷克、克罗地亚和波兰，满足90天石油储备的只有克罗地亚一国，大多数国家石油储备低于警戒线，石油生产国储备相对较低。

表5-40 部分欧洲国家原油（不含NGL）储备可供消费天数　单位：天

国家	2013年	2014年	2015年	2016年	2017年
保加利亚	13	15	14	15	15
捷克	63	56	58	73	55
丹麦	26	25	24	23	21
克罗地亚	95	137	128	92	162
立陶宛	8	9	10	8	9
匈牙利	50	46	56	71	65
波兰	77	74	72	81	93
罗马尼亚	35	34	36	34	35

国家	2013 年	2014 年	2015 年	2016 年	2017 年
斯洛伐克	35	43	40	41	46
英国	24	26	27	28	28

注：其中 2013—2015 年数据根据 1—12 月原油储备量计算平均得到，2016 年数据根据 8—12 月数据平均，2017 年数据根据 1—4 月数据平均。

资料来源：通过国内月均原油消费（欧盟统计局）计算得到。

第五节　通过国际合作和外交途径改变能源对外的高依存度，尤其是对单一国家的高依存度

一、扩大能源国际合作的范围，降低对单一国家的依赖程度

中东欧国家在能源国际合作方面主要的教训就是过分依赖单一国家，导致能源安全问题严重，一旦国际关系风云变幻，能源安全问题就会凸显。过去，中东欧国家能源主要是依赖苏联，苏联解体之后依赖俄罗斯，随着加入欧盟，便又转而依赖欧盟。

但由于欧盟本身缺乏能源，从而又不得不依靠俄罗斯的能源供给。由于欧盟东扩对俄罗斯形成威胁，俄罗斯便以此为契机对中东欧国家实施制裁，导致能源安全问题频发。

（一）保持与俄罗斯的能源合作，但降低对俄罗斯能源进口的比重

考虑到历史的渊源和现实，中东欧国家在能源国家合作方面，不能完全放弃俄罗斯，甚至采取与俄罗斯为敌的战略。考虑到俄罗斯很多石油和天然气管道已经铺设在中东欧大部分国家，因此，从俄罗斯进口石油和天然气必定方便、快捷，并且成本相对较低。

（二）加强与欧盟的合作，提高清洁能源消费比重

从现实考虑，欧盟是新能源重要的合作国。因为加入欧盟后，清洁能源发展成为新入盟国家的门槛，并且欧盟在清洁能源技术发展方面世界领先，跟欧盟合作可以一举两得。

（三）拓展与中东石油输出国的合作，扩大石油进口来源国范围

中东欧国家与中东石油输出国毗邻，尤其是南欧的南斯拉夫分裂出来的

六国，仅隔地中海与中东相望。因此，通过海上石油运输，或者铺设海底石油管道，都可以很方便地运输石油。中东的石油储备丰富，价格便宜，是一个理想的石油来源国。相对于欧洲的石油进口大国德国、法国来说，这些南欧国家有从中东进口石油的航程优势。

（四）发展与苏联其他加盟共和国的关系，作为俄罗斯能源来源的补充

苏联解体后，新独立的一些加盟共和国能源也比较丰富，加之苏联时代已经铺设的石油天然气管道可以利用，因此发展与其他国家的能源合作相对比较便利，同时也可以降低从俄罗斯进口石油和天然气的比重，独联体三国乌克兰、哈萨克斯坦和阿塞拜疆是中东欧国家中保加利亚、罗马尼亚、捷克和克罗地亚四国除俄罗斯之外的主要石油输出国，见表5-41。独联体中的哈萨克斯坦、土库曼斯坦和乌兹别克斯坦是中东欧国家中波兰、匈牙利和塞尔维亚三国主要的天然气输出国，见表5-42。但需要注意的是，这样必然会同俄罗斯进口能源形成竞争，遭到俄罗斯的抵制，这也可能是这些加盟共和国顾虑的，在这方面需要注意策略。

表5-41　中东欧国家从独联体国家进口石油情况　　单位：千吨

中东欧国家	独联体国家	进口时间	年均进口量
保加利亚	乌克兰	2007—2009年	1 858
	哈萨克斯坦	2003—2006年	582
罗马尼亚	哈萨克斯坦	2000年至今	2 685
捷克	哈萨克斯坦	2008年至今	603
	阿塞拜疆	2001年至今	1 644
克罗地亚	阿塞拜疆	2009年至今	550

注：本表统计的是石油进口量超过500千吨的数据，进口时间也以此为标准。

资料来源：欧盟统计局。

表5-42　中东欧国家从独联体国家进口天然气情况　单位：百万立方米

中东欧国家	独联体国家	进口时间	年均进口量
波兰	哈萨克斯坦	2005年	943
	土库曼斯坦	2008年	2 508
	乌兹别克斯坦	2000—2007年	1 424
塞尔维亚	哈萨克斯坦	2013年	729

中东欧国家	独联体国家	进口时间	年均进口量
匈牙利	土库曼斯坦	2005—2008 年	1 140
	乌兹别克斯坦	2007 年	1 430

注：本表统计的是天然气进口量超过 500 百万立方米的数据，进口时间也以此为标准，单独年份是指仅此一年。

资料来源：欧盟统计局。

（五）利用"一带一路"倡议契机，寻找与中国能源的合作机会

中国提出的"一带一路"倡议后，中东欧国家正是"一带一路"沿线上的核心国家，中国与"一带一路"沿线国家能源合作也是此次合作的重点领域。基于此，中东欧国家可以将中国纳入国际能源合作重要来源国，中国在太阳能、水电和核能方面都具有优势，目前中国与中东欧部分国家已经在能源方面开展了多种形式的合作，见表 5-43。

表 5-43　近年来中国与中东欧的能源合作

国家	合作内容
罗马尼亚	中国能源企业中国广东核电集团有限公司成为罗马尼亚核电项目（切尔纳沃德核电站 3 号、4 号机组）的投资者，将全面负责此项目的投资、建造、运营直至退役
捷克	2016 年习近平主席访问捷克期间，中国与捷克签署了一系列加强能源合作的协议和备忘录，包括中国国电集团公司与捷克 SWH 集团公司在风电、太阳能、生物质能方面的合作，中国广东核电集团有限公司与捷克能源集团在核能和可再生能源的合作等
波黑	由中国东方电气集团有限公司承建，中国与波黑合作的斯坦纳里火电站 2016 年 1 月首次并网。中国与波黑能源项目的合作还有中国的葛洲坝集团和东方电气推进图兹拉 7 号火电站项目（7.22 亿欧元）、巴诺维奇火电站项目（4.5 亿欧元）、中国国家航空技术国际工程公司合作的 Buk Bijela 水电站项目（1.95 亿欧元）和中国国际水电公司已经签订谅解备忘录的大坝水电站项目（1.8 亿欧元）等

资料来源：根据中国"一带一路"网的公开信息整理。

（六）发展与北欧的近邻友好合作关系，作为短期能源供应的临时补充

北欧芬兰、挪威、瑞典等国石油天然气比较富裕，可以部分出口，与毗邻的波罗的海沿岸国家合作相对比较便利，可积极开展能源合作。芬兰是波罗的海沿岸三国爱沙尼亚、拉脱维亚和立陶宛主要的石油来源国。近年，三国从芬兰进口石油出现跳跃性增长，尤其是拉脱维亚增长最多，2015 年达到 633 千吨，见表 5-44。三国从挪威进口石油波动均较大，尤其是爱沙尼亚和拉脱维亚，见表 5-45。立陶宛近年主要从挪威进口天然气，见表 5-46。爱沙

尼亚从芬兰进口电能情况见表5-47。

表5-44　2000—2015年波罗的海三国从芬兰进口总石油产品量　单位：千吨

国家	2000年	2003年	2006年	2009年	2012年	2015年
爱沙尼亚	92	21	2	48	384	389
拉脱维亚	32	18	12	12	248	633
立陶宛	12	4	3	1	16	206

资料来源：欧盟统计局。

表5-45　2000—2015年波罗的海三国从挪威进口总石油产品量　单位：千吨

国家	2000年	2003年	2006年	2009年	2012年	2015年
爱沙尼亚	5	13	0	128	26	16
拉脱维亚	20	37	262	123	8	0
立陶宛	0	12	0	0	0	0

资料来源：欧盟统计局。

表5-46　1990—2015年立陶宛从挪威进口天然气量　单位：百万立方米

年份	1990—2013	2014	2015
进口量	0	141	450

资料来源：欧盟统计局。

表5-47　1990—2015年爱沙尼亚从芬兰进口电能　单位：亿千瓦时

年份	1990—2007	2008	2009	2010	2011	2012	2013	2014	2015
进口量	0	79	135	264	501	1 611	2 377	3 622	5 277

资料来源：欧盟统计局。

二、通过外交途径缓和与能源依赖国的关系，降低能源安全危机爆发的风险

（一）经济利益应该成为国家外交的重要指导思想

由于能源是制约中东欧国家经济发展的重要瓶颈，因此，在中东欧国家能源自给方面没有重大突破之前，中东欧国家尚不能摆脱对俄罗斯能源的依赖。在此前提下，中东欧国家应该正确处理好与俄罗斯的外交关系，应该将经济利益优先于政治利益，政治外交应该服从经济利益，在这方面，匈牙利和塞尔维亚等国做得比较好，而波罗的海三国和波兰有所不足，见表5-48。

表 5-48 俄罗斯与中东欧"友好国"和"冷淡国"的能源合作状况

国家	与俄罗斯能源合作状况
塞尔维亚	俄罗斯天然气工业石油公司控股塞尔维亚石油工业公司,控制塞尔维亚大量油气资产,包括开采碳氢化合物,两家炼油厂,70%零售市场等,使塞尔维亚成为俄罗斯天然气在欧洲的过境运输国、大型储气中心和知名的石油产品生产国。2011年两国制定长期发展战略,大幅增加企业业务规模
波罗的海三国	2006年,俄罗斯借口境内石油管道泄漏,切断对立陶宛石油输送。随后俄罗斯又以按国际市场价格交易为由调整能源供应政策,引发与乌克兰、格鲁吉亚间天然气问题争端,并以"断气"向两国政府施压

(二)外交途径是缓和能源危机的重要手段

在欧盟东扩既成事实的前提下,俄罗斯已经调整了外交策略,将石油外交作为发展国家关系的重要手段。中东欧国家应该顺应俄罗斯的外交变化,积极主动发展与俄罗斯友好的国家关系,这样即便在对俄罗斯能源依赖程度较高的现实下,也能够在一定程度上化解能源安全危机。

外交影响能源供应最明显的国家当数乌克兰。乌克兰作为俄罗斯的天然气出口国和过境国,十几年来与俄罗斯争端不断,两国的"斗气"史便反映了两国的关系。俄罗斯时而给出折扣价,时而涨价,索要欠款,更严重的天然气断供就出现了三次,分别在 2006 年 1 月、2009 年 1 月和 2014 年 6 月。乌克兰为摆脱对俄罗斯的能源依赖做过多次努力,然而随后都被俄罗斯阻挠,最终能源梦破灭。此外,俄罗斯与白俄罗斯、土耳其等国家也都出现过天然气争端,最终通过外交途径调解,能源危机才得以解除。

第六节 通过 FDI 引进新的高效能源生产和消费设备,引导新能源的开发和消费

一、通过 FDI 引进欧盟的清洁能源生产设备,生产和开发高效的清洁能源

欧盟尤其是德国的清洁能源技术世界领先,有一系列清洁能源技术标准,也有清洁能源发展和援助方案,在这方面可以通过引进德国的 FDI,专门生产清洁能源。

二、通过 FDI 引进欧盟低能耗标准的机电设备，生产符合欧盟能耗标准的机电产品

中东欧国家和欧盟的机电设备能耗存在区别，因此，中东欧国家需要从两个方面努力：一是采用欧盟的能耗标准，规范国内机电设备能耗标准；二是国内的机电设备生产技术可能无法达标，故需要直接从欧盟引进能耗级别更低的机电设备生产的成套技术。

三、通过 FDI 引进美国和欧洲的核技术，开发清洁高效的核能源

中东欧国家采用的大多是苏联的核技术，切尔诺贝利核泄漏以后，苏联技术遭到诟病，需要一种更加安全和高效的核技术对俄罗斯技术进行替代。

目前中东欧国家已永久关闭的反应堆共有 9 个，均为苏联设计的第二代核电站。反应堆类型包括：石墨水冷堆（立陶宛），与切尔诺贝利核电站反应堆技术相同；压水堆（其中，保加利亚 4 个，斯洛伐克 2 个），为苏联设计压水堆最老的型号，存在很大的设计缺陷；重水气冷堆（斯洛伐克），1977 年发生 4 级核事故（7 级为最高）。目前，中东欧国家正在运行的核电站均为第二代核电站，主要技术产生于 20 世纪 60 年代末至 70 年代初，包括俄罗斯设计的压水堆 VVER V-213/320，加拿大设计的重水堆 CANDU 6 和美国西屋（现日本收购）设计的 WE 212。通过对美国三里岛核电站和苏联切尔诺贝利核电站事故的反思，发现第二代核电站应对严重事故的措施比较薄弱。第二代核电技术在安全上不能满足国际原子能机构安全法规（第二版）对预防和缓解严重事故的要求，也不能满足美国电站用户要求文件（URD）和欧洲用户要求文件（EUR）的要求。正在建造阶段的第三代核电站是指符合 URD 或 EUR 的先进核电反应堆，包括了改革型的能动核电站和先进型的非能动核电站，主要堆型有 ABWR（美国、日本）、AP1000（美国、日本）、EPR（法国）等。

四、通过 FDI 引进美国的页岩技术，开发页岩资源满足新能源发展的需要

页岩气是主体位于暗色泥页岩或高碳泥页岩中，以吸附或游离状态为主要存在方式的天然气聚集。页岩气资源为当前世界常规天然气探明总储量的

2.46倍。页岩气是一种高效清洁的能源，释放的二氧化碳量只有煤炭的一半，比燃油少近30%，其巨大潜力受到各国广泛重视。美国是目前世界上页岩气开发水平最先进的国家。2015年，美国页岩气产量超过 $4\,200×10^8$ 立方米，已占其天然气总产量的50%左右。波兰是中东欧国家中页岩气资源量最丰富的国家。

页岩天然气开采主要使用水力压裂技术，在这一过程中使用的化学品有可能污染地下水，危害环境。另外，这一技术需要大量的水资源，每口页岩气井要耗费 $1500×10^4$ 升水才能使页岩断裂。此外，页岩天然气开采过程中还会导致大量甲烷泄漏，这是一种比二氧化碳的温室效应强几倍的气体。波兰政府通过引进外资勘探开发页岩气资源，获得许可的大多为美国和加拿大的大公司。波兰的页岩气开发还处于初级阶段，页岩气行业存在不确定性。

五、通过FDI引进俄罗斯石油天然气冶炼技术，合作开发石油和天然气，提高石油天然气利用水平和效率

中东欧有些国家已经和俄罗斯开展国际合作，石油和天然气使用技术和水平已经得到显著提高。中东欧国家中与俄罗斯开展石油和天然气合作的国家主要为石油天然气过境国，有塞尔维亚、斯洛伐克和捷克，合作的内容主要有油气生产和存储，见表5-49。合作的形式主要是加油站，见表5-50。

表5-49　部分中东欧国家与俄罗斯的油气生产和存储合作

国家	合作内容
塞尔维亚	俄罗斯天然气工业石油公司参股塞尔维亚石油工业公司，控制的塞尔维亚油气资产包括：在塞尔维亚、安哥拉、波黑开采碳氢化合物；在潘切沃和诺维萨德的2家炼油厂，1家液化天然气工厂等
斯洛伐克	根据2010年俄罗斯总统梅德韦杰夫与斯洛伐克签订的协议，俄罗斯天然气工业股份公司将参加斯洛伐克的天然气管线网络现代化改造项目并向其提供天然气地下存储设备，以及在斯洛伐克天然气分配领域建立合资企业
捷克	自2006年起，俄罗斯企业进入捷克油气领域。俄罗斯天然气工业股份公司购买了捷克的天然气企业 Vemex 公司，进入捷克天然气配送网络

资料来源：朱晓中. 近年来俄罗斯与中东欧国家的能源合作 [J]. 欧亚经济，2014（5）：5-19+126.

表 5-50　部分中东欧国家与俄罗斯的加油站合作

国家	合作内容
匈牙利	2003 年，俄罗斯卢克石油公司在匈牙利注册子公司，投资 1 亿美元购买、新建和改造匈牙利的自动加油站。到 2009 年 10 月，俄罗斯公司在匈牙利建立自动加油站 76 座，占匈牙利零售汽油产品总额的 5%~7%
塞尔维亚	2003 年，俄罗斯卢克石油公司出资 1.17 亿美元购买塞尔维亚第二大石油产品储存和零售公司 Beopetrol 公司 70% 的股份，建立了卢克—Beopetrol 公司（2011 年更名为"卢克—塞尔维亚公司"）。卢克—塞尔维亚公司控制塞尔维亚 20% 的石油产品市场，拥有塞尔维亚境内的 180 座加油站

资料来源：朱晓中. 近年来俄罗斯与中东欧国家的能源合作 [J]. 欧亚经济，2014（5）：19+126.

参 考 文 献

［1］谢文婕．世界能源安全研究［D］．北京：中共中央党校，2006.

［2］李媛媛．非传统安全的挑战：环境与能源安全问题研究［D］．成都：中共四川省委党校，2010.

［3］保罗·扬森．第一次石油危机以来经互会国家能源经济的发展［J］．东欧经济，1986（1）.

［4］约·翰理．欧盟新成员国的可再生能源资源利用情况［J］．能源工程，2004（2）.

［5］林卫斌，谢丽娜，杨春艳．欧洲新能源发展政策及对我国的启示［J］．经济研究，2014（1）.

［6］杨国丰．新能源成为欧洲接替能源不二之选［J］．中国石化，2013（1）.

［7］朱晓忠．从铁板一块到市场细分——普京时期俄罗斯对中东欧国家政策［J］．俄罗斯中亚东欧研究，2008（3）.

［8］朱行巧．大国斗争与夹缝中的中东欧［J］．俄罗斯中亚东欧研究，2008（1）.

［9］朱春明．欧盟共同政策的探析与启示［D］．上海：上海国际问题研究所，2008.

［10］孙晓青．当前欧盟对俄关系中的能源因素［J］．现代国际关系，2006（2）.

［11］朱晓中．近年来俄罗斯与中东欧国家的能源合作［J］．欧亚经济，2014（5）.

［12］刘斐莹．从保加利亚的对外政策看保俄关系［J］．重庆科技学院学报，2009（8）.

［13］樊海斌，邱言文．保加利亚可再生能源发电政策调查［N］．中国能源报，2013-03-04.

［14］扎比内·鲍费尔德．八十年代经互会国家初级能源的供给情况［J］．东欧经济，1981（4）．

［15］沈莉华．一波三折的俄捷关系［J］．俄罗斯中亚东欧市场，2010（4）．

［16］俄上演能源大棒"复仇"记，先捷克后波兰［N］．世界报，2008-07-16（5）．

［17］《世界煤炭工业发展报告》课题组．捷克煤炭工业［J］．中国煤炭，1999，25（11）．

［18］杜逾舸．匈牙利瞄向可再生能源［N］．中国煤炭报，2006-02-27（3）．

［19］张琪．因为能源，匈牙利与俄走得近［N］．中国能源报，2015-03-02（4）．

［20］Fredrik Pettersson. Carbon pricing and the diffusion of renewable power generation inEastern Europe：A linear programming approach［J］．Energy Policy，2007（35）：2412-2425

［21］孔寒冰．把中东欧作为一个独立区域的理由［J］．中央四川省委级机关党校学报，2013（1）．

［22］苑质辰．波兰的能源问题［J］．国际论坛，1991（4）．

［23］高淑琴，彼得·邓肯．从北流天然气管道分析俄罗斯与欧盟的能源安全关系［J］．国际石油经济，2013（8）．

［24］李立奎，周洁清．经互会东欧国家的能源问题［J］．俄罗斯研究，1984（1）．

［25］高歌．经济全球化与中东欧国家的制度变迁［J］．国际政治研究，2006（2）．

［26］朱晓中．冷战后中东欧与美国关系［J］．俄罗斯学刊，2014（6）．

［27］李庆友．罗马尼亚能源政策浅析［J］．苏联东欧问题，1987（2）．

［28］赵申．能源——东欧经济政策的侧重点［J］．国际论坛，1988（3）．

［29］王兆生．能源结构——经济结构与经济增长关系研究［D］．沈阳：辽宁大学，2012．

［30］朱晓中．入盟后中东欧国家的发展困境［J］．国际政治研究（季刊），2010（4）．

［31］孔寒冰．社会转型从东方到西方的不同梯次——欧、中欧和东南欧国家的考察和思索［R］．中国国际共运史学会会暨学术研讨会，2010．

［32］朱晓中．中东欧国家回归欧洲——历史与现实［J］．世界知识，2003（2）．

［33］项佐涛．中东欧政治转型的类型、进程和特点［J］．国际政治研究，2010（4）．

［34］Bac Dorin Paul．中欧大背景下的罗马尼亚转型研究［J］．广州社会主义学院学报，2012（3）．

［35］滨京申．2010年波兰能源政策纲要［J］．全球科技经济瞭望，1995（5）．

［36］任丽娟．波兰新经济体制下能源部门的突出问题［J］．水利电力科技，2002（2）．

［37］刘悌．东欧国家的能源问题及其解决办法［J］．世界经济，1981（4）．

［38］胡丽燕．俄罗斯、欧盟和美国在中东欧国家的竞争与合作［J］．俄罗斯研究，2008（2）．

［39］孙丽娟．国际能源竞争背后的政治学思考［D］．西安：陕西师范大学，2007．

［40］庞昌伟．俄乌天然气危机及对里海油气流向的影响［J］．国际论坛，2006（3）．

［41］朱晓中．经济发展的制度障碍——波兰未完成的转轨［J］．俄罗斯中亚东欧市场，1997（12）．

［42］孟令春．立陶宛可再生能源产业［J］．俄罗斯中亚东欧市场，2013（4）．

［43］徐荣明．罗马尼亚能源与外贸初探［J］．俄罗斯研究，1985（6）．

［44］中国信保《国家风险分析报告》．罗马尼亚投资与经贸风险分析报告［J］．国际融资，2008（4）．

［45］马一民．罗马尼亚重视新能源的利用［J］．全球科技经济瞭望，1986（6）．

［46］李均锐，李宏祥．欧盟东扩对欧俄能源关系的影响［J］．法制与社会，2008（1）．

［47］闫瑾，姜姝．欧盟能源安全政策分析——新制度主义视角［J］．国际论坛，2010（5）．

［48］姜琍．乌克兰危机对维谢格拉德集团四国能源合作的影响［J］．欧亚经济，2015（6）．

［49］孔田平．中东欧经济转型的成就与挑战［J］．经济社会体制比较，2012（2）．

［50］胡键．能源博弈与俄欧相互关系结构范式的转换［J］．国际问题论坛，2007（46）．

［51］朱晓中．转轨中的中东欧［M］．北京：人民出版社，2002：102.

［52］格泽戈尔兹，W.科勒德克．从休克到治疗——后社会主义转归的政治经济［M］．上海：上海远东出版社，2000：128-129.

［53］日兹宁．俄罗斯能源外交［M］．北京：人民出版社，2006：205-206.

［54］D.K.罗萨蒂．经互会的崩溃及中东欧的贸易重建和贸易崩溃［J］．牛津经济政策评论，1992（1）．

［55］陈会颖．世界能源战略与能源外交欧洲卷［M］．北京：知识产权出版社，2011.

［56］俄罗斯外交与国防政策委员会．未来十年俄罗斯的周围世界——梅普组合的全球战略［M］．北京：新华出版社，2008.

［57］纪双城，等．欧洲后悔能源依赖俄罗斯［N］．环球时报，2009-01-23（7）．

［58］克兰·基思．苏联对东欧的经济政策［A］//M.卡诺瓦勒，C.波特．苏联东欧关系的连续性及变化［M］．威斯特威出版社，1989.

［59］李慎明．王逸舟．全球政治与女全报告（2008）［M］．北京：社会科学文献出版社，2007.

［60］尼·亚·吉洪诺夫．苏联经济：成就、问题、前景［M］．北京：中国对外翻译出版公司，1986.

［61］王丹竹．欧盟国家能源开发利用及对我国的启示［D］．大连：东北财经大学，2007.

［62］小川和男．苏联能源使用情况和能源战略［J］．海外市场—世界能源问题，1983（1）．

［63］薛君度，朱晓中．转轨中的中东欧［M］．北京：人民出版社，2002.

［64］殷红，王志远．中东欧转型研究［M］．北京：经济科学出版社，2013.

［65］于春苓，杨超．冷战时期苏联对欧洲的能源外交［J］．西伯利亚研究，2010（2）．

［66］息大威．欧盟的能源安全与共同能源外交［J］．国际论坛，2008（2）：3.

［67］柴亮．欧洲最早的产油国——罗马尼亚［J］．中国石化，2007（2）：51-54.

［68］张刚，刘炳义．中国石油地质学五十年［J］．石油科技论坛，1999（1）：22-26.

［69］刘文惠．"一带一路"背景下山西煤炭业发展的困境与机遇研究［J］．经济研究导刊，2016（28）：43-45+194.

［70］董会平．中国能源结构的调整及优化［J］．陇东学院学报，2011，22（4）：37-40.

［71］世界银行．2000/2001 世界发展报告［M］．北京：中国财政经济出版社，2001.

［72］晓娥，齐锋．波兰供热改革及其对北京市的启示［J］．城市管理与科技，2007（6）：62-64.

［73］白忠乐．东欧社会主义国家节能的政策和措施［J］．节能，1988（7）：14-16.

［74］张琪．波兰对煤炭不离不弃［N］．中国能源报，2016-08-01（7）.

［75］朱铭，徐道一，孙文鹏，等．国外煤炭地下气化技术发展历史与现状［J］．煤炭科学技术，2013，41（5）：4-9+15.

［76］余力．我国废弃煤炭资源的利用——推动煤炭地下气化技术发展［J］．煤炭科学技术，2013，41（5）：1-3.

［77］毛飞．煤炭地下气化是我国化石原料供给侧创新方向［J］．天然气工业，2016，36（4）：103-111.

［78］陈石义，李乐忠，崔景云，等．煤炭地下气化（UCG）技术现状及产业发展分析［J/OL］．资源与产业，2014，16（5）：129-135.（2014-09-17）.

［79］尚军．两受俄乌"斗气"之苦欧盟强化能源安全［N］．经济参考报，2009-01-23（3）.

［80］豫·宛人．中国石油科技五十年纪实（1949—1999）［J］．石油科技论坛，1999（6）：66-86.

［81］郭增麟．波兰住房建设与节能［J］．中外建筑，1995（1）：12-13.

［82］何远嘉．国外供热计量分享波兰看点［J］．供热制冷，2012（10）：41-42.

［83］程涌，陈国栋，尹琼，等．中国页岩气勘探开发现状及北美页岩气的启示［J］．昆明冶金高等专科学校学报，2017，33（1）：16-24.

［84］汪宏宇．页岩气开发对水资源的影响研究［J］．绿色科技，2016，（4）：75-78.

［85］顾锦龙．页岩气开采波兰遇两难［N］．经济参考报，2011-08-04（5）.